"十三五"职业教育系列教材

安装工程
计量与计价
（第二版）

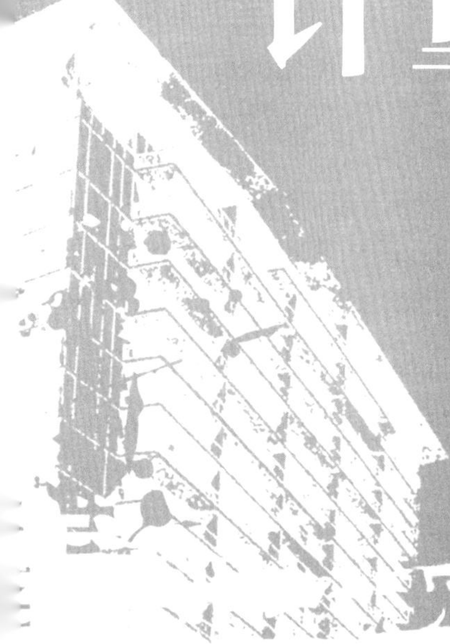

主　编　袁　勇
副主编　韩玉清
编　写　刘永哲　董文涛　刘　欣
主　审　程文义

中国电力出版社
CHINA ELECTRIC POWER PRESS

内 容 提 要

本书为“十三五”职业教育系列教材。本书依据GB 50500—2013《建设工程工程量清单计价规范》的规定编写，全书分为两篇，内容包括工程造价基本知识，工程定额计价模式，工程量清单计价模式，电气设备安装工程计量计价，建筑智能化工程计量计价，通风空调工程计量计价，工业管道工程计量计价，消防工程计量计价，给排水、采暖工程计量计价。

本书可作为高职高专院校工程管理、工程造价、给排水工程、建筑设备安装工程、电气工程、供热通风与空调工程技术等专业教材，也可作为工程管理从业人员的培训教材，还可作为安装工程管理与技术人员的参考用书。

图书在版编目（CIP）数据

安装工程计量与计价/袁勇主编．—2版．—北京：中国电力出版社，2019.6（2021.8重印）

“十三五”职业教育规划教材

ISBN 978-7-5198-3110-3

Ⅰ．①安…　Ⅱ．①袁…　Ⅲ．①建筑安装－工程造价－职业教育－教材　Ⅳ．①TU723.32

中国版本图书馆CIP数据核字（2019）第079004号

出版发行：中国电力出版社

地　　址：北京市东城区北京站西街19号（邮政编码100005）

网　　址：http://www.cepp.sgcc.com.cn

责任编辑：孙　静（010-63412542）

责任校对：黄　蓓　闫秀英

装帧设计：张俊霞　赵姗姗

责任印制：钱兴根

印　　刷：北京雁林吉兆印刷有限公司

版　　次：2010年3月第一版　2019年6月第二版

印　　次：2021年8月北京第十二次印刷

开　　本：787毫米×1092毫米　16开本

印　　张：20

字　　数：495千字

定　　价：58.00元

前　言

根据住房城乡建设部2013年7月颁布的GB 50500—2013《建设工程工程量清单计价规范》、GB 50856—2013《通用安装工程工程量计算规范》、山东省住房和城乡建设厅颁布的SD 02-31—2016《山东省安装工程消耗量定额》以及《山东省安装工程价目表》(2017年)等相关资料，运用大量工程案例，系统地对安装工程(包括电气照明工程、建筑智能化工程、工业管道工程、消防工程、给排水工程、采暖工程、通风工程等)定额计价及清单计价模式下的工程造价的确定进行了详细介绍。

本书由山东城市建设职业学院袁勇主编，山东鑫城集团有限责任公司韩玉清副主编，山东城市建设职业学院刘永哲、董文涛、刘欣参编，山东城市建设职业学院程文义主审。其中，袁勇编写第二篇的项目三、项目四、项目五、项目六、附录A～附录F；韩玉清编写第二篇的项目一、项目二；刘永哲编写第一篇的学习单元一；董文涛编写第一篇的学习单元二；刘欣编写第一篇的学习单元三。

由于GB 50500—2013及SD 02-31—2016颁布实施时间较短，很多问题还有待于进一步研究和探讨，加之编者水平有限，书中难免有欠缺和不妥之处，敬请广大读者和专家批评指正。

编　者

2019年5月

目　录

第一篇　安装工程计量与计价概述

学习单元一　工程造价基本知识

资讯一　工程造价的含义

工程造价的直意就是工程的建造价格。工程泛指一切建设工程。工程造价有以下两种含义：

第一种含义：工程造价是指建设一项工程预期开支或实际开支的全部固定资产投资费用。显然，这一含义是从投资者的角度来定义的。投资者选定一个投资项目，为了获得预期的效益，就要通过项目评估进行决策，然后进行设计招标、工程招标，直至竣工验收等一系列投资管理活动。在投资活动中所支付的全部费用形成了固定资产和无形资产。所有这些开支就构成了工程造价。从这个意义上说，工程造价就是工程投资费用，建设项目工程造价就是建设项目固定资产投资。

第二种含义：工程造价是指工程价格，即为建成一项工程，预计或实际在土地市场、设备市场、技术劳务市场，以及承包市场等交易活动中所形成的建筑安装工程价格和建设工程总价格。显然，工程造价的第二种含义是以商品经济和市场经济为前提的。它以工程这种特定的商品形式作为交易对象，通过招投标或其他交易方式，在进行多次预估的基础上，最终由市场形成价格。在这里，工程的范围和内涵既可以是涵盖范围很大的一个建设项目，也可以是一个单项工程，甚至可以是整个建设工程中的某个阶段，如土地开发工程、建筑安装工程、装饰工程，或者其中的某个组成部分。

通常，人们将工程造价的第二种含义认定为工程承发包价格。承发包价格是工程造价中一种重要的，也是最典型的价格形式。它是在建筑市场通过招投标，由需求主体——投资者和供给主体——承包商共同认可的价格。鉴于建筑安装工程价格在项目固定资产中占有50％～60％的份额，又是工程建设中最活跃的部分；鉴于建筑企业是建设工程的实施者和重要的市场主体地位，工程承发包价格被界定为工程造价的第二种含义。

工程造价的两种含义既共生于一个统一体，又相互区别。最主要的区别在于需求主体和供给主体在市场中追求的经济利益不同，因而管理的性质和管理目标不同。从管理性质看，前者属于投资管理范畴，后者属于价格管理范畴，但二者又相互交叉。从管理目标看，作为项目投资或投资费用，投资者在进行项目决策和项目实施时，首先追求的是决策的正确性。投资是一种为实现预期收益而垫付资金的经济行为，项目决策是重要一环。项目决策中投资数额的大小、功能和价格（成本）比是投资决策最重要的依据。其次，在项目实施中完善项目功能，提高工程质量，降低投资费用，按期或提前交付使用，是投资者始终关注的问题。因此，降低工程造价是投资者始终如一的追求。作为工程价格，承包商所关注的是利润，为此，他追求的是较高的工程造价。不同的管理目标，反映了不同的经济利益，但都会受那些支配价格运动的经济规律的影响和调节。

区别工程造价的两种含义，其理论意义在于为投资者和以承包商为代表的供应商的市场行为提供理论依据。当政府提出降低工程造价时，是站在投资者的角度充当着市场需求主体的角色；当承包商提出要提高工程造价、提高利润率，并获得更多的实际利润时，则是要实现一个市场供给主体的管理目标。不同的利益主体绝不能混为一谈。区别两种含义的现实意义在于为实现不同的管理目标，不断充实工程造价的管理内容，完善管理方法，更好地为实现各自的目标服务，从而有利于推动全面的经济增长。

根据工程造价的含义，工程造价的理论框架所包括的内容见表 1 - 1 - 1。

表 1 - 1 - 1 工程造价的理论框架内容

研究重点	工程投资	工程价格	工程成本
活动参与主体	投资者、业主	业主、承包商	承包商
主要阶段	前期投资决策阶段	招标投标、合同实施阶段	工程实施阶段
管理侧重点	投资主体决策行为分析	建筑市场管理、价格管理	成本管理

资讯二 工程造价计价模式

一、定额计价模式

计划经济条件下，采用的是以“工程定额”为计价依据的计价模式，即参建各方根据设计图纸计算核定工程数量（计量），套用政府主管部门统一编制的定额单价计算直接费用，再按统一颁布的各种相关费用费率计算间接费、利润、税金等来确定工程价格（计价），属于政府定价的“静态管理模式”。政府需定期发布调整定额单价的指导价或调整系数，但往往由于政府文件的相对滞后而跟不上市场变化。另外主管部门编制的“定额”反映的是社会平均消耗水平，也不能使施工企业充分发挥自己的价格和技术优势。

二、工程量清单计价模式

随着建设市场的逐步建立和完善，为了适应建设工程投标报价的要求，建设部于 2003 年 7 月 1 日正式批准发行了 GB 50500—2003《建设工程工程量清单计价规范》（以下简称《计价规范》），在建设领域推行工程量清单计价模式。《计价规范》作为国家标准颁布实施，工程造价计价工作进入“政府宏观调控、企业自主报价、市场竞争形成价格”的格局。此计价规范于 2008、2013 年修订后正在执行。

工程量清单计价是市场经济的产物。在建设工程招标中，由招标人（甲方）按照国家统一的工程量计算规则提供“工程量清单”（计量），由投标人（乙方）自主报价，完成由招标人提供的工程量清单所需的全部费用，包括分部分项工程费、措施项目费、其他项目费和规费、税金五部分内容（计价）。

资讯三 工程造价的特点

由工程建设的特点所决定，工程造价具有以下特点。

一、造价的单件性

由于建设项目的实物形态千差万别，再加上不同地区构成工程费用的各种价值要素的差异，最终导致建设项目造价千差万别。因此，对于建设项目就不能像对其他工业产品那样按品种、规格、质量成批地定价，只能通过特定的程序，针对每个建设项目计算其工程造价，即单件计价。

二、计价的多次性

建设项目的生产过程是一个周期长、消耗数量大的生产消费过程，如果包括可行性研究、设计过程在内，时间更长，而且要分阶段进行，逐步深入。为了适应工程建设过程中各方经济关系的建立，适应工程造价控制的要求，需要按照建设阶段多次进行计价，从投资估算、设计概算、施工图预算（或工程量清单计价）到各项工程的结算价，最后确定工程实际造价。整个计价过程各个环节之间相互衔接，前者制约后者，后者补充前者。

三、造价的组合性

工程造价的计算是分部组合而成的。其计算过程是：分部分项工程单价→单位工程造价→单项工程造价→建设项目总造价。其中：

（1）建设项目。凡按一个总体设计的建设工程组织施工，在完工后，能形成完整、系统、独立的生产能力或使用价值的工程，称为一个建设项目。例如一所学校的建设工作是一个建设项目。

（2）单项工程。单项工程是建设项目的组成部分，一个建设项目可以由一个或几个单项工程组成。单项工程是指具有独立的设计条件、独立的造价，建成后可以独立发挥设计文件所规定的效益或生产能力的工程。例如，一所学校的一幢教学楼是一个单项工程。

（3）单位工程。单位工程是单项工程的组成部分。单位工程是指有独立的施工图设计并能独立施工的工程。例如，一所学校的实验楼是一个单项工程，则实验楼的建筑工程和安装工程（包括设备、给排水、采暖、电气、通风、空调等）各是一个单位工程。由于单位工程既有独立的施工图设计，又能独立施工，所以编制工程量清单或施工图预算、安排施工计划、工程竣工结算等都是按单位工程进行的。

（4）分部工程。分部工程是单位工程的组成部分，是按结构部位、施工特点或施工任务将单位工程划分为若干分部的工程。

建筑工程是按建筑物的主要部位划分的，如地基及基础工程、主体工程、楼地面工程、装饰工程、门窗工程及屋面工程各是一个分部工程。安装工程是按安装工程的任务划分的，如教学楼内的给排水、采暖、电气照明等各是一个分部工程。

（5）分项工程。分项工程是分部工程的组成部分，是按不同施工方法、材料、工序等将分部工程划分为若干个分项工程。

建筑工程是按主要工序划分的，如土石方工程、砌筑工程、钢筋工程、抹灰工程、屋面防水工程等各是一个分项工程。安装工程是按用途、不同介质等划分的，如室内采暖属分部工程，则采暖管道安装、散热器安装、管道保温等各是一个分项工程；室内照明是一个分部工程，则照明配管、配线、灯具安装等各是一个分项工程。

四、计价依据的复杂性

影响工程造价的因素很多，计价依据比较复杂、种类繁多，如建设工程市场人工费用的变化；建设期市场材料价格和投标期间有较大变化；国家法律法规调整对建设工程的影响；

施工工程中的设计变更等。

资讯四 建设项目工程造价的构成

建设项目投资是投资方为完成工程项目建设并达到使用要求或生产条件，在建设期内预计或实际投入的全部费用总和。其中，工程造价是按照确定的建设内容、建设规模、建设标准、功能要求和使用要求等将工程项目全部建成，在建设期预计或实际支出的建设费用。相关概念间的关系如下：

总投资＝固定资产投资＋流动资产投资＝工程造价＋流动资金 (1-1-1)

工程造价＝建设投资＋建设期利息 (1-1-2)

建设投资＝工程费用＋工程建设其他费用＋预备费 (1-1-3)

工程费用＝建筑安装工程费＋设备及工器具购置费 (1-1-4)

建设项目工程造价的构成明细见表1-1-2。

表1-1-2 建设项目工程造价的构成

序号	费用项目	费用内容
1	建筑安装工程费用	分部分项工程费、措施项目费、其他项目费、规费、税金
2	设备及工器具购置费用	设备购置费（包括备品备件）、工器具及生产家具购置费
3	工程建设其他费用	土地使用费、建设单位管理费、研究试验费、勘察设计费、引进技术和进口设备项目的其他费用、供电贴费、施工机构迁移费、临时设施费、工程监理费、工程保险费、工程承包费、生产准备费、办公和生活家具购置费、联合试运转费
4	预备费	基本预备费、工程造价调整预备费
5	建设期利息	

一、建筑安装工程费用

在工程建设中，建筑安装工作是创造价值的生产活动。因此，在工程造价构成中，建筑安装工程费用具有相对独立性，它作为建筑安装工程价值的货币表现，也被称为建筑安装工程造价。从专业角度区分，建筑安装工程费用由建筑工程（包括建筑工程和装饰工程）费用和安装工程（包括设备安装工程和炉窑砌筑工程）费用两部分组成。

建筑行业所说的安装工程是指各种设备、装置的安装工程。通常包括：工业、民用设备；电气、智能化控制设备；自动化控制仪表；通风空调；工业、消防、给排水、采暖、燃气管道以及通信设备安装等。

住房与城乡建设部、财政部发布的《建筑安装工程费用项目组成》（建标〔2013〕44号）明确了建筑安装工程造价的费用组成。

（一）按费用构成要素划分费用组成

采用定额计价模式时，建筑安装工程费一般按照费用构成要素划分为人工费、材料（包含工程设备）费、施工机具使用费、企业管理费、利润、规费和税金。其中人工费、材料费、施工机具使用费、企业管理费和利润包含在分部分项工程费、措施项目费、其他项目费中。

1. 人工费

人工费是指按工资总额构成规定，支付给从事建筑安装工程施工的生产工人和附属生产单位工人的各项费用。其内容包括：

（1）计时工资或计件工资：是指按计时工资标准和工作时间或对已做工作按计件单价支付给个人的劳动报酬。

（2）奖金：是指对超额劳动和增收节支支付给个人的劳动报酬，如节约奖、劳动竞赛奖等。

（3）津贴补贴：是指为了补偿职工特殊或额外的劳动消耗和因其他特殊原因支付给个人的津贴，以及为了保证职工工资水平不受物价影响而支付给个人的物价补贴，如流动施工津贴、特殊地区施工津贴、高温（寒）作业临时津贴、高空津贴等。

（4）加班加点工资：是指按规定支付的在法定节假日工作的加班工资和在法定日工作时间外延时工作的加点工资。

（5）特殊情况下支付的工资：是指根据国家法律、法规和政策规定，因病、工伤、产假、计划生育假、婚丧假、事假、探亲假、定期休假、停工学习、执行国家或社会义务等原因按计时工资标准或计时工资标准的一定比例支付的工资。

2. 材料费

材料费是指施工过程中耗费的原材料、辅助材料、构配件、零件、半成品或成品的费用。

设备费是指构成或计划构成永久工程一部分的机电设备、金属结构设备、仪器装置及其他类似的设备和装置的费用。

（1）材料费（设备费）的内容包括：

1）材料（设备）原价：是指材料、设备的出厂价格或商家供应价格。

2）运杂费：是指材料、设备自来源地运至工地仓库或指定堆放地点所发生的全部费用。

3）材料运输损耗费：是指材料在运输装卸过程中不可避免的费用损耗。

4）采购及保管费：是指采购、供应和保管材料、设备过程中所需要的各项费用，包括采购费、仓储费、工地保管费、仓储损耗。

（2）材料（设备）的单价按下式计算：

材料（设备）单价＝［材料（设备）原价＋运杂费］×（1＋材料运输损耗率）×（1＋采购保管费率）

3. 施工机具使用费

施工机具使用费是指施工作业所发生的施工机械、施工仪器仪表的使用费或其租赁费。

（1）施工机械台班单价由下列七项费用组成：

1）折旧费：是指施工机械在规定的耐用总台班内，陆续收回其原值的费用。

2）检修费：是指施工机械在规定的耐用总台班内，按规定的检修间隔进行必要的检修，以恢复其正常功能所需的费用。

3）维护费：是指施工机械在规定的耐用总台班内，按规定的维护间隔进行各级维护和临时故障排除所需的费用。维护费包括：保障机械正常运转所需替换设备与随机配备工具附具的摊销费用；机械运转及日常维护所需润滑与擦拭的材料费用；机械停滞期间的维护费用等。

4）安拆费及场外运费：安拆费是指施工机械在现场进行安装与拆卸所需的人工、材料、机械和试运转费用以及机械辅助设施的折旧、搭设、拆除等费用。场外运费是指施工机械整体或分体自停放地点运至施工现场、或由一施工地点运至另一施工地点的运输、装卸、辅助材料等费用。

5）人工费：是指机上司机（司炉）和其他操作人员的人工费。

6）燃料动力费：是指施工机械在运转作业中所耗用的燃料及水、电等费用。

7）其他费：是指施工机械按照国家规定应缴纳的车船税、保险费及检测费等。

（2）施工仪器仪表台班单价由下列四项费用组成：

1）折旧费：是指施工仪器仪表在耐用总台班内，陆续收回其原值的费用。

2）维护费：是指施工仪器仪表各级维护、临时故障排除所需的费用及保证仪器仪表正常使用所需备件（备品）的维护费用。

3）校验费：是指按国家与地方政府规定的标定与检验的费用。

4）动力费：是指施工仪器仪表在使用过程中所耗用的电费。

4. 企业管理费

企业管理费是指施工企业组织施工生产和经营管理所需的费用。其内容包括：

（1）管理人员工资：是指按规定支付给管理人员的计时工资、奖金、津贴补贴、加班加点工资及特殊情况下支付的工资等。

（2）办公费：是指企业管理办公用的文具、纸张、账表、书报、办公软件、水电和集体取暖降温（包括现场临时宿舍取暖降温）等费用。

（3）差旅交通费：是指职工因公出差、调动工作的差旅费、住勤补助费，市内交通费和误餐补助费，职工探亲路费，劳动力招募费，职工退休、退职一次性路费，工伤人员就医路费，工地转移费以及管理部门使用的交通工具的油料、燃料等费用。

（4）固定资产使用费：是指管理和试验部门及附属生产单位使用的属于固定资产的房屋、设备、仪器等的折旧、大修、维修或租赁费。

（5）工具用具使用费：是指企业施工生产和管理使用的不属于固定资产的工具、器具、家具、交通工具和检验、试验、测绘、消防用具等的购置、维修和摊销费。

（6）劳动保险和职工福利费：是指由企业支付的职工退职金、按规定支付给离休干部的经费，集体福利费、夏季防暑降温、冬季取暖补贴、上下班交通补贴等。

（7）劳动保护费：是企业按规定发放的劳动保护用品的支出，如工作服、手套、防暑降温饮料以及在有碍身体健康的环境中施工的保健费用等。

（8）工会经费：是指企业按《中华人民共和国工会法》规定的全部职工工资总额比例计提的工会经费。

（9）职工教育经费：是指按职工工资总额的规定比例计提，企业为职工进行专业技术和职业技能培训，专业技术人员继续教育、职工职业技能鉴定、职业资格认定，以及根据需要对职工进行各类文化教育所发生的费用。

（10）财产保险费：是指施工管理用财产、车辆等的保险费用。

（11）财务费：是指企业为施工生产筹集资金或提供预付款担保、履约担保、职工工资支付担保等所发生的各种费用。

（12）税金：是指企业按规定缴纳的房产税、车船使用税、土地使用税、印花税、城市维护建设税、教育费附加及地方教育附加、水利建设基金等。

（13）其他：包括技术转让费、技术开发费、投标费、业务招待费、绿化费、广告费、公证费、法律顾问费、审计费、咨询费、保险费等。

（14）检验试验费：是指施工企业按照有关标准规定，对建筑以及材料、构件和建筑安装物进行一般鉴定、检查所发生的费用，包括自设试验室进行试验所耗用的材料等费用。

一般鉴定、检查是指按相应规范所规定的材料品种、材料规格、取样批量、取样数量、取样方法和检测项目等内容所进行的鉴定、检查。例如，砌筑砂浆配合比设计、砌筑砂浆抗压试块、混凝土配合比设计、混凝土抗压试块等施工单位自制或自行加工材料按规范规定的内容所进行的鉴定、检查。

（15）总承包服务费：是指总承包人为配合、协调发包人根据国家有关规定进行专业工程发包、自行采购材料和设备等进行现场接收、管理（非指保管）以及施工现场管理、竣工资料汇总整理等服务所需的费用。

5. 利润

利润是指施工企业完成所承包工程获得的盈利。

6. 规费

规费是指按国家法律、法规规定，由省级政府和省级有关权力部门规定必须缴纳或计取的费用。其内容包括：

（1）安全文明施工费：

1）环境保护费：是指施工现场为达到环保部门要求所需要的各项费用。

2）文明施工费：是指施工现场文明施工所需要的各项费用。

3）安全施工费：是指施工现场安全施工所需要的各项费用。

4）临时设施费：是指施工企业为进行建设工程施工所必须搭设的生活和生产用的临时建筑物、构筑物和其他临时设施的费用。临时设施包括办公室、加工场（棚）、仓库、堆放场地、宿舍、卫生间、食堂、文化卫生用房与构筑物，以及规定范围内的道路、水、电、管线等临时设施和小型临时设施。临时设施费包括临时设施的搭设、维修、拆除、清理费或摊销费等。

（2）社会保险费：

1）养老保险费：是指企业按照规定标准为职工缴纳的基本养老保险费。

2）失业保险费：是指企业按照规定标准为职工缴纳的失业保险费。

3）医疗保险费：是指企业按照规定标准为职工缴纳的基本医疗保险费。

4）生育保险费：是指企业按照规定标准为职工缴纳的生育保险费。

5）工伤保险费：是指企业按照规定标准为职工缴纳的工伤保险费。

（3）住房公积金：是指企业按照规定标准为职工缴纳的住房公积金。

（4）工程排污费：是指企业按照规定缴纳的施工现场的工程排污费。

（5）建设项目工伤保险：是指企业根据《关于进一步做好建筑业工伤保险工作的意见》（人社部发〔2014〕103号）要求，在工程开工前向社会保险经办机构缴纳的工伤保险费，应在建设项目所在地参保。

按建设项目参加工伤保险的，建设项目确定中标企业后，建设单位在项目开工前将工伤保险费一次性拨付给总承包单位，由总承包单位为该建设项目的所有职工统一办理工伤保险参保登记和缴费手续。

按建设项目参加工伤保险的房屋建筑和市政基础设施工程，建设单位在办理施工许可手续时，应当提交建设项目工伤保险参保证明，作为保证工程安全施工的具体措施之一。安全施工措施未落实的项目，住房城乡建设主管部门不予核发施工许可证。

7. 税金

税金是指国家税法规定应计入建筑安装工程造价内的增值税。其中甲供材料、甲供设备不作为增值税计税基础。

（二）按造价形成划分费用组成

采用工程量清单计价模式时，建筑安装工程费一般按照工程造价的形成划分为分部分项工程费、措施项目费、其他项目费、规费、税金。其中分部分项工程费、措施项目费、其他项目费包含人工费、材料费、施工机具使用费、企业管理费和利润。

1. 分部分项工程费

分部分项工程费是指各专业工程的分部分项工程应予列支的各项费用。

（1）专业工程是指按现行国家计量规范划分的房屋建筑与装饰工程、仿古建筑工程、通用安装工程、市政工程、园林绿化工程、矿山工程、构筑物工程、城市轨道交通工程、爆破工程等。

（2）分部分项工程是指按现行国家计量规范对各专业工程划分的项目，如安装工程划分的电气设备安装工程；工业管道安装工程；消防工程；给排水、采暖、燃气工程；通风空调工程等。

各类专业工程的分部分项工程划分见现行国家或行业计量规范。

2. 措施项目费

措施项目费是指为完成工程项目施工，发生于该工程施工准备和施工过程中的技术、生活、安全、环境保护等方面的项目费用。

（1）总价措施费：是指建设行政主管部门根据建筑市场状况和多数企业的经营管理情况、技术水平等测算发布了费率的措施项目费用。

总价措施费的主要内容包括：

1）夜间施工增加费：是指因夜间施工所发生的夜班补助费、夜间施工降效、夜间施工照明设备摊销及照明用电等费用。

2）二次搬运费：是指因施工场地条件限制造成材料、构配件、半成品等一次运输不能到达堆放地点，必须进行二次或多次搬运所发生的费用。

施工现场场地的大小因工程规模、工程地点、周边情况等因素的不同而异，一般情况下，场地周边围挡范围内的区域为施工现场。

若确因场地狭窄，按经过批准的施工组织设计，必须在施工现场之外存放材料或必须在施工现场采用立体架构形式存放材料时，其由场外到场内的运输费用或立体架构所发生的搭设费用，按实另计。

3）冬雨季施工增加费：是指在冬季或雨季施工需增加的临时设施、防滑、排除雨雪，人工及施工机械效率降低等费用。

冬雨季施工增加费，不包括混凝土、砂浆的骨料翻拌、提高强度等级以及掺加于其中的早强、抗冻等外加剂的费用。

4）已完工程及设备保护费：是指竣工验收前，对已完工程及设备采取的必要保护措施所发生的费用。

5）工程定位复测费：是指工程施工过程中进行全部施工测量放线和复测工作的费用。

6）市政工程地下管线交叉处理费：是指施工过程中对现有施工场地内各种地下交叉管线进行加固及处理所发生的费用，不包括地下管线改移发生的费用。

（2）单价措施费：是指消耗量定额中列有子目并规定了计算方法的措施项目费用。单价措施项目见表1-1-3。

表1-1-3　专业工程措施项目一览表

序号	措施项目名称
1	建筑工程与装饰工程
1.1	脚手架
1.2	垂直运输机械
1.3	构件吊装机械
1.4	混凝土泵送
1.5	混凝土模板及支架
1.6	大型机械进出场
1.7	施工降排水
2	安装工程
2.1	吊装加固
2.2	金属抱杆安装、拆除、移位
2.3	平台铺设、拆除
2.4	顶升、提升装置
2.5	大型设备专用机具
2.6	焊接工艺评定
2.7	胎（模）具制作、安装、拆除
2.8	防护棚制作、安装、拆除
2.9	特殊地区施工增加
2.10	安装与生产同时进行施工增加
2.11	在有害身体健康环境中施工增加
2.12	工程系统检测、检验
2.13	设备、管道施工的安全、防冻和焊接保护
2.14	焦炉烘炉、热态工程
2.15	管道安拆后的充气保护
2.16	隧道内施工的通风、供水、供气、供电、照明及通信设施费
2.17	脚手架搭拆
2.18	非夜间施工增加
2.19	高层施工增加

3. 其他项目费

（1）暂列金额：是指建设单位在工程量清单中暂定，并包括在工程合同价款中的一笔款项，用于施工合同签订时尚未确定或不可预见的材料、设备、服务的采购，施工中可能发生的工程变更、合同约定调整因素出现时工程价款的调整以及发生的索赔、现场签证等费用。

暂列金额包含在投标总价和合同总价中，但只有施工过程中实际发生且符合合同约定的价款支付程序，才能纳入到竣工结算价款中。暂列金额扣除实际发生金额后的余额，仍属于建设单位所有。暂列金额一般可按分部分项工程费的10%～15%估列。

（2）专业工程暂估价：是指建设单位根据国家相应规定、预计需由专业承包人另行组织施工、实施单独分包（总承包人仅对其进行总承包服务），但暂时不能确定准确价格的专业工程价款。专业工程暂估价应区分不同专业，按有关计价规定估价，并仅作为计取总承包服务费的基础，不计入总承包人的工程总造价。

（3）特殊项目暂估价：是指未来工程中肯定发生、其他费用项目均未包括，但由于材料、设备或技术工艺的特殊性，没有可参考的计价依据，事先难以准确确定其价格，并对造价影响较大的项目费用。

（4）计日工：是指在施工过程中，承包人完成建设单位提出的工程合同范围以外的、突发性的零星项目或工作，按合同中约定的单价计价的一种方式。计日工不仅指人工，零星项目或工作使用的材料、机械均应计入该项。

（5）采购保管费：定义同前。

（6）其他检验试验费：不包括相应规范规定之外要求增加鉴定、检查的费用，新结构、新材料的试验费用，对构件做破坏性试验及其他特殊要求检验试验的费用，建设单位委托检测机构进行检测的费用。此类检测发生的费用，在该项中列支。

建设单位对施工单位提供的具有出厂合格证明的材料要求进行再检验，经检测不合格的，该检测费用由施工单位支付。

（7）总承包服务费：定义同前。计算公式如下：

总承包服务费＝专业工程暂估价（不含设备费）×相应费率

（8）其他：包括工期奖惩、质量奖惩等，均可计入该项。

4. 规费

规费的定义同前。

（1）安全文明施工费：安全文明施工措施项目清单见表1-1-4。

表1-1-4 建设工程安全文明施工措施项目清单

类别	项目名称	具体要求
环境保护费	材料堆放	（1）材料、构件、料具等堆放时，悬挂有名称、品种、规格等标牌； （2）水泥和其他易飞扬细颗粒的建筑材料密闭存放或采取覆盖等措施； （3）易燃、易爆和有毒、有害物品分类存放
	垃圾清运	施工现场应设置密闭式垃圾站，施工垃圾、生活垃圾应分类存放。施工垃圾必须采用相应容器或管道运输
	环保部门要求所需要的其他保护措施	

续表

类别	项目名称		具体要求
文明施工费	施工现场围挡		（1）现场采用封闭围挡，高度不小于1.8m； （2）围挡材料可采用彩色、定型钢板，砖、混凝土砌块等墙体
	五板一图		在进门处悬挂工程概况、管理人员名单及监督电话、安全生产、文明施工、消防保卫五板；施工现场总平面图
	企业标志		现场出入的大门应设有本企业标识或企业标识
	场容场貌		（1）道路畅通； （2）排水沟、排水设施通畅； （3）工地地面经过硬化处理； （4）绿化
	宣传栏等		
	其他有特殊要求的文明施工做法		
临时设施费	现场办公生活设施		（1）具备临时宿舍、文化福利及公用事业房屋与构筑物、仓库、办公室、加工厂以及规定范围内道路等临时设施； （2）施工现场办公、生活区与作业区分开设置，保持安全距离； （3）工地办公室、现场宿舍、食堂、厕所、饮水、休息场所符合卫生和安全要求
	施工现场临时用电	配电线路	（1）按照TN－S系统要求配备五芯电缆、四芯电缆和三芯电缆； （2）按要求架设临时用电线路的电杆、横担、瓷夹、绝缘子等，或电缆埋地的地沟； （3）对靠近施工现场的外电线路，设置木质、塑料等绝缘体的防护设施
		配电箱开关箱	（1）按三级配电要求，配备总配电箱、分配电箱、开关箱三类标准电箱，开关箱应符合一机、一箱、一闸、一漏，三类电箱中的各类电器应是合格品； （2）按两级保护的要求，选取符合容量要求和质量合格的总配电箱和开关箱中的漏电保护器
		接地装置保护	施工现场保护零线的重复接地应不少于3处
	施工现场临时设施用水		生活用水
			施工用水

续表

类别	项目名称		具体要求
安全施工费	接料平台		(1) 在脚手架横向外侧1～2处的部位，从底部随脚手架同步搭设，包括架杆、扣件、脚手板、拉结短管、基础垫板和钢底座。 (2) 在脚手架横向1～2处的部位，在建筑物层间地板处用两根型钢外挑，形成外挑平台。包括两根型钢、预埋件、斜拉钢丝绳、平台底座垫板、平台进（出）料口门以及周边两道水平栏杆
	上下脚手架人行通道（斜道）		多层建筑施工随脚手架搭设的上下脚手架的斜道，一般成“之”字形
	一般防护		安全网（水平网、密目式立网）、安全帽、安全带
	通道棚		包括杆架、扣件、脚手板
	防护围栏		建筑物作业周边防护栏杆，施工电梯和物料提升机吊篮升降处防护栏杆，配电箱和固位使用的施工机械周边围栏、防护棚，基坑周边防护栏杆以及上下人斜道防护栏杆
	消防安全防护		灭火器、砂箱、消防水桶、消防铁锹（钩）、高层建筑物安装消防水管（钢管、软管）、加压泵等
	临边洞口交叉高处作业防护	楼板、屋面、阳台等临边防护	用密目式安全立网全封闭，作业层另加两边防护栏杆和18cm高的踢脚板
		通道口防护	设防护棚，防护棚应为厚度不小于5cm的木板或两道相距50cm的竹笆。两侧应沿栏杆架用密目式安全网封闭
		预留洞口防护	用木板全封闭；短边超过1.5m长的洞口除封闭外，四周还应设有防护栏杆
		电梯井口防护	设置定型化、工具化、标准化的防护门；在电梯井内每隔两层（高度＜10m）设置一道安全平网
		楼梯边防护	设置1.2m高的定型化、工具化、标准化的防护栏杆，18cm高的踢脚板
		垂直方向交叉作业防护	设置防护隔离棚或其他设施
		高空作业防护	有悬挂安全带的悬索或其他设施；有操作平台；有供人上下的梯子或其他形式的通道
	安全警示标志牌		危险部位应悬挂安全警示牌和各类建筑材料及废弃物堆放标志牌
	其他必要的安全措施		
	危险性较大工程的安全措施费，各地区应根据实际情况确定		

(2) 社会保险费：定义同前。

(3) 住房公积金：定义同前。

(4) 工程排污费：定义同前。

(5) 建设项目工伤保险：定义同前。

5. 税金

税金的定义同前。

二、设备工器具购置费用

设备、工器具购置费用是由设备购置费用和工器具、生产家具购置费用组成的，它是固定资产投资中的积极部分。在生产性工程建设中，设备、工器具购置费用与资本的有机构成相联系。设备、工器具购置费用占工程造价比重的增大，意味着生产技术的进步和资本有机构成的提高。

设备购置费是指为工程建设项目购置或自制的达到固定资产标准的设备、工具、器具的费用。

工器具及生产家具购置费是指新建或扩建项目初步设计规定所必须购置的没有达到固定资产标准的设备、仪器、工卡模具、器具、生产家具和备品备件的费用。

三、工程建设其他费用

工程建设其他费用是指从工程筹建到工程竣工验收交付使用的整个建设期间，除建筑安装工程费用和设备、工器具购置费用以外的，为保证工程建设顺利完成和交付使用后能够正常发挥效用而发生的各项费用总和。

工程建设其他费用，按其内容大体可分为以下三类：

（1）土地使用费：是指建设项目通过划拨方式取得土地使用权而支付的土地征用及迁移补偿费，或者通过土地使用权出让方式取得土地使用权而支付的土地使用权出让金。

（2）与项目建设有关的其他费用：包括建设单位管理费、勘察设计费、研究试验费、临时设施费、工程监理费、工程保险费、供电贴费、施工机构迁移费、引进技术和进口设备其他费、工程承包费等。

（3）与未来企业生产经营有关的其他费用：包括联合试运转费、生产准备费、办公和生活家具购置费等。

四、预备费

按我国现行规定，预备费包括基本预备费和工程造价调整预备费。

（一）基本预备费

基本预备费是指在初步设计及概算内难以预料的工程费用。费用内容包括：

（1）在批准的初步设计范围内，技术设计、施工图设计及施工过程中所增加的工程费用，设计变更、局部地基处理等增加的费用。

（2）一般自然灾害造成的损失和预防自然灾害所采取的措施费用。实行工程保险的工程项目费用应适当降低。

（3）竣工验收时，为鉴定工程质量对隐蔽工程进行必要的挖掘和修复费用。

（二）工程造价调整预备费

工程造价调整预备费是指建设项目在建设期间由于价格等变化引起工程造价变化的预测预留费用。工程造价调整预备费的测算方法一般是根据国家规定的投资综合价格指数，按估算年份价格水平的投资额为基数，采用复利计算。

五、建设期利息

建设期利息包括向国内银行和其他非银行金融机构贷款、出口信贷、外国政府贷款、国际商业银行贷款以及在境内外发行的债券等在建设期内应偿还的贷款利息。在考虑资金时间价值的前提下，建设期利息实行复利计息。对于贷款总额一次性贷出且利息固定的贷款，建设期本息直接按复利公式计算。但当总贷款是分年均衡发放时，按复利利息的计算会较为复杂。

资讯五 建设项目工程造价相关概念

一、发包人

发包人是指具有工程发包主体资格和支付工程价款能力的当事人，以及取得该当事人资格的合法继承人，又称招标人（甲方）。

二、承包人

承包人是指被发包人接受的具有工程施工承包主体资格的当事人，以及取得该当事人资格的合法继承人，又称投标人（乙方）。

三、工程造价咨询人

工程造价咨询人是指取得工程造价咨询资质等级证书，接受委托从事建设工程造价咨询活动的当事人，以及取得该当事人资格的合法继承人。

四、造价工程师、造价员

造价工程师是指取得造价工程师注册证书，在一个单位注册、从事建设工程造价活动的专业人员。造价员是指取得全国建设工程造价员资格证书，在一个单位注册、从事建设工程造价活动的专业人员。

五、工程结算

工程结算是指发承包双方根据合同约定，对合同工程在实施中、终止时、已完工后进行的合同价款计算、调整和确认，包括期中结算、终止结算、竣工结算。

六、工程成本

工程成本是指承包人为实施合同工程并达到质量标准，在确保安全施工的前提下，必须消耗或使用的人工、材料、工程设备、施工机械台班及其管理等方面发生的费用，以及按规定缴纳的规费和税金。

七、工程造价信息

工程造价管理机构根据调查和测算发布的建设工程人工、材料、工程设备、施工机械台班的价格信息，以及各类工程的造价指数、指标。

复习思考题

1. 简述工程造价的含义。
2. 简述工程造价的特点。
3. 简述工程造价的费用构成。

学习单元二　工程定额计价模式

资讯一　定额计价概述

计划经济条件下，一般由国家或各省、市、自治区颁布统一的工程价格指标和费用标准，采用编制工程预算（施工图预算）的形式来确定建筑安装工程的造价，上述统一的工程价格指标和费用标准，一般都是以“定额”的形式来表示。

一、定额的含义

定额这一概念出现在19世纪末，当时工业发展速度很快与工人劳动生产率很低的矛盾是相当突出的，在这种背景下，美国工程师泰罗（F. W. Taylor）制定出标准的“工时定额”，提出一整套科学管理的方法，以提高工人的劳动效率，这就是著名的“泰罗制”管理模式，他被尊称为“科学管理之父”。

总的来说，定额就是指在一定生产（施工）组织和生产（施工）技术条件下，完成单位合格产品，人力、物力（材料、机械）和资金消耗的数量标准，也称为额度。它反映工程施工中生产与生产消耗之间的关系。

定额虽然是管理科学发展初期的产物，但它在企业管理中一直占据重要地位，因为定额提供的基本管理数据始终是实现科学管理的必备条件，即使是电子计算机普及应用，也不能降低它的作用，所以定额是科学管理的基础。

现行定额的形式（以SD 02-31—2016《山东省安装工程消耗量定额》第十册中“水龙头安装”为例）见表1-2-1。

表1-2-1　　**水龙头安装**

工作内容：上水嘴、试水。　　计量单位：10个

定额编号			10-6-81	10-6-82	10-6-83
项目			公称直径（mm）		
			15	20	25
名称		单位	数量		
人工	综合工日	工日	0.260	0.270	0.330
材料	水嘴	个	(10.100)	(10.100)	(10.100)
	聚四氟乙烯生料带宽20	m	4.000	5.000	6.000
	其他材料费	%	3.000	3.000	3.000

注　1. 凡定额列有“（　）”的均为主要材料，其中括号内数量为该主要材料的消耗量。
2. 定额编号“10-6-81”，其中“10”为册号，“6”为章节号，“81”为序号。

二、定额的分类

在建筑安装工程施工中，为了便于管理，已经形成了种类繁多的定额，应根据不同的需要选用不同的定额。

（一）按生产要素分类

根据建筑安装工程所包含的三大基本要素（人工、材料和机械），定额分为劳动定额、材料消耗定额与机械台班定额。

1. 劳动定额（人工定额）

劳动定额反映建筑产品生产中活劳动消耗量的标准数额。它是指在正常的生产（施工）组织和生产（施工）技术条件下，为完成单位合格产品或完成一定量的工作所规定的必要劳动消耗量的标准数额。按不同的表示方法可分为时间定额和产量定额两种。

时间定额是指在一定的生产技术和生产组织条件下，某工种、某技术等级的工人小组或个人，完成单位合格产品所必须消耗的工作时间，包括生产准备与结束时间、基本生产时间、辅助生产时间，以及不可避免的中断时间与工人必需的休息时间。时间定额以“工日”为计量单位，每工日按8h计算。

产量定额是指在一定生产技术和生产组织条件下，某工种、某技术等级的工人小组或个人，在单位时间内应完成合格产品的数量。产量定额以“每工产量”或“台班产量”为计量单位。

从上述概念中可得出时间定额与产量定额互为倒数关系，即

$$\text{单位产品时间定额（工日）}=\frac{1}{\text{每工产量}}$$

通过这个公式，可以方便地进行两种表示方法的换算。

例如：已知安装10个DN15水龙头的时间定额为0.28工日，则每个工人每日安装DN15水龙头的数量应是35.71个，即10×1/0.28=35.71。

时间定额与产量定额是劳动定额的不同表示方法，用途不同。时间定额便于计算总需工日，核算工资。产量定额便于小组分配任务，编制班组作业计划。

2. 材料消耗定额

材料消耗定额是指在生产（施工）组织和生产（施工）技术条件正常、材料供应符合技术要求、合理使用材料的条件下，完成单位合格产品，所需一定品种规格的建筑材料或构、配件消耗量的标准数额。

材料消耗定额中包括必须的消耗材料和损失材料。前者又包括直接用于建筑安装产品的材料、不可避免的生产（施工）废料、不可避免的材料损耗。

材料消耗定额对工程成本具有较大影响，它是施工过程对材料进行科学管理的重要依据之一，正确地使用材料定额对保证材料的合理供应和使用，避免浪费具有重要的指导意义。

3. 机械台班定额（机械使用定额）

机械台班定额是指施工机械在正常生产（施工）条件下，合理地组织劳动和使用机械，完成单位合格产品或某项工作所必需的工作时间。其中也包括了准备与结束时间、基本生产时间、辅助生产时间，以及不可避免的中断时间与工人必需的休息时间。

机械台班定额分为机械时间定额、机械台班产量定额以及操作机械和配合机械的人工时间定额三种形式。

（二）按定额的使用要求和内容分类

1. 施工定额（企业定额）

施工定额是直接应用于建筑安装企业内部施工管理的一种定额。

为适应生产组织和管理的需要，施工定额的项目划分很细，以工序为研究对象，是工程建设定额中分项最细、定额子目最多的一种定额，也是工程建设定额中的基础性定额。它一般由劳动消耗定额、材料消耗定额和机械台班消耗定额三个独立的部分组成。通过它可直接计算出在正常施工条件下，完成单位合格产品所需要的人工、材料和机械台班的数量。

施工定额主要用于编制施工组织设计、施工作业计划和劳动力计划；向工人班组签发施工任务单和限额领料单。它也是编制消耗量定额或补充定额的基础资料。

2. 消耗量定额（或称预算定额）

消耗量定额是以施工定额为基础，将有关工序综合扩大，以各分部分项工程为编制对象编制的，是计划经济条件下编制施工图预算，确定工程造价，进行工程竣工结算的主要依据。

消耗量定额比较详细地规定了完成单位工程项目的人工、材料和机械的消耗标准，并将其转化为货币数量（工程价目表），是一种计价的定额。它所提供的项目内容和数量标准是建筑安装企业对工程进行工程量计算、进行经济核算的依据；是建设单位与施工单位签订工程合同的依据；是银行等信贷机构对工程项目实施贷款的依据；是编制概算定额的基础。

市场经济条件下，消耗量定额也是编制清单报价的主要参考资料之一。

3. 概算定额

概算定额是编制扩大初步设计概算、确定建设项目投资额的依据，主要用于确定一定计量单位扩大分项工程的人工、材料和施工机械台班的需要量及费用标准，也是一种计价定额。与消耗量定额在项目划分和综合扩大程度上存在差异，以适用于不同设计阶段的计价需要，是消耗量定额的扩大与合并。

4. 概算指标

概算指标是概算定额的扩大和合并，它以整个建筑物和构筑物为对象，以更为扩大的计量单位来编制，或者以一定数量的面积（或长度）为计量单位，而规定人工、材料与机械台班的耗用量及其费用标准，也是一种计价定额。该指标主要用于设计单位编制工程概算或建设单位编制年度建设任务计划、施工准备期间编制材料和机械设备供应计划的依据，也可为国家有关部门编制年度建设计划提供参考。

（三）按定额编制、颁发单位和执行范围分类

按定额编制、颁发单位和执行范围，定额分为全国统一定额、地方定额、企业定额等。

（四）按工程的专业内容分类

按建设工程的有关专业，定额分为建筑工程定额、安装工程定额、装饰工程定额、市政工程定额、修缮定额等。

三、消耗量定额的编制

消耗量定额主要反映工程施工中生产与生产消耗之间的关系，所以定额的编制主要是确定人工、材料及机械的消耗量。

（一）人工消耗量

以“工日”为单位进行计算，一名工人工作 8h 称为一个“工日”。

定额的人工消耗量内容包括基本用工、超运距用工和人工幅度差三部分。

（1）基本用工：是指直接完成一定数量的工作对象所消耗的人工。

（2）超运距用工：是指超过定额规定运距的用工。

（3）人工幅度差：是指在劳动定额中未包括而在一般正常施工情况下不可避免，但又无法计量的用工。它包括以下内容：

1）在正常施工组织的情况下，安装工程各工种间的工序搭接及土建与安装工程之间交叉配合所需的停歇时间；

2）场内施工机械在单位工程之间变换位置及移动临时水电线路在施工过程中不可避免的工人操作间歇时间；

3）工程质量检查及隐蔽工程验收而影响工人的操作时间；

4）场内单位工程操作地点的转移而影响工人的操作时间；

5）施工过程中，工种之间交叉作业造成损失所需的修理用工；

6）施工中不可避免的少数零星用工。

（二）材料消耗量

（1）定额中的材料消耗量包括直接消耗在安装工作内容中的主要材料（主材）、辅助材料（辅材）和零星材料等，并计入了相应损耗。材料损耗的内容和范围包括：从工地仓库、现场集中堆放地点或现场加工地点到操作或安装地点的运输损耗、施工操作损耗、施工现场堆放损耗等。

（2）定额分主材和辅材两部分列出，凡定额中列有“（ ）”的均为主材，括号中数字为该主要材料的消耗量。

（3）施工措施性消耗材料、周转性材料，按不同施工方法、不同材质分别列出一次使用量和一次摊销量。

（4）用量很少的零星材料，列入其他材料费内，并以占该定额项目辅材的百分比表示。

（三）机械台班消耗量

定额中机械台班消耗量是按正常合理的机械设备配置和大多数施工企业的机械化装备程度综合取定的。机械台班消耗量以“台班”为单位进行计算，即一台机械工作 8h 为一个“台班”，包括施工机械台班使用量及机械幅度差。

机械幅度差是指在合理的施工组织技术条件下机械不可避免的停歇因素。它包括以下内容：

（1）施工机械转移工作面及配套机械互相影响损失的时间；

（2）在正常施工情况下，机械施工中不可避免的工序间歇；

（3）工程结尾工作量不饱和所损失的工序间歇；

（4）检查工程质量影响机械操作的时间；

（5）临时水电线路在施工过程中不可避免的工序间歇；

（6）冬季施工期内发动机械操作的时间；

（7）配合机械的人工在人工幅度差范围内的合理工作间歇。

另外定额中未包括大型施工机械进出场费及其安拆费，应按照有关规定另计。

四、消耗量定额的应用

消耗量定额一般由国家或各省直辖市颁布实施，各地在应用时必须结合当地的实际情况进行编制，以便于执行。

（一）工程价目表（或称单位估价表）

工程价目表是消耗量定额在某一个地区的应用形式。在一个地区或城市范围内，根据全国（或地区）消耗量定额、当地建筑安装工人日工资标准、材料预算价格和施工机械台班预算价格，用货币形式金额数（元）表达一个子目的单位单价（也称基价，即完成定额单位工作内容的单价），包括人工费单价、辅材费单价、机械费单价。若干个单位单价组成的表格称为工程价目表。价目表中，主材只列出定额消耗量，主材费单价应根据定额消耗量和材料预算价格或造价信息价格另行计算。

（二）工程价目表与消耗量定额的关系

消耗量定额是编制价目表的依据，价目表中人工、材料、机械的消耗量直接来自于消耗量定额。

根据上述“三个量”以及当地工人工资单价、材料预算价格和施工机械台班单价，就可确定编出消耗量定额的单价（即基价）及定额单位的人工费、材料费、机械费。

确切地说，消耗量定额中只编列人工、材料、机械台班消耗量，而没有列价格的金额数。全国或地区消耗量定额如果套用某一地区的人工单价、材料价格、机械台班单价，就形成了某一地区的工程价目表。换句话说，消耗量定额如果已经套用了当地的人工、材料、机械台班的单价，名义上虽仍然称“定额”，实际上已经成为这个地区的价目表了。所以，日常所说的消耗量定额与价目表往往通用。

与表 1-2-1 对应的《山东省安装工程价目表》（2017 年）如表 1-2-2 所示。

表 1-2-2　　**水龙头安装**　　元

定额编号	项目名称	定额单位	增值税（简易计税）				增值税（一般计税）			
			单价（含税）	人工费	材料费（含税）	机械费（含税）	单价（除税）	人工费	材料费（除税）	机械费（除税）
10-6-81	公称直径 15mm	10 个	50.88	26.78	24.10		47.38	26.78	20.60	
10-6-82	公称直径 20mm	10 个	57.94	27.81	30.13		53.56	27.81	25.75	
10-6-83	公称直径 25mm	10 个	70.14	33.99	36.15		64.89	33.99	30.90	

（三）工程价目表中人工费、材料费、机械使用费的确定

1. 人工费及人工单价

人工费由完成设计文件规定的全部工程内容所需定额工日消耗量以及其他相关工作的工日消耗量乘以人工单价计算得出。计算公式为：

$$人工费=\sum（工日消耗量\times人工单价）$$

工日消耗量应根据拟完成的分部分项工程项目及数量，按照相应的定额规定或有效施工签证计算得出。

人工单价应以人工费各组成内容为基础，结合各地物价水平确定。例如《关于发布山东省建设工程定额人工单价及定额价目表的通知》（鲁建标字〔2017〕5 号）规定人工单价为 103 元/工日。

2. 材料费及材料单价

材料费由完成设计文件规定的全部工程内容所需的材料消耗数量乘以材料单价计算得出。计算公式为：

材料费 =∑(材料消耗量×材料单价)

材料消耗量应根据拟完成的分部分项工程项目及数量，按照相应的定额规定计算得出。

材料单价应以材料费各组成内容为基础，按照下列方法计算：

材料单价 =材料原价+材料运杂费+采购及保管费+检验试验费

3. 施工机械使用费及机械台班单价

施工机械使用费由完成设计文件规定的全部工程内容所需定额机械台班消耗数量乘以机械台班单价计算得出。计算公式为：

施工机械使用费 =∑(机械台班消耗量×台班单价)

机械台班消耗量应根据拟完成的分部分项工程项目、数量和施工机械配备情况，按照相应的定额规定计算得出。

机械台班单价应以施工机械使用费各组成内容为基础，将各项费用合计计算。

五、应用定额的注意事项

(1) 根据工程项目的类别选择适用的定额手册。选择时要特别注意定额的颁发部门、颁发时间、适用范围和包括的工程种类。例如 SD 02 - 31—2016《山东省安装工程消耗量定额》第八册《工业管道工程》与第十册《给排水、采暖、燃气工程》，虽然都包含管道安装的内容，但其内容却有很大差别，应注意区分。

(2) 根据已统计好的工程量和项目划分选套定额有关分项，以确定该工程各类消耗的实际数量。在套用定额时应做到：

1) 认真阅读定额手册中的各项说明，了解套用定额的各项规定。

2) 核对工程量统计中各分项工程包括的工作内容与定额规定的工作内容是否相符，有无复算、漏算的项目。

3) 核对工程量统计时采用的计量单位与定额相应计量单位是否相符，不符者应进行修改或换算。

(3) 定额中注有“×××以内”或“×××以下”者均包含×××本身；“×××以外”或“×××以上”者，则不包含×××本身。

资讯二 SD 02 - 31—2016《山东省安装工程消耗量定额》简介

SD 02 - 31—2016《山东省安装工程消耗量定额》共分十二册，内容包括：机械设备安装工程，热力设备安装工程，静置设备与工艺金属结构制作安装工程，电气设备安装工程，建筑智能化工程，自动化控制仪表安装工程，通风空调工程，工业管道工程，消防工程，给排水、采暖、燃气工程，通信设备及线路工程，刷油、防腐蚀、绝热工程。

(1) SD 02 - 31—2016 是完成规定计量单位分部分项工程所需的人工、材料、施工机械台班的消耗量标准，是山东省安装工程计价活动中统一安装工程量的计算、项目划分、计量单位的依据；是编制国有投资工程投资估算、设计概算、最高投标限价的依据；也可作为制定企业定额的基础。定额形式见表 1 - 2 - 1。

(2) SD 02 - 31—2016 适用于山东省行政区域内工业与民用建筑的新建、扩建通用安装工程。

(3) SD 02 - 31—2016 以 TY 02 - 31—2015《通用安装工程消耗量定额》为基础，以国

家和省有关部门发布的现行设计规范、施工及验收规范、技术操作规程、质量评定标准、产品标准和安全操作规程，现行工程量清单计价规范、计算规范和有关定额为依据，并参考了典型工程设计、施工和其他资料，结合山东省实际情况编制。

（4）关于人工有以下规定：

1）SD 02－31—2016 的人工不分列工种和技术等级，以综合工日表示。

2）SD 02－31—2016 的人工包括基本用工、超运距用工、辅助用工和人工幅度差。

3）SD 02－31—2016 的人工每工日按 8h 工作制计算。

（5）关于材料有以下规定：

1）SD 02－31—2016 中的材料包括施工中消耗的主要材料（主材）、辅助材料（辅材）、周转材料和其他材料。

2）SD 02－31—2016 中材料消耗量包括净用量和损耗量。损耗量包括从工地仓库、现场集中堆放地点（或现场加工地点）至操作（或安装）地点的施工场内运输损耗、施工操作损耗、施工现场堆放损耗等，规范（设计文件）规定的预留量、搭接量不在损耗率中考虑。

3）SD 02－31—2016 中主要材料的数量均以加“（ ）”表示。

4）SD 02－31—2016 中的周转性材料按不同施工方法，不同类别、材质，计算出一次摊销量计入消耗量定额。

5）对于用量少、低值易耗的零星材料，列为其他材料，并以占该定额项目的辅助材料的百分比表示。

（6）关于机械有以下规定：

1）SD 02－31—2016 的机械台班消耗量是按正常机械施工工效并考虑机械幅度差综合取定。

2）凡单位价值在 2000 元以内、使用年限在 1 年以内、不构成固定资产的施工机械，不列入机械台班消耗量，作为工具用具在建筑安装工程费中的企业管理费考虑，其消耗的燃料动力等列入材料。

3）SD 02－31—2016 中未包括大型施工机械进出场费及其安拆费，应另行计算。

（7）关于下列费用，可按施工方案或下列方法计算：

1）安装与生产（使用）同时进行施工增加费，按定额人工费的 10%计算，其费用中人工费占 70%。

2）在有害身体健康环境中施工增加费，按定额人工费的 10%计算，其费用中人工费占 70%。

3）地下室（暗室）施工增加费，按定额人工费的 15%计算，其费用中人工费占 70%。

（8）凡本说明未尽事宜，详见各册、章说明和附录。

资讯三　安装工程费用的计算

本教材以山东省自 2017 年 3 月 1 日起施行的定额计价模式的费用计算程序为例，介绍定额计价的费用计算。

一、定额计价的费用计算程序

表 1-2-3 定额计价计算程序

序号	费用名称	计算方法
一	分部分项工程费	Σ{[定额Σ(工日消耗量×人工单价)+Σ(材料消耗量×材料单价)+Σ(机械台班消耗量×台班单价)]×分部分项工程量}
	计费基础 JD1	见表 1-2-4
二	措施项目费	2.1+2.2
	2.1 单价措施费	Σ{[定额Σ(工日消耗量×人工单价)+Σ(材料消耗量×材料单价)+Σ(机械台班消耗量×台班单价)]×单价措施项目工程量}
	2.2 总价措施费	JD1×相应费率
	计费基础 JD2	见表 1-2-4
三	其他项目费	3.1+3.3+…+3.8
	3.1 暂列金额	按相应规定计算
	3.2 专业工程暂估价	
	3.3 特殊项目暂估价	
	3.4 计日工	
	3.5 采购保管费	
	3.6 其他检验试验费	
	3.7 总承包服务费	
	3.8 其他	
四	企业管理费	(JD1+JD2)×管理费费率
五	利润	(JD1+JD2)×利润率
六	规费	4.1+4.2+4.3+4.4+4.5
	4.1 安全文明施工费	(一+二+三+四+五)×费率
	4.2 社会保险费	(一+二+三+四+五)×费率
	4.3 住房公积金	按工程所在地设区市相关规定计算
	4.4 工程排污费	按工程所在地设区市相关规定计算
	4.5 建设项目工伤保险	按工程所在地设区市相关规定计算
七	设备费	Σ(设备单价×设备工程量)
八	税金	(一+二+三+四+五+六+七)×税率
九	工程费用合计	一+二+三+四+五+六+七+八

二、安装工程费用计费基础及相关费率

（一）计费基础说明

各专业工程计费基础的计算方法见表 1-2-4。

表 1-2-4　各专业工程计费基础的计算方法

专业工程	计费基础			计算方法
建筑、装饰、安装、园林绿化工程	人工费	定额计价	JD1	分部分项工程的省价人工费之和
				∑［分部分项工程定额∑（工日消耗量×省人工单价）×分部分项工程量］
			JD2	单价措施项目的省价人工费之和＋总价措施费中的省价人工费之和
				∑［单价措施项目定额∑（工日消耗量×省人工单价）×单价措施项目工程量］＋∑（JD1×省发措施费费率×H）
			H	总价措施费中人工费含量（%）

（二）措施费费率

（1）一般计税法下的措施费费率见表 1-2-5。

表 1-2-5　一般计税法下的措施费费率　%

专业名称		费用名称			
		夜间施工费	二次搬运费	冬雨季施工增加费	已完工程及设备保护费
安装工程	民用安装工程	2.50	2.10	2.80	1.20
	工业安装工程	3.10	2.70	3.90	1.70

（2）简易计税法下的措施费费率见表 1-2-6。

表 1-2-6　简易计税法下的措施费费率　%

专业名称		费用名称			
		夜间施工费	二次搬运费	冬雨季施工增加费	已完工程及设备保护费
安装工程	民用安装工程	2.66	2.28	3.04	1.32
	工业安装工程	3.30	2.93	4.23	1.87

（3）措施费中的人工费费率见表 1-2-7。

表 1-2-7　措施费中的人工费费率　%

专业名称	费用名称			
	夜间施工费	二次搬运费	冬雨季施工增加费	已完工程及设备保护费
安装工程	50	40	40	25

（三）企业管理费、利润费率

（1）一般计税法下的企业管理费、利润费率见表 1-2-8。

表 1-2-8　一般计税法下的企业管理费、利润费率　%

专业名称		费用名称					
		企业管理费			利润		
		Ⅰ	Ⅱ	Ⅲ	Ⅰ	Ⅱ	Ⅲ
安装工程	民用安装工程	55			32		
	工业安装工程	51			32		

注　企业管理费费率中，不包括总承包服务费费率。

（2）简易计税法下的企业管理费、利润费率见表 1-2-9。

表 1-2-9　简易计税法下的企业管理费、利润费率　%

专业名称		费用名称					
		企业管理费			利润		
		Ⅰ	Ⅱ	Ⅲ	Ⅰ	Ⅱ	Ⅲ
安装工程	民用安装工程	54.19			32		
	工业安装工程	50.13			32		

注　企业管理费费率中，不包括总承包服务费费率。

（四）总承包服务费、采购保管费

总承包服务费、采购保管费费率见表 1-2-10。

表 1-2-10　总承包服务费、采购保管费费率　%

费用名称	费率	
总承包服务费	3	
采购保管费	材料	2.5
	设备	1

（五）规费费率

（1）一般计税法下的规费费率见表 1-2-11。

表 1-2-11　一般计税法下的规费费率　%

费用名称	专业名称				
	建筑工程	装饰工程	安装工程		园林绿化工程
			民用	工业	
安全文明施工费	3.70	4.15	5.01	3.81	2.92
其中：1. 安全施工费	2.34	2.34	2.37	1.17	1.16
2. 环境保护费	0.11	0.12	0.29		0.16
3. 文明施工费	0.54	0.10	0.59		0.35
4. 临时设施费	0.71	1.59	1.76		1.25
社会保险费	1.52				
住房公积金	0.22				
工程排污费	0.28				
建设项目工伤保险	0.16				

（2）简易计税法下的规费费率见表1-2-12。

表1-2-12　简易计税法下的规费费率　%

费用名称	专业名称				
	建筑工程	装饰工程	安装工程		园林绿化工程
			民用	工业	
安全文明施工费	3.52	3.97	4.86	4.31	2.84
其中：1. 安全施工费	2.16	2.16	2.16	1.61	1.07
2. 环境保护费	0.11	0.12	0.30		0.16
3. 文明施工费	0.54	0.10	0.60		0.35
4. 临时设施费	0.71	1.59	1.80		1.26
社会保险费	1.40				
住房公积金	0.22				
工程排污费	0.28				
建设项目工伤保险	0.16				

（六）税金

税金税率见表1-2-13。

表1-2-13　税金税率　%

费用名称	税率
增值税	11
增值税（简易计税）	3

注　甲供材料、甲供设备不作为计税基础。

三、工程类别划分标准

（一）相关说明

（1）工程类别的确定，以单位工程为划分对象。一个单项工程包括建筑工程、装饰工程、水卫工程、暖通工程、电气工程等若干个相对独立的单位工程。一个单位工程只能确定一个工程类别。

（2）工程类别划分标准中有两个指标的，确定工程类别时，须满足其中一项指标。

（3）工程类别划分标准缺项时，拟定为Ⅰ类工程的项目，由省工程造价管理机构核准。Ⅱ、Ⅲ类工程项目，由市工程造价管理机构核准，并同时报省工程造价管理机构备案。

（二）建筑工程类别划分标准

建筑工程类别划分标准见表1-2-14。

表 1-2-14 建筑工程类别划分标准

工程特征				单位	工程类别		
					Ⅰ	Ⅱ	Ⅲ
工业厂房工程	钢结构		跨度	m	>30	>18	≤18
			建筑面积	m^2	>25 000	>12 000	≤12 000
	其他结构	单层	跨度	m	>24	>18	≤18
			建筑面积	m^2	>15 000	>10 000	≤10 000
		多层	檐高	m	>60	>30	≤30
			建筑面积	m^2	>20 000	>12 000	≤12 000
民用建筑工程	钢结构		檐高	m	>60	>30	≤30
			建筑面积	m^2	>30 000	>12 000	≤12 000
	混凝土结构		檐高	m	>60	>30	≤30
			建筑面积	m^2	>20 000	>10 000	≤10 000
	其他结构		层数	层		>10	≤10
			建筑面积	m^2		>12 000	≤12 000
	别墅工程（≤3 层）		栋数	栋	≤5	≤10	>10
			建筑面积	m^2	≤500	≤700	>700

（三）建筑工程类别划分说明：

（1）建筑工程确定类别时，应首先确定工程类型。

建筑工程的工程类型分为工业厂房工程、民用建筑工程、构筑物工程、桩基础工程、单独土石方工程五类。

1）工业厂房：是指直接从事物质生产的生产厂房或生产车间。

工业建筑中，为物质生产配套和服务的实验室、化验室、食堂、宿舍、医疗、卫生及管理用房等独立建筑物，按民用建筑工程确定工程类别。

2）民用建筑：是指直接用于满足人们物质和文化生活需要的非生产性建筑物。

3）构筑物：是指与工业或民用建筑配套，并独立于工业与民用建筑之外的构造，如烟囱、水塔、贮仓、水池等。

4）桩基础：是浅基础不能满足建筑物的稳定性要求而采用的一种深基础工艺，主要包括各种现浇和预制混凝土桩以及其他材质的桩基础。桩基础工程适用于建设单位直接发包的桩基础工程。

5）单独土石方工程：是指建筑物、构筑物、市政设施等基础土石方以外，挖方或填方工程量大于 5000m^3，且需要单独编制概预算的土石方工程，包括土石方的挖、运、填等。

同一建筑物工程类型不同时，按建筑面积大的工程类型确定其工程类别。

（2）房屋建筑工程的结构形式：

1）钢结构：是指柱、梁（屋架）、板等承重构件用钢材制作的建筑物。

2）混凝土结构：是指柱、梁（屋架）、板等承重构件用现浇或预制的钢筋混凝土制作的建筑物。

同一建筑物结构形式不同时，按建筑面积大的结构形式确定其工程类别。

（3）工程特征：

1）建筑物檐高：是指设计室外地坪至檐口滴水（或屋面板板顶）的高度。突出建筑物主体屋面楼梯间、电梯间、水箱间部分高度不计入檐口高度。

2）建筑物的跨度：是指设计图示轴线间的宽度。

3）建筑物的建筑面积：按建筑面积计算规范的规定计算。

4）构筑物高度：是指设计室外地坪至构筑物主体结构顶坪的高度。

5）构筑物的容积：是指设计净容积。

6）桩长：是指设计桩长，包括桩尖长度。

（4）与建筑物配套的零星项目，如水表井、消防水泵接、合器井、热力入户井、排水检查井、雨水沉砂池等，按相应建筑物的类别确定工程类别。

其他附属项目，如场区大门、围墙、挡土墙、庭院甬路、室外管道支架等，按建筑工程Ⅲ类确定工程类别。

（四）安装工程

根据安装工程专业特点，分为民用安装工程、工业安装工程两类。

（1）民用安装工程：是指直接用于满足人们物质和文化生活需要的非生产性安装工程，包括电气、给排水、采暖、燃气、通风空调、消防、建筑智能、通信工程，以及民用换热站、锅炉房、泵站、变电站等工程。

（2）工业安装工程：是指从事物质生产和直接为物质生产服务的安装工程，包括机械设备、热力设备、静置设备与工艺金属结构、工业管道工程，以及以上工程附属的电气、仪表、刷油、防腐蚀、绝热等工程。

资讯四　定额计价模式下造价的确定

定额计价模式下造价的确定过程，招投标阶段一般称为工程预算（或施工图预算）编制。工程竣工验收后，根据原施工图预算，加上补充修改的部分，办理最终工程结算。

一、安装工程预算的编制依据

（1）施工图纸和设计施工说明书。施工图纸和设计施工说明书应经过有关主管部门的审查，并经过建设单位、施工企业及设计单位的共同会审。

施工图纸和设计施工说明书是编制施工图预算的基本依据。编制施工图预算之前，应仔细检查施工图纸和设计施工说明书是否完整无缺。施工图上某些部位指定采用的各种标准图集也应收集齐全。

施工图预算必须根据施工图上标明的尺寸、材料规格及设计说明书中的有关说明和要求，计算出各分部分项工程的工程量，然后才能套用定额价目表中相应的预算单价。如果施工图纸和设计施工说明书不完整，或图上的尺寸有缺失，就不能正确计算工程量，甚至影响施工图预算工作的进行。

（2）安装工程消耗量定额（安装工程价目表）及工程量计算规则。各地主管部门颁发的安装工程消耗量定额是编制施工图预算的基础资料。工程消耗量定额及工程量计算规则是建设主管部门组织各地有经验的设计、施工和工程预算有关专家及工作人员，根据国家有关的建设方针政策，对各地、各类工程实际耗用的人工、材料等进行详细测算、统计、分析、比较编制而成的，是各地建筑安装企业应该参考并遵守的人工、材料及机械台班用量标准。

各地根据消耗量定额和当地人工、材料、机械价格编制的安装工程价目表，则可作为编制施工图预算的直接依据。

(3) 材料预算价格表。材料预算价格是指各种材料到达建筑安装工地或进入工地仓库后的价格。它是定额价目表中材料费（辅材费）编制的依据，也是定额计价中计算主材费单价的依据。由于材料来源、运输路线、运输方式等的不同，各地的材料预算价格也各不相同，因此各地都由建设工程造价管理部门组织有关部门收集、整理、编制各种材料预算价格信息（工程造价信息），公开颁布执行，作为编制工程施工图预算的依据。

(4) 施工组织设计。施工组织设计是建筑安装企业根据工程要求和现场具体情况，对工程施工的具体安排和规划。它是编制施工图预算不可缺少的依据。

大中型安装工程一般应有详细的施工组织设计，小型民用安装工程采用施工方案。在编制施工图预算之前，造价人员都应和具体负责施工的项目部交换意见，了解施工选用的工艺和方法、采用的施工工具机械等，在施工图预算编制中能够准确地选用定额项目。

(5) 建筑安装材料手册或五金手册。计算金属结构工程量时，根据施工图纸上的尺寸，只能求得它们的长度、面积或体积。而在定额中，金属结构的计算单位是公斤或吨，两者的计量单位不同。对于这类情况，就必须根据材料手册或五金手册进行单位换算后，才能套用定额。

(6) 费用标准及施工合同。取费程序及费用标准是由各地建设工程定额或造价管理部门根据国家有关规定制定颁布执行的。根据价目表确定工程的直接费后，其他的如间接费、税金、利润等应根据相关的取费程序及费用标准来确定。

建设单位和建筑安装企业签订的施工承包合同（协议）中的有关条款，也是编制施工图预算的依据，如材料供应方式、是否有分包等。

(7) 其他关于编制施工图预算的文件。

二、施工图预算编制的步骤和方法

编制施工图预算应根据施工图纸、安装工程消耗量定额中的工程量计算规则、费用标准、施工地点、工程类别等，结合工程的具体情况，实事求是、简单明了、准确及时。

比较完整的施工图预算书一般应包括以下主要内容：封面；编制说明；分部分项工程的工程量计算；价目表单价的套用；各分部分项工程合价的汇总，单位工程的直接费、间接费、利润、税金的计算；计算工程总造价的计算（工料分析表和技术经济指标的编制等）。其中任何一个环节发生差错，都将影响整个预算的质量，所以施工图预算的编制是一项繁重、细致的工作。为使预算的编制有条不紊，少出差错，一般可参照以下步骤和方法进行：

(1) 收集熟悉各种必要的基础资料。工程所在地区使用的定额（价目表）、材料预算价格等都是编制工程预算必不可少的基础资料，均应收集齐全，彻底了解和掌握。每册定额均有总说明及工程量计算规则，每个子目表的表头上都注明了它所包括的工作内容、计量单位等。表头所列的计量单位常常是以 $10m^2$、10m、t 等为单位，而按施工图计算工程量时，所出现的计量单位往往是 m^2、m、kg 等，因此在套用价目表时，就应按表头所列的计量单位进行换算，使之一致，如忽略这一点，其结果就会产生很大差错。

间接费、利润、税金的计算办法和费率各地均不完全相同，必须按照工程所在地建设工程造价管理部门颁发的现行文件规定执行。

（2）熟悉施工图纸和设计施工说明书及施工现场情况。工程造价人员在编制施工图预算之前，必须熟悉施工图纸和设计施工说明书，了解施工现场的情况，了解建筑物的类型、结构特点、材料的要求、设计意图和工程总貌等。如发现施工图中存在问题或有改进建议时，应及时向设计单位提出协商解决。另外，还应掌握施工组织设计或施工意图，只有这样才能有步骤地计算工程量，正确地编制工程预算。

（3）计算工程量（算量）。工程量就是需要施工的各分部分项工程的实物量，如某一工程中需要安装的管子长度、阀门的个数等。工程量计算中所采用的单位，应与价目表中的计量单位一致。计算工程量是确定安装工程直接费、编制工程预算书的重要环节，也是整个预算工作中最繁重的部分，直接影响工程预算造价的高低。只有根据施工图纸所标明的尺寸、数量，按照定额（价目表）规定的工程量计算规则，详细地算出各分部分项工程量，并正确地套用相应的价目表单价，才能正确无误地计算出工程的直接费。

在建设过程中，各种材料成品和半成品的采购运输和供应、施工机械的选择、施工组织计划的确定等，都是以预算中的工程量为基本依据，故工程量的计算必须认真细致，确保正确无误。

计算工程量时，应注意以下方面：

1）要根据图纸内容，正确选择需要的定额册号。

2）应遵循一定的计算顺序进行工程量计算。例如，一般按各册定额的章节顺序从前至后依次计算，管道项目遵循先室外后室内、先地下后地上、先大管径后小管径的顺序计算，电气管线遵循先管后线的顺序计算等，否则就很可能发生漏算或重复计算的情况。按照一定顺序进行计算，还能为校审工作提供方便。计算公式应力求简单、正确，逐项写在工程量计算表中。

在工程量汇总时，其精确度一般以小数点后两位为准，两位以后的数值四舍五入。工程量计算一般采用表 1-2-15 的形式。

表 1-2-15　　工程量计算表

单位工程名称：

序号	项目名称	计算说明	单位	数量

（4）套用价目表单价（套定额）。工程量计算完成以后，就可按照价目表分部分项工程的顺序，逐项套用价目表单价（基价）、人工费单价（已包含在基价价格中，由于是措施费、管理费、利润等有关费用的计算基础，在此单独列出）、主材费单价（根据定额消耗量及主材预算价格计算），列出工程预算表，见表 1-2-16。

表 1-2-16　　**安装工程预（结）算书**

工程名称：　　第　页　共　页

序号	定额编号	项目名称	定额单位	数量	增值税（一般计税）			合计		
					单价	人工费	主材费	合价	人工费	主材费

套用价目表单价应注意以下事项：

1）价目表中该分部分项工程的名称是否与图纸及算量表名称一致，不能错套。

2）价目表表头中所列的工作内容是否与图纸上所要求的内容一致。当不完全一致时，在工程允许换算的情况下，可按价目表说明中的规定，将有关预算单价换算成所需的预算单价。当需要套用价目表单价的分部分项工程，在价目表中没有列入，或无有关工程预算单价可以换算时，则应编制补充价目表，报请有关定额管理部门批准执行。这一工作应尽可能在熟悉图纸的阶段完成，以免预算工作中途停顿，影响工作进度。

3）价目表所采用的计算单位往往是 $10m^3$、10m、t 等，当工程量计算中的计量单位和价目表所采用的计算单位不一致时，应在填表时进行换算，使之和价目表一致，否则会产生很大的差错。

套用价目表单价的工作完成，并经自校无误后，用价目表单价乘以工程数量，即得分项工程的价格，再将各分项工程价格相加，即得出该安装工程的分部分项工程费。

（5）计算措施费（单价措施费和总价措施费）、企业管理费、利润、规费、税金，确定工程造价（取费）。

分部分项工程费计算出来以后，以其中的人工费为基础，根据各地颁发的计费程序、费率，分别计算措施费、企业管理费、利润，再以分部分项工程费、措施费、企业管理费、利润为基础计算规费、税金。将分部分项工程费、措施费、企业管理费、利润、规费、税金等费用相加，即得出该工程的预算造价。

（6）编写施工图预算编制说明，填写封面。施工图预算编制完成，应将编制的依据、采用的数据来源、需要说明的事项等详细编写成编制说明，作为施工图预算的组成部分，最后填写封面。

三、竣工结算

建筑安装工程在施工活动中相对于原设计图纸会发生一些变化（如设计变更、材料调价等允许调整部分），这些变化一般都涉及工程造价的增减，故在工程竣工验收后要进行竣工结算。

（一）竣工结算的依据

为了竣工结算符合实际情况，避免多算、少算或漏项等现象发生，编制人员必须在施工过程中经常深入现场，了解工程情况，并与施工人员保持密切联系，了解和掌握工程修改和变更情况，为竣工结算积累和收集必备的原始资料。

竣工结算必备的资料包括：竣工报告；工程验收单；工程承包合同书；经审批的原施工图预算；经审批的原补充修正预算；建筑安装工程消耗量定额（价目表）；修改或补充的设计图说；规定的材料预算价格及调价表；建设工程主管部门发布的造价信息或指数；规定的

取费标准；现场签证记录等。

（二）现场签证记录

现场签证记录是指在工程施工过程中，临时发生的小修小改和隐蔽工程的验收过程、存在的问题以及解决办法的记录。

现场签证记录是工程竣工结算的内容和依据之一。它是在工程施工中甲、乙双方认可的工程实际变更记录，施工图预算内未包括的工程项目，工程承包合同的条款中也未直接反映出来的内容等。其没有规律性，没有可能编制补充的消耗量定额和工程预算。但却构成了施工单位进行施工活动的基本内容，而且影响施工单位的工程成本与费用开支。为了反映实际施工情况，因而产生了现场签证记录。

现场签证记录由施工单位现场施工技术管理人员根据实际发生的情况提出，由监理单位（建设单位）现场施工代表签字。在按实结算的情况下，签证记录内容一般包括：

（1）隐蔽工程记录。隐蔽工程记录是指室外地平线以下或完工后地面外表看不见的工程，如基础工程、地下管道工程等。为了确保工程质量，隐蔽工程施工完毕，施工单位必须组织设计、监理、建设等有关单位的现场人员及时检查质量，验收工程数量，做好隐蔽工程记录，绘制隐蔽工程竣工（验收）图，办理签证手续，然后再予以掩盖或进行下一道工序施工。隐蔽工程记录（工程数量）作为办理竣工结算的依据。

（2）停、窝工。其包括：供水、供电部门因故临时停水、停电；建设单位拖延中间验收；因设计或甲供材供应不及时，影响正常施工，造成工程施工过程的暂时中止。停、窝工的损失内容包括工地的实有工人数，停、窝工的各种施工机械（名称、规格）的台班数。停、窝工损失应按照有关规定划清不同的主、客观原因，分别由建设单位或施工企业承担。

（3）施工机具停置。其包括：由于建设单位任务不饱满、计划不当、施工间歇时间过长，造成施工现场的施工机具短时期内没有任务，暂停运转；因建设单位同意施工单位提早进场，或工程任务完成后，有续建工程要求施工机械暂留现场而发生的停置。施工机具停置造成的损失应由建设单位承担。

（4）大型施工机具进出场费及一次安、拆费。建设工地如果需用大型施工机械，均应计算一次进场费及一次安装、拆卸费。完成施工任务后没有新的建设工地，机械必须返回原驻地时，其出场费仍向建设单位收取，其标准与进场相同。

（5）成品、半成品的场外运输。成品、半成品的场外运输是指超出消耗量定额范围的运输（包括材料更换所增加的运输费用），内容包括运输距离、运输方式、耗用机械台班名称。

（6）施工临时供、排水。其内容包括因各种原因，发生供水中断所采取的临时供应施工用水措施（机械抽水等）；因雨天施工或地下水影响所采取的排水措施。所发生的费用包括所耗人工、材料及机械台班数。

（7）自然灾害。因暴雨、大风等自然原因，使工程受损，如沟槽土方塌方、基础或其他工程被冲毁等发生的工程费用增加，包括损失工程的名称、规格、数量。

（8）工程返工。工程返工是指因施工、设计或材料供应等原因造成已做工程报废或重新再做的过程。例如某一工程已施工完毕或已施工下料，而发生质量不符合设计要求，或者需要修改原设计的某些内容，致使原材料报废或已做工程拆除重做。因工程返工而发生的人工、材料、机械台班等费用称为工程返工费，应划清责任，分别由承担责任的一方承担工程返工费的有关部分。

（9）材料二次搬运。施工工程所用材料，由于以下情况，由施工单位进行二次转运的材料数量、运输方式、所耗人工、机械台班数量，其发生的费用除合同中明确外，一般应由建设单位承担：

1）建设单位供料因道路不通、场地狭小，不能按规定将材料运至工程消耗量定额规定距离以内的；

2）由施工单位供料，但由于场地道路不通、场地限制，无法一次将材料运到工程消耗量定额规定范围内的。

（10）材料代用及现场临时修改。在施工过程中，建设单位修改设计图纸或当时供货部门供应的材料规格不配套，采取以优代次、以大代小的措施，因而发生增减费用，除实际包干或施工图预算加系数包干办法的以外，可以在办理结算时进行调整。

（11）夜间施工。由于工程需要，甲方要求必须在夜间施工，对参加夜间施工的人数和时间、照明设施、工人降效等应做好记录，以备结算。

（12）设计变更。在施工过程中由设计单位或建设单位结合工程具体情况，提出设计修改，所发生的费用应作为结算的依据。

（13）施工技术问题核定。由施工单位根据施工的具体情况，如施工图上局部处理更改、因施工技术措施的需要提出局部修改、材料供应情况变化等原因，提出的施工技术问题的书面意见。它经设计或建设单位同意后执行，应作为结算的依据。

（14）材料预算价格差额调整。价目表中的材料预算价格一般与市场价格有较大差别，需要在结算时按实际价格进行调整。

（15）其他。预消耗量定额和工程预算内没有包括的内容，如材料补充检验和试验、施工运输设备的临时租赁费，以及未商定的赶工或其他施工措施费用等。

（三）竣工结算的编制方式

定额计价模式下，竣工结算的编制一般有两种方式：

（1）在已核定的施工图预算基础上，根据施工过程中发生的设计变更、现场签证等资料，对原施工图预算做出调整。

（2）对于工程变动较大，修改设计项目较多的单位工程，可以根据竣工图、设计变更、现场签证等，按施工图预算的编制方法，对工程内容全部重新进行计算。

复习思考题

1. 简述定额的含义与分类。
2. 工程价目表中人工费、材料费、机械使用费是如何确定的？
3. 安装工程预算的编制依据是什么？
4. 安装工程预算的编制步骤有哪些？
5. 现场签证记录的内容有哪些？
6. 定额计价模式下竣工结算的编制方式有哪些？

学习单元三　工程量清单计价模式

资讯一　工程量清单计价概述

工程量清单（BQ）产生于19世纪30年代，西方国家把计算工程量、提供工程量清单作为业工估价师的职责，所有的投标报价都要以业主提供的工程量清单为基础，从而使得最后的投标结果具有可比性。

为了解决我国定额计价方式与工程建设市场不相适应的问题，并与国际惯例接轨，我国以国际上通行的工程量清单计价方式为参考，提出了“控制量、指导价、竞争费”的改革措施，在全国范围内逐步推行工程量清单计价模式。

一、工程量清单计价的含义

工程量清单计价方式，是在建设工程招投标中，招标人（甲方）自行或委托具有资质的中介机构，依据招标文件要求、施工图纸、现行的工程量计算规则，编制反映工程实体消耗和措施性消耗的工程量数量清单，并作为招标文件的一部分提供给投标人，由投标人（乙方）依据工程量清单逐项自主填写单价，并计算出总价，再通过评标，最后确定合同价的计价方式。

二、工程量清单计价的特征

（1）工程量清单均采用综合单价形式，综合单价中包括工程直接费、间接费、管理费、风险费、利润及国家规定的各种规费等，一目了然，更适合工程的招投标。

（2）工程量清单报价要求投标单位根据市场行情和自身实力报价，这就要求投标人注重工程单价的分析，在报价中反映出本投标单位的实际能力，从而能在招投标工作中体现公平竞争的原则，选择最优秀的承包商。

（3）工程量清单具有合同化的法定性，本质上是单价合同的计价模式，中标后的单价一经合同确认，在竣工结算时是不能调整的，即量变价不变。

（4）工程量清单报价详细地反映了工程的实物消耗和有关费用，因此易于结合建设项目的具体情况，变以预算定额为基础的静态计价模式为将各种因素考虑在单价内的动态计价模式。

（5）工程量清单报价有利于招投标工作，避免招投标过程中存在盲目压价、弄虚作假、暗箱操作等不规范行为。

（6）工程量清单报价有利于项目的实施和控制，报价的项目构成、单价组成必须符合项目实施要求，工程量清单报价增加了报价的可靠性，有利于工程款的拨付和工程造价的最终确定。

（7）工程量清单报价有利于加强工程合同的管理，明确承发包双方的责任，实现风险的合理分担，即工程量由发包方或招标方确定，工程量的误差由发包方承担，工程报价的风险由投标方承担。

（8）工程量清单报价将推动计价依据的改革发展，推动企业编制自己的企业定额，提高自身工程技术水平和经营管理能力。

三、常用术语

(1) 工程量清单：载明建设工程分部分项工程项目、措施项目、其他项目的名称和相应数量以及规费、税金项目等内容的明细清单。招标人依据国家标准、招标文件、设计文件以及施工现场实际情况编制的，随招标文件发布供投标报价的工程量清单，包括其说明和表格，称为招标工程量清单。

(2) 已标价工程量清单（工程量清单计价）：构成合同文件组成部分的投标文件中已标明价格，经算术性错误修正（如有）且承包人已确认的工程量清单，包括其说明和表格。

(3) 项目编码：分部分项工程和措施项目清单名称的阿拉伯数字标识。其中分部分项工程的项目编码为12位数字。

(4) 项目特征：构成分部分项工程项目、措施项目自身价值的本质特征。

(5) 综合单价：完成一个规定清单项目所需的人工费、材料和工程设备费、施工机具使用费和企业管理费、利润以及一定范围内的风险费用。其中，风险费用隐含于已标价工程量清单综合单价中，用于化解发承包双方在工程合同中约定内容和范围内的市场价格波动风险的费用。

(6) 单价项目：工程量清单中以单价计价的项目，即根据合同工程图纸（含设计变更）和相关工程现行国家计量规范规定的工程量计算规则进行计量，与已标价工程量清单相应综合单价进行价款计算的项目。

(7) 总价项目：在相关工程现行国家计量规范中无工程量计算规则，以总价（或计算基础乘费率）计算的项目。

(8) 工程计量：发承包双方根据合同约定，对承包人完成合同工程的数量进行的计算和确认。

(9) 招标控制价：招标人根据国家或省级、行业建设主管部颁发的有关计价依据和办法，以及拟定的招标文件和招标工程量清单，结合工程具体情况编制的招标工程的最高投标限价。

(10) 投标价：投标人投标时响应招标文件要求所报出的对已标价工程量清单汇总后标明的总价。

(11) 暂列金额：由招标人暂定并包括在合同中的一笔款项。暂列金额是为应对不可避免的价格调整而设立，以便达到合理确定和有效控制工程造价的目标。

(12) 暂估价：从招标阶段直至签订合同协议时，招标人在招标文件中提供的用于支付必然要发生但暂时不能确定价格的材料以及专业工程的金额。

为方便合同管理，需要纳入分部分项工程量清单项目综合单价中的暂估价应只是材料费，以方便投标人组价。

专业工程的暂估价一般应是综合暂估价，应当包括除规费和税金以外的管理费、利润等取费。总承包招标时，专业工程设计深度往往是不够的，一般需要交由专业设计人设计后确定其造价，以发挥其专业技能和专业施工经验的优势。

(13) 计日工：是为了解决现场发生的零星工作的计价而设立的。计日工适用的所谓零星工作一般是指合同约定之外的或者因变更而产生的、工程量清单中没有相应项目的额外工作，尤其是那些时间不允许事先商定价格的额外工作。

(14) 总承包服务费：是为了解决招标人在法律、法规允许的条件下进行专业工程发包，以及自行供应材料、设备，并需要总承包人对发包的专业工程提供协调和配合服务，对供应的材料、设备提供收、发和保管服务以及进行施工现场管理时发生，并向总承包人支付的费用。招标人应预计该项费用，并按投标人的投标报价向投标人支付该项费用。

四、工程量清单计价的依据

为了规范建设工程各方的计价行为，2003 年 2 月，建设部发布了 GB 50500—2003《建设工程工程量清单计价规范》(以下简称“03 计价规范”)。“03 计价规范”的实施，为推行工程量清单计价，建立市场形成工程造价的机制奠定了基础。但是“03 计价规范”主要侧重于工程招投标中的工程量清单计价，对工程合同签订、工程计量与价款支付、合同价款调整、索赔和竣工结算等方面缺乏相应的规定。为此，建设部标准定额司从 2006 年开始对“03 计价规范”的正文部分进行了修订。住房城乡建设部于 2008 年 7 月发布了 GB 50500—2008《建设工程工程量清单计价规范》(以下简称“08 计价规范”)。由于对“03 计价规范”的附录没有修订，故住房城乡建设部等有关部门于 2013 年 7 月 1 日颁布实施了修订后的最新国家标准：GB 50500—2013《建设工程工程量清单计价规范》(以下简称“13 计价规范”)和 GB 50854—2013《房屋建筑与装饰工程工程量计算规范》、GB 50855—2013《仿古建筑工程工程量计算规范》、GB 50856—2013《通用安装工程工程量计算规范》、GB 50857—2013《市政工程工程量计算规范》、GB 50858—2013《园林绿化工程工程量计算规范》、GB 50859—2013《矿山工程工程量计算规范》、GB 50860—2013《构筑物工程工程量计算规范》、GB 50861—2013《城市轨道交通工程工程量计算规范》、GB 50862—2013《爆破工程工程量计算规范》九本计量规范(以下简称“13 计量规范”)。

五、GB 50500—2013《建设工程工程量清单计价规范》的主要内容

“13 计价规范”的内容包括总则、术语、一般规定、工程量清单编制、招标控制价、投标报价、合同价款约定、工程计量、合同价款调整、合同价款期中支付、竣工结算与支付、合同解除的价款结算与支付、合同价款争议的解决、工程造价鉴定、工程计价资料与档案、工程计价表格共 16 个章节，并有附录 A～附录 L 共 11 类表格(见本书附录 A)。

“13 计价规范”对工程量清单计价方式做出以下规定：

(1) 使用国有资金投资的建设工程发承包，必须采用工程量清单计价。

(2) 非国有资金投资的建设工程，宜采用工程量清单计价。

(3) 工程量清单应采用综合单价计价。

(4) 措施项目中的安全文明施工费必须按国家或省级、行业建设主管部门的规定计算，不得作为竞争性费用。

(5) 规费和税金必须按国家或省级、行业建设主管部门的规定计算，不得作为竞争性费用。

六、GB 50856—2013《通用安装工程工程量计算规范》的主要内容

GB 50856—2013《通用安装工程工程量计算规范》(以下简称“13 计算规范”)是在 GB 50500—2008《建设工程工程量清单计价规范》附录 C 基础上制定的，内容包括正文、附录、条文说明共 3 部分，其中正文包括总则、术语、工程计量、工程量清单编制(包括一般规定、分部分项工程、措施项目) 4 章，共计 26 项条款。附录部分共计 13 部分 1044 个项目，包括：附录 A 机械设备安装工程；附录 B 热力设备安装工程；附录 C 静置设备与工艺金属结构制作安装工程；附录D电气设备安装工程；附录E建筑智能化工程；附录F自动化控制仪表安装工程；附录G通风空调工程；附录H工业管道工程；附录J消防工程；附录K给排水、采暖、燃气工程；附录L通信设备及线路工程；附录M刷油、防腐蚀、绝热工程；附录N措施项目。

为规范通用安装工程造价计量行为，统一通用安装工程工程量计算规则、工程量清单的编制方法，制定该规范。本规范适用于工业、民用、公共设施建设安装工程的计量和工程计量清单编制。通用安装工程计价，必须按该规范规定的工程量计算规则进行工程计量。

资讯二 工程量清单的编制

一、"13计价规范"对工程量清单编制的一般规定

（1）招标工程量清单应由具有编制能力的招标人或受其委托、具有相应资质的工程造价咨询人编制。

（2）招标工程量清单必须作为招标文件的组成部分，其准确性和完整性应由招标人负责。

（3）招标工程量清单是工程量清单计价的基础，应作为编制招标控制价、投标报价、计算或调整工程量、索赔等的依据。

（4）招标工程量清单应以单位（项）工程为单位编制，并由分部分项工程项目清单、措施项目清单、其他项目清单、规费和税金项目清单组成。

（5）编制工程量清单应"四个统一"，即统一工程量计算规则、统一分部分项工程分类、统一计量单位、统一项目编码。

二、编制招标工程量清单的依据

"13计价规范"中规定，编制招标工程量清单的依据包括：

（1）该规范和相关工程的国家计量规范（"13计算规范"）；

（2）国家或省级、行业建设主管部门颁发的计价定额和办法；

（3）建设工程设计文件（施工图说）及相关资料；

（4）与建设工程有关的标准、规范、技术资料；

（5）拟定的招标文件；

（6）施工现场情况、地质勘察水文资料、工程特点及常规施工方案；

（7）其他相关资料。

三、工程量清单编制使用的表格

（1）工程计价表宜采用统一格式。各省、自治区、直辖市建设行政主管部门和行业建设主管部门可根据本地区、本行业的实际情况，在"13计价规范"附录计价表格的基础上补充完善。

（2）工程计价表格的设置应满足工程计价的需要，方便使用。

（3）工程量清单编制使用的表格包括"13计价规范"附录中的封-1、扉-1、表-01、表-08、表-11、表-12（含表-12-1～表-12-5）、表-13、表-20、表-21。

四、工程量清单编制的内容

工程量清单编制的主要内容见表1-3-1。

表 1-3-1　工程量清单编制主要内容

序号	组成部分	内容
1	封面、扉页	工程量清单封面、扉页上的各项内容均由招标人填写。应按规定的内容填写、签字、盖章，造价员编制的工程量清单应由负责审核的造价工程师签字、盖章
2	总说明	(1) 工程概况：建设规模、工程特征、计划工期、施工现场实际情况、自然地理条件、环境保护要求等。 (2) 工程招标和分包范围。 (3) 工程量清单编制依据。 (4) 工程质量、材料、施工等的特殊要求。 (5) 其他需要说明的问题
3	分部分项工程和单价措施项目清单表	分部分项工程量清单是计算拟建工程项目工程数量的表格，由项目编码、项目名称、项目特征、计量单位和工程量 5 项内容构成，这 5 个要件在分部分项工程量清单的组成中缺一不可。招标人必须按规定的“四个统一”编写，不得随意变动，这是强制规定，必须严格执行。以单价项目形式表现的措施项目与分部分项工程项目采用同一种表格
4	总价措施项目清单	措施项目中仅列出项目编码、项目名称。未列出项目特征、计量单位和工程量计算规则的项目，应按“13 计算规范”附录 N 措施项目的项目编码、项目名称确定
5	其他措施项目清单	“13 计价规范”附录 G 列出了暂列金额、材料（工程设备）暂估单价、专业工程暂估价、计日工、总承包服务费、索赔与现场签证等编制“其他项目清单”时参考
6	规费、税金项目清单	规费是政府和有关权力部门规定必须缴纳的费用。税金是我国税法规定应计入建筑安装工程造价的税种金额

（一）分部分项工程项目（“13 计价规范”附录 F 表-08）

分部分项工程项目清单必须载明项目编码、项目名称、项目特征、计量单位和工程量。分部分项工程项目清单必须根据现行“13 计算规范”规定的项目编码、项目名称、项目特征、计量单位和工程量计算规则进行编制。

(1) 分部分项工程量清单的项目编码应采用十二位阿拉伯数字表示，一～九位应按“13 计价规范”附录 F 的规定设置，十～十二位应根据拟建工程的工程量清单项目名称设置，同一招标工程的项目编码不得有重码。

各位数字的含义是：

1) 一、二位为专业工程代码（01——房屋建筑与装饰工程；02——仿古建筑工程；03——通用安装工程；04——市政工程；05——园林绿化工程；06——矿山工程；07——构筑物工程；08——城市轨道交通工程；09——爆破工程。以后列入国家标准的专业工程代码以此类推）。

2) 三、四位为附录分类顺序码。

3) 五、六位为分部工程顺序码。

4) 七～九位为分项工程项目名称顺序码。

5) 十～十二位为清单项目名称顺序码。

例如，室内给水塑料管有 DN15 和 DN20 两种规格，项目编码分别为 031001006001 和 031001006002。

（2）分部分项工程量清单的项目名称应按“13 计算规范”附录的项目名称，结合拟建工程的实际确定。按附录中的相应项目名称抄录，并应坚持“一个依据、二个结合”。所谓一个依据，就是分部分项工程量清单项目名称是依据“13 计算规范”相应项目名称确定的；所谓二个结合，一是与现行消耗量定额相结合，二是与拟建工程实际相结合，使工程量清单项目设置直观、简单。

（3）分部分项工程量清单项目特征应按“13 计算规范”中规定的项目特征内容，结合拟建工程项目的实际予以描述。工程量清单的项目特征是确定一个清单项目综合单价不可缺少的重要依据，在编制工程量清单时，必须对项目特征进行准确和全面的描述。但有些项目特征用文字往往难以准确和全面地描述清楚。因此，为达到规范、简捷、准确、全面描述项目特征的要求，在描述工程量清单项目特征时，应按以下规定执行：

1）项目特征描述的内容应按“13 计算规范”中的规定，结合拟建工程的实际，能满足确定综合单价的需要。

2）若采用标准图集或施工图纸能够全部或部分满足项目特征描述的要求，项目特征描述可直接采用详见××图集或××图号的方式。对不能满足项目特征描述要求的部分，仍应用文字描述。

3）项目特征应按不同的工程部位、施工工艺或材料品种、规格等分别列项。例如同样是 DN32 的镀锌钢管安装，一部分为室内安装，另一部分为室外安装，这时要分别列为两个项目名称。

4）凡项目特征中未描述到的其他独有特征，由清单编制人视项目具体情况确定，以准确描述清单项目为准。

（4）分部分项工程量清单的计量单位应按“13 计算规范”附录中规定的计量单位确定。附录中有两个或两个以上计量单位的，应结合拟建工程项目的实际情况，选择其中一个确定。

（5）分部分项工程量清单中所列工程量，应按“13 计算规范”附录中规定的工程量计算规则计算。应注意，现行“消耗量定额”其项目是按施工工序进行划分的，包括的工程内容一般是单一的，只需要参考一项定额子目，据此规定了相应的工程量计算规则，以该工程量计算规则计算出的工程数量，一般包含施工操作的损耗量等。工程量清单项目的划分，一般是以一个“综合实体”考虑的，且包括多项工程内容，需要参考多项定额子目，据此规定了相应的工程量计算规则，以该工程量计算规则计算出的工程数量，是完成后的净值，不考虑施工操作的损耗量，应注意二者的工程量计算规则是有区别的。投标人投标报价时，应在单价中考虑施工中的各种损耗和需要增加的工程量。

工程计量时，每一项目汇总的有效位数应遵守下列规定：

1）以“t”为单位，应保留小数点后三位数字，第四位小数四舍五入。

2）以“m、m^2、m^3、kg”为单位，应保留小数点后两位数字，第三位小数四舍五入。

3）以“台、个、件、套、根、组、系统”为单位，应取整数。

4）编制工程量清单出现“13 计算规范”附录中未包括的项目时，编制人应作补充，并报省级或行业工程造价管理机构备案，省级或行业工程造价管理机构应汇总报住房和城乡建设部标准定额研究所。补充项目的编码由本规范的代码 03 与 B 和三位阿拉伯数字组成，并应从 03B001 起顺序编制，同一招标工程的项目不得重码。工程量清单中需附有补充项目的名称、项目特征、计量单位、工程量计算规则、工程内容。

（二）措施项目（“13计价规范”附录F表-11）

措施项目清单必须根据现行“13计算规范”的规定以及拟建工程的实际情况列项编制。

措施项目分为单价措施项目和总价措施项目。

（1）措施项目中列出了项目编码、项目名称、项目特征、计量单位、工程量计算规则的项目（单价措施项目），编制工程量清单时，应按照分部分项工程的规定执行。与分部分项工程量清单填在一个表格中。

（2）措施项目仅列出项目编码、项目名称，未列出项目特征、计量单位和工程量计算规则的项目（总价措施项目），编制工程量清单时，应按“13计算规范”附录N措施项目规定的项目编码、项目名称确定。其他措施项目，如脚手架搭拆费等参照执行。

（三）其他项目（“13计价规范”附录G表-12）

根据“13计价规范”中规定：

（1）暂列金额（“13计价规范”附录G表-12-1）应根据工程特点按有关计价规定估算（一般为分部分项工程费的10%～15%）。

（2）暂估价中的材料、工程设备暂估单价（“13计价规范”附录G表-12-2）应根据工程造价信息或参照市场价格估算，列出明细表；专业工程暂估价（“13计价规范”附录G表-12-3）应分不同专业，按有关计价规定估算，列出明细表。

（3）计日工（“13计价规范”附录G表-12-4）应列出项目名称、计量单位和暂估数量。

（4）总承包服务费（“13计价规范”附录G表-12-5）应列出服务项目及其内容等。

（5）出现本规范未列的项目时，应根据工程实际情况补充。

（四）规费（“13计价规范”附录H表-13）

根据“13计价规范”中规定：

（1）规费项目清单应按照下列内容列项：

1）社会保险费，包括养老保险费、失业保险费、医疗保险费、工伤保险费、生育保险费；

2）住房公积金；

3）工程排污费。

（2）出现本规范未列的项目时，应根据省级政府或省级有关部门的规定列项。

（五）税金（“13计价规范”附录H表-13）

根据“13计价规范”中规定：

（1）税金项目清单应包括下列内容：

1）营业税；

2）城市维护建设税；

3）教育费附加；

4）地方教育附加。

（2）出现本规范未列的项目时，应根据税务部门的规定列项。

资讯三　投标报价（投标计价、工程量清单计价）

一、“13计价规范”中投标报价的一般规定

（1）投标价应由投标人或受其委托、具有相应资质的工程造价咨询人编制。

（2）投标报价不得低于工程成本。

（3）投标人必须按招标工程量清单填报价格。项目编码、项目名称、项目特征、计量单位、工程量必须与招标工程量清单一致。

（4）投标人的投标报价高于招标控制价的按无效投标处理。

（5）投标人应依据“13计价规范”的规定自主确定投标报价：

1）国家或省级、行业建设主管部门颁发的计价办法；

2）企业定额，国家或省级、行业建设主管部门颁发的计价定额和计价办法；

3）招标文件、招标工程量清单及其补充通知、答疑纪要；

4）建设工程设计文件及相关资料；

5）施工现场情况、工程特点及投标时拟定的施工组织设计或施工方案；

6）与建设项目相关的标准、规范等技术资料；

7）市场价格信息或工程造价管理机构发布的工程造价信息；

8）其他的相关资料。

（6）综合单价中应包括招标文件中划分的应由投标人承担的风险范围及其费用，招标文件中没有明确的，应提请招标人明确。

（7）分部分项工程和措施项目中的单价项目，应根据招标文件和招标工程量清单项目中的特征描述确定综合单价。

（8）措施项目中的总价项目金额应根据招标文件及投标时拟定的施工组织设计或施工方案，按照“13计算规范”的规定确定。措施项目中的安全文明施工费必须按国家或省级、行业建设主管部门的规定计算，不得作为竞争性费用。

（9）其他项目应按下列规定报价：

1）暂列金额应按招标工程量清单中列出的金额填写；

2）材料、工程设备暂估价应按招标工程量清单中列出的单价计入综合单价；

3）专业工程暂估价应按招标工程量清单中列出的金额填写；

4）计日工应按招标工程量清单中列出的项目和数量，自主确定综合单价，并计算计日工金额；

5）总承包服务费应根据招标工程量清单中列出的内容和提出的要求自主确定。

（10）规费和税金必须按国家或省级、行业建设主管部门的规定计算，不得作为竞争性费用。

（11）招标工程量清单与计价表中列明的所有需要填写单价和合价的项目，投标人均应填写，且只允许有一个报价。未填写单价和合价的项目，可视为此项费用已包含在已标价工程量清单中其他项目的单价和合价之中。当竣工结算时，此项目不得重新组价予以调整。

（12）投标总价应与分部分项工程费、措施项目费、其他项目费和规费、税金的合计金额一致。

二、投标报价表格的使用

（1）投标报价使用的表格包括“13计价规范”附录中的封-3、扉-3、表-01、表-02、表-03、表-04、表-08、表-09、表-11、表-12（含表-12-1～表-12-5）、表-13、招标文件提供的表-20和表-21。

（2）扉页应按规定的内容填写、签字、盖章，除承包人自行编制的投标报价外，受委托编制的投标报价，由造价员编制的还应有负责审核的造价工程师签字、盖章以及工造价咨询人盖章。

（3）总说明应按下列内容填写：

1）工程概况：应完全符合招标文件要求，内容包括建设规模、工程特征、计划工期、合同工期、实际工期、施工现场及变化情况、施工组织设计的特点、自然地理条件、环境保护要求等。

2）编制依据：工程量清单、施工图纸和设计施工说明书、“13计价规范”、“13计算规范”、参考定额、材料暂估价或市场价格等。

3）自主报价选定的管理费率、利润率、措施费率等。当地建筑主管部门颁布执行的规费费率、税金税率、人工费单价等。

三、工程量清单计价编制的步骤

（一）熟悉施工图纸和设计施工说明书、计价规范、计算规范、定额及其他相关资料

正确、全面阅读施工图说，熟悉本工程安装的内容、安装施工要求及特点、选用的标准图和大样图等，了解本专业施工与其他专业施工工序之间的关系。应熟悉“13计价规范”“13计算规范”及相关的定额。施工组织设计或施工方案是施工单位针对具体工程编制的施工作业的指导性文件，在工程计价中应注意其中采取的施工技术措施、安全措施、施工机械配置、是否增加辅助项目等。施工组织设计所涉及的图纸以外的费用主要属于措施项目费。在招标文件及合同中，对有关承发包工程范围、内容、期限、工程材料、设备采购供应办法等都有具体规定，只有在计价时按规定进行，才能保证计价的有效性及准确性。

（二）熟悉工程量清单内容，核算工程量

工程量清单是工程量清单计价最重要的依据，在计价时必须全面了解每一个清单项目的特征描述，熟悉其所包括的工程内容，以便在计价时不漏项，不重复计算。

在工程造价文件的编制工作中，工程量的核算工作量最大，计算繁琐。一般招标文件上要求投标单位核查工程量清单，如果投标单位不核算，则不能发现清单编制中存在的问题，也就不能充分利用招标单位给予投标单位澄清问题的机会，则由此产生的后果由投标单位自行负责。

另外，清单计价是将不同的工程内容组合在一起，计算出清单项目的综合单价。所以，还要计算每一个清单项目所组合的工程项目（子项）的工程量，以便进行单价分析。

（三）计算分部分项工程费

按招标文件中分部分项工程量清单中每个项目的特征描述确定综合单价，再乘以清单数量进行汇总。其中，招标文件提供了暂估单价的材料，按暂估的单价计入综合单价。

综合单价由人工费、材料费、施工机械费、企业管理费、利润和一定范围的风险费用构成。其中，人工费、材料费、施工机械费单价参考现行定额价目表、企业定额及市场价格确定；企业管理费单价、利润单价以人工费单价为基础，结合企业自身情况选定的管理费率、利润率（在总说明里列出）计算；一定范围的风险费用应按招标文件中要求投标人承担的风险费用考虑。

综合单价一般是根据工程量清单的项目特征描述，采用企业定额或消耗量定额组价。

1. 确定综合单价的要求

综合单价就是完成每个分部分项工程每计量单位合格建筑安装产品所需的全部费用。全

部费用的含意应从以下几方面理解：

(1) 考虑到我国的现实情况，综合单价包括除规费、税金以外的全部费用。

(2) 综合单价不但适用于分部分项工程量清单，也适用于措施项目清单、其他项目清单。

(3) 综合单价还应包含：

1) 完成每个分项工程所含全部工程内容的费用。

2) 工程量清单项目中没有体现、施工中又必然发生的工程内容所需的费用。

3) 因招标人的特殊要求而发生的费用。

4) 考虑风险因素而增加的费用。

(4) 综合单价在使用定额组价时，分部分项工程量清单综合计价分析表内的数量和单位是按照消耗量定额的计量单位和对应的数量确定，与工程量清单中的数量和单位不同。在进行分部分项工程综合单价的分析计算时，工程量应按实际的工程量计算，工程数量有时就与清单的工程数量不同。但在报价时，将其价值按清单工程量分摊，计入综合单价中。这种现象发生在以物理计量单位计算的工程项目中，以自然计量单位计算的工程项目不会出现这种情况。

(5) 综合单价不应包括招标人自行采购材料的价款，否则是重复计价。该部分价款已由招标人预估，并在清单“暂列金额”中注明金额，按规定，投标人在报价时，应把招标人预估的金额记入“其他项目清单”报价款中。

2. 综合单价组价方法（“13 计价规范”附录 F 表-09）

综合单价组价的方法一般可按下列步骤进行：

(1) 明确工程内容，选择定额。按照工程量清单名称和项目特征描述，选择定额价目表中内容一致或相近的子目进行组合，确定该清单项目主项工程内容及辅助工程内容。例如编码 031001006001 室内给水 PPR 管安装工程项目，主项工程内容指 PPR 管道安装，辅助工程内容包括管卡安装、给水管道消毒冲洗。

(2) 确定工程数量。主项工程内容数量根据清单数量换算成定额单位数量；辅助工程内容以现行的消耗量定额工程量计算规则计算数量。

(3) 确定单价。根据企业定额、参考消耗量定额价目表或参照工程造价主管部门发布的人工、材料、机械台班信息价格，确定相应人工费、材料费、机械费单价。参照工程造价主管部门发布的相关费率，并结合本企业和市场的情况，确定管理费率、利润率，以人工费单价为基础计算管理费、利润单价。

(4) 确定“工程内容”的人工、材料、机械、管理费及利润价款。将各“工程内容”的工程数量分别乘以相应的人工费、材料费、机械费、管理费、利润单价。

(5) 计算未计价材料费。将各“工程内容”定额中的主要材料（主材）列入“材料费明细”；主材的数量包含定额损耗；已提供暂估价的主材计入“暂估单价”列，未提供暂估价的主材，由投标单位按市场价格计入“单价”列。各主材的数量乘以暂估单价或单价得到合计材料费，即“未计价材料费”。

(6) 根据现行定额规定，计算应计入综合单价内的有关费用，如超高增加费、高层建筑增加费等。

(7) 确定综合单价。将上述已确定的人工、材料、机械、管理费及利润价款和未计价材料费、超高增加费、高层建筑增加费等合计后，除以相应清单项目工程数量，得到综合单价。

计算方法见【例 1 - 3 - 1】及第二篇有关案例。

（四）措施项目清单计价

措施项目分为单价措施项目和总价措施项目。

（1）措施项目中列出了项目编码、项目名称、项目特征、计量单位、工程量计算规则的项目（单价措施项目），编制工程量清单计价时，应按照分部分项工程的规定执行。

（2）措施项目仅列出项目编码、项目名称，未列出项目特征、计量单位和工程量计算规则的项目（总价措施项目），编制工程量清单计价时，以工程造价管理机构发布的措施项目费费率为依据报价。这种措施项目费计价方式简单明了，企业自主性强，应用较为广泛。

总价措施项目费＝分部分项工程费的人工费×相应措施项目费费率

其他措施项目，例如脚手架搭拆费等参照执行，按总价措施项目清单与计价表（“13 计价规范”附录 F 表 - 11）填写。

（五）其他项目清单计价

其他项目清单计价表中的序号、项目名称应按其他项目清单中的相应内容填写，不得增减及修改。

（1）暂列金额。暂列金额由招标人根据工程特点，按有关计价规定进行估算确定，一般可以分部分项工程量清单费的 10%～15%为参考；投标人必须按招标人金额填写。

（2）暂估价。暂估价中的材料单价应由招标人按照工程造价管理机构发布的工程造价信息或参考市场价格确定，在工程量清单中列出，投标人必须在综合单价分析中使用；暂估价中的专业工程暂估价应分不同专业，按有关计价规定估算。

（3）计日工。招标人应根据工程特点，按照列出的计日工项目和有关计价依据计算。编制招标控制价时，单价由招标人按有关计价规定确定；投标时，单价由投标人自主报价。

（4）总承包服务费。招标人应根据招标文件中列出的内容和向总承包人提出的要求，参照下列标准计算：

1）招标人仅要求对分包的专业工程进行总承包管理和协调时，按分包的专业工程估算造价的 1.5%计算；

2）招标人要求对分包的专业工程进行总承包管理和协调，并同时要求提供配合服务时，根据招标文件中列出的配合服务内容和提出的要求，按分包的专业工程估算造价的 3%～5%计算；

3）招标人自行供应材料的，按招标人供应材料价值的 1%计算。

编制招标控制价时，费率及金额由招标人按有关计价规定确定；投标时，费率及金额由投标人自主报价，计入投标总价中。

（六）规费和税金清单计价

规费和税金的计取标准是依据有关法律、法规和政策规定制定的，具有强制性。投标人是法律、法规和政策的执行者，他不能改变标准，更不能制定标准，而必须按照法律、法规、政策的有关规定执行。因此“13 计价规范”规定投标人在投标报价时必须按照国家或省级、行业建设主管部门的有关规定计算规费和税金。按“13 计价规范”附录 H 表 - 13 填写。

（七）投标报价汇总

投标报价汇总是投标人响应招标人的要求完成拟建工程的全部费用，包括分部分项工程和单价措施项目清单计价费、总价措施项目清单计价费、其他项目清单计价费、规费、税金等，须填写单位工程投标报价汇总表（“13 计价规范”附录 E 表-04）。

需要说明的是，对于工程量清单计价格式的内容，如投标总价封面、单位工程投标报价汇总表、分部分项工程和单价措施项目清单计价表、总价措施项目清单计价表、规费与税金项目计价表等，是招投标实行工程量清单计价必然发生的。其他，如建设项目投标报价汇总表、单项工程报价汇总表、其他项目清单计价表等，视工程发包方式不同和拟建工程的具体情况不同，由招标人决定是否发至投标人。

【例 1-3-1】 以某厂区生产装置内工业管道分部分项工程清单（见表 1-3-2）为例，试进行安装工程量清单综合单价的计算。

表 1-3-2　　分部分项工程和单价措施项目清单计价表

工程名称：某厂区生产装置内工业管道　　　　第 1 页　共 1 页

序号	项目编码	项目名称	项目特征描述	计量单位	工程量
1	030802001001	中压碳钢管	20 号无缝钢管 D133×6，电弧焊连接，水压试验	m	29.2

解 根据工程量清单名称、项目特征描述及《山东省安装工程消耗量定额》（2016 年）第八册工程量计算规则可以得知，该清单项目的内容除无缝钢管安装外，还包含水压试验辅助项目，在组价时应当将其计入。另外，定额中把无缝钢管作为主要材料（未计价材料），未计入定额中，所以还要计算其材料费。

（1）将已知项目编码、项目名称、计量单位填入综合单价分析表（见表 1-3-3）。

（2）查阅消耗量定额第八册可知，中压无缝钢管 D133×6（相当于 DN125），电弧焊连接，定额编号为 8-1-630，定额单位为 10m。将工程量 29.2m 按 10m 进行换算。根据项目及企业实际情况，参考定额价目表（自主报价）将每 10m 需要的人工费、材料费（不包括主材）、机械费填入综合单价分析表单价列中。

单价中的管理费、利润以已选择的人工费单价为基础计算。管理费率、利润率由投标人自主选择。本案例选择管理费率为 51%，利润率为 32%。

单价管理费＝单价人工费×51%＝167.27×51%＝85.31（元）

单价利润＝单价人工费×32%＝167.27×32%＝53.53（元）

合计人工费＝单价人工费×换算工程量＝167.27×2.92＝488.43（元）

合计材料费＝单价材料费×换算工程量＝15.56×2.92＝45.44（元）

合计机械费＝单价机械费×换算工程量＝125.41×2.92＝366.20（元）

合计管理费＝单价管理费×换算工程量＝85.31×2.92＝249.10（元）

合计利润＝单价利润×换算工程量＝53.53×2.92＝156.30（元）

（3）查阅消耗量定额第八册可知，DN125 管道水压试验，定额编号为 8-5-3，定额单位为 100m。将工程量 29.2m 按 100m 进行换算。根据项目及企业实际情况，参考定额价目表（自主报价）将每 100m 需要的人工费、材料费（不包括主材）、机械费填入综合单价分析表单价列中。管理费、利润的计算方式同上。

表 1-3-3

工程量清单综合单价分析表

工程名称：某厂区生产装置内工业管道　　　　标段：　　　　第　页　共　页

项目编码		030802001001		项目名称		中压碳钢管				计量单位		m	
清单综合单价组成明细													
定额编号	定额名称	定额单位	数量	单价（元）					合价（元）				
				人工费	材料费	机械费	管理费	利润	人工费	材料费	机械费	管理费	利润
8-1-630	中压无缝钢管电弧焊 DN125	10m	2.92	167.27	15.56	125.41	85.31	53.53	488.43	45.44	366.20	249.10	156.30
8-5-3	管道水压试验 DN125	100m	0.29	582.98	111.24	12.76	297.32	186.55	169.06	32.26	3.70	86.22	54.10
人工单价		小计							657.49	77.69	369.90	335.32	210.40
103 元/工日		未计价材料费							774.82				
清单项目综合单价									83.07				
材料费明细	主要材料名称、规格、型号					单位	数量		单价（元）	合价（元）	暂估单价（元）	暂估合价（元）	
	无缝钢管 D133×6					m	25.83				30	774.82	
	其他材料费											0.00	
	材料费小计											774.82	

单价管理费＝单价人工费×51%＝582.98×51%＝297.32（元）

单价利润＝单价人工费×32% ＝582.98×32%＝186.55（元）

合计人工费＝单价人工费×换算工程量＝582.98×0.29＝169.06（元）

合计材料费＝单价材料费×换算工程量＝111.24×0.29＝32.26（元）

合计机械费＝单价机械费×换算工程量＝12.76×0.29＝3.70（元）

合计管理费＝单价管理费×换算工程量＝297.32×0.29＝86.22（元）

合计利润＝单价利润×换算工程量＝186.55×0.29＝54.10（元）

（4）主材费的计算。在材料费明细部分计算选套定额中的主材费（未计价材料），计入综合单价计算表中。定额 8-1-630 和 8-5-3 中只有无缝钢管 D133×6 一种主材。按暂估单价 30 元/m 计算，主材数量按清单数量乘以定额消耗量（含损耗）计算：

查定额 8-1-630，中压碳钢管定额消耗量为 8.845m/10m。

主材数量＝2.92×8.848＝25.83（m）

材料费合计＝25.83×30＝774.82（元）

将此数值复制粘贴到表中部未计价材料费的相应表格中。

（5）确定综合单价。

将上述各费用汇总后，除以清单数量即得到此清单项目综合单价。

综合单价＝(657.49＋77.69＋369.90＋335.32＋210.40＋774.82)/29.2＝83.07(元/m)

资讯四　工程量清单计价计算程序

工程量清单计价计算程序见表 1-3-4。表中相关费率参见学习单元二资讯二。

表 1-3-4　　工程量清单计价计算程序

序号	费用名称	计算方法
一	分部分项工程费	Σ（J_i×分部分项工程量）
	分部分项工程综合单价	J_i＝1.1＋1.2＋1.3＋1.4＋1.5
	1.1 人工费	每计量单位Σ（工日消耗量×人工单价）
	1.2 材料费	每计量单位Σ（材料消耗量×材料单价）
	1.3 施工机械使用费	每计量单位Σ（机械台班消耗量×台班单价）
	1.4 企业管理费	JQ1×管理费费率
	1.5 利润	JQ1×利润率
	计费基础 JQ1	见表 1-3-5
二	措施项目费	2.1＋2.2
	2.1 单价措施费	Σ｛［每计量单位Σ（工日消耗量×人工单价）＋Σ（材料消耗量×材料单价）＋Σ（机械台班消耗量×台班单价）＋JQ2×（管理费费率＋利润率）］×单价措施项目工程量｝
	计费基础 JQ2	见表 1-3-5
	2.2 总价措施费	Σ［(JQ1×分部分项工程量）×措施费费率＋（JQ1×分部分项工程量）×省发措施费费率×H×（管理费费率＋利润率)］

续表

序号	费用名称	计算方法
三	其他项目费	3.1+3.3+…+3.8
	3.1 暂列金额	按相应规定计算
	3.2 专业工程暂估价	
	3.3 特殊项目暂估价	
	3.4 计日工	
	3.5 采购保管费	
	3.6 其他检验试验费	
	3.7 总承包服务费	
	3.8 其他	
四	规费	4.1+4.2+4.3+4.4+4.5
	4.1 安全文明施工费	（一+二+三）×费率
	4.2 社会保险费	（一+二+三）×费率
	4.3 住房公积金	按工程所在地设区市相关规定计算
	4.4 工程排污费	按工程所在地设区市相关规定计算
	4.5 建设项目工伤保险	按工程所在地设区市相关规定计算
五	设备费	Σ（设备单价×设备工程量）
六	税金	（一+二+三+四+五）×税率
七	工程费用合计	一+二+三+四+五+六

计费基础说明如表 1-3-5 所示。

表 1-3-5　　计费基础说明

专业工程	计费基础			计算方法
安装工程	人工费	工程量清单计价	JQ1	分部分项工程每计量单位的省价人工费之和
				分部分项工程每计量单位（工日消耗量×省人工单价）
			JQ2	单价措施项目每计量单位的省价人工费之和
				单价措施项目每计量单位Σ（工日消耗量×省人工单价）
			H	总价措施费中人工费含量（%）

资讯五　工程量清单计价与定额计价的区别

（1）计算工程量的责任方和时间不同。定额计价是各企业根据施工图纸及定额计算规则和定额划分的子目计算工程量，在工程发出招投标文件后，招标人和投标人可同时计算，也可以是招标人先编制，投标人后编制，工程量不予公开。清单计价工程量由招标人在招标前编制，将工程量清单作为招标文件的组成部分，不参与市场竞争。

(2) 计价依据不同。定额计价主要是按照定额计价模式中规定的定额工程量计算规则，先按照施工图计算工程量，再进行定额套价，人工、机械单价都是不变的，材料价格依据定额管理部门提供的信息价调整，其子目的消耗量是按定额的原则执行。人工、材料、机械消耗量根据“社会平均水平”综合取定，取费标准是根据不同地区平均测算。材料价格虽然采用了主材调差，但最终仍受到预算价格和规定费率的指导。由于投标计价是按施工图纸计算工程量，往往图纸不能体现施工现场的全部状况，势必形成现场设计变更、签证及措施费用的发生，因而在工程量及结算上经常容易出现纠纷。

工程量清单计价是建设工程招标中由招标人按照计价规范中统一的项目编码、项目名称、计量单位和工程量计算规则编制工程量清单，包括分部分项工程量清单、措施项目清单、其他项目清单等。由投标人依据工程量清单，根据施工现场状况、市场价格水平及自身企业实际情况自主计价，报出完成工程量清单所有内容所需的全部费用。

(3) 计价规则不同。鉴于我国几十年来一直使用消耗量定额，有着丰富的实践经验，因此工程量清单计价在编制过程中也是以现行的“全国统一工程基础定额”为基础，特别是项目划分、计量单位、工程量计算规则等方面尽可能多地与定额衔接。但是消耗量定额是按照计划经济要求制定并发布实施的，报价单位不能结合具体情况和自身水平自主报价，因此计算规范和消耗量定额在计算规则上又有很大区别，主要有以下三点：

1) 计量单位的变动。工程量清单项目的计量单位一般采用基本计量单位，如“m”“t”等。基础定额中的计量单位除基本计量单位外，有时还会出现不规范的复合单位，如100m、100kg等。

2) 计算口径及综合内容的变动。工程量清单对分项工程是按工程净量计量，定额分部分项工程则是按实际发生量计量；工程量清单的工程内容是按实际完成完整实体项目所需工程内容列项，并以主体工程的名称作为工程量清单项目的名称。定额工程量计算规则未对工程内容进行组合，仅是单一的工程内容，其组合的是单一工程内容的各个工序。

3) 计算方法的改变。计算方法的改变是指在对工程实体项目工程量的计算方法和有关规定的改变。主要表现在清单项目工程量均以工程实体的净值为准，这不同于以往定额工程量计算规则要求对工程量按净值加规定预留及富裕量来计量。

同一工程，由于施工方案的不同，从而导致工程造价各异。投标单位可根据工程条件选择能发挥自身技术优势的施工方案，力求降低工程造价，确立在招投标中的竞争优势。工程量清单计算规则是针对工程量清单项目中主项的计算方法及计量单位进行确定，对主项以外的综合工程内容的计算方法及计量单位不作确定，而是由投标单位根据施工图及投标单位的经验自行确定，最后综合处理形成分部分项工程量清单综合单价。

(4) 计价模式不同。

1) 消耗量定额实行的是总价形式，属于单价法计价方式。该方式是按施工图计算单位工程各分项工程的工程量，再乘以相应人工、材料、机械单价，汇总得出单位工程的人工费、材料费、机械费，再加上按规定和指导费率计算出来的其他相关费用、利润和税金，最后形成单位工程报价。

2) 工程量清单使用综合单价计价方式。综合单价包括完成工程量清单中一个规定计量单位项目所需的人工、材料、机械费用，管理费和利润，并考虑风险因素。

工程量清单计价模式和传统消耗量定额计价方式的区别主要体现在：工程量清单计价模

式是以市场价格为基础计价；传统消耗量定额计价方式是以预算价格（或指令性价格）为基础计价。

（5）费用组成不同。

1）消耗量定额计价费用由直接费、间接费、利润、税金组成。

2）工程量清单计价包括分部分项工程费、措施费、其他项目费、规费和税金。

（6）合同价调整方式不同。

消耗量定额结算时存在着工程项目变动的工程量调整、施工措施变动的工程量调整、政策变化的费用调整、市场变化的材料调整。

工程量清单结算调整时，除合同另有规定外，由于工程量清单的工程数量有误或设计变更引起工程量增减属合同约定幅度以内的，应执行合同已有的综合单价；属合同约定幅度以外的，其增加部分的工程量或减少后剩余部分工程量的综合单价由承包人提出，经发包人确认后，作为结算的依据。

（7）评标原则、办法不同。消耗量定额评标是按打分法，工程量清单是按合理的低价中标。

消耗量定额计价模式中，投标方报价的计算都是按同一定额、同一图纸、同一施工方案、同一技术规程进行的计算与套价，从而导致人工、材料、机械的消耗量与价格是静态的比较，实质上是工程造价计算准确度的比较。对标价的合理性是以事先确定的标底价为准绳，最接近标底价的即为最合理的，在评标中明确规定报价在标底价基础上的允许增、减幅度，超过规定浮动范围的标书即视为废标。传统定额计价方式无法真正体现投标单位的施工技术和管理水平。

工程量清单计价采用的是市场价计价模式，投标各方在审定并确认招标文件所列的工程量后，即可按国家统一颁布的实物消耗量定额，并结合企业本身的实际消耗量定额（企业定额），以人工、材料、机械的市场价进行报价。招标评标中对报价的评定，是以“合理低标价，不低于成本价”为标准。因此，工程量清单报价中，评标的重点是对报价合理性进行判断，要能找出合理低报价之所以“合理”“低价”的原因，要从投标企业的企业管理水平、技术特长、施工装备优势、采购优势、降低工程成本等具体措施方面考察，要以反映企业实际消耗的企业定额为依据考察。在相关建设法律法规、建设担保制度得到健全和完善后，工程量清单即可实现“无标底招标，最低价中标”。

（8）承担风险不同。以消耗量定额为依据的招标工程，工程风险由招标人承担。以工程量清单招投标的工程，工程风险由招标人和投标人共同承担。

综上所述，工程量清单计价模式是现代市场经济体制一种新型的、先进合理的投标报价模式，是我国工程造价管理的必然产物。

复习思考题

1. 工程量清单及清单计价的概念。
2. 工程量清单计价与定额计价的区别。
3. 工程量清单计价的编制步骤。
4. 已知某工业管道工程项目清单（见表1-3-6），试进行工程量清单综合单价的计算。

表 1-3-6 **分部分项工程量清单**

工程名称：某工业管道工程 标段： 第1页 共1页

序号	项目编码	项目名称	项目特征描述	计量单位	工程量	金额（元）		
						综合单价	合价	其中：暂估价
1	030802001002	中压碳钢管	无缝钢管；D57×3；焊接；水压试验	m	30			

第二篇　安装工程计量与计价的应用

项目一　电气设备安装工程计量与计价

任务一　电气设备安装工程定额计价的编制

一、电气设备安装工程工程量计算规则

与电气设备安装工程施工图预算编制有关的规定主要是 SD 02 - 31—2016《山东省安装工程消耗量定额》的第四册《电气设备安装工程》。

第四册《电气设备安装工程》(以下简称本册定额)适用于一般工业与民用新建、扩建工程中 10kV 以下变配电设备及架空线路、电缆、动力、照明电气设备及器具、防雷及接地装置、配管、配线、起重、输送设备电气装置、电气设备调试等的安装工程。本册定额共分十六章,本书只对常用的章节进行介绍。每章节编码对应 GB 50856—2013《通用安装工程工程量计算规范》附录 D 电气设备安装工程。

(一) 配电装置安装工程 (030402)

1. 章说明

(1) 集装箱式低压配电室是指组合型低压成套配电装置,内装多台低压配电箱(屏),箱的两端开门,中间为通道。

(2) 高、低压成套配电柜安装定额综合考虑了不同容量、不同回路数量,执行定额时不做调整,不包括母线配置及设备干燥。

(3) 设备安装所需的地脚螺栓按土建预埋考虑,不包括二次灌浆。

(4) 电能表集中采集系统安装定额包括基准表安装、抄表采集系统安装。定额不包括箱体及固定支架安装、端子板与汇线槽及电气设备元件安装、通信线及保护管敷设、设备电源安装测试、通信测试等。

(5) 本章定额不包括下列工作内容,另执行本册相应定额:

1) 端子箱、控制箱安装;

2) 设备绝缘台、支架制作及安装;

3) 绝缘油过滤;

4) 基础槽(角)钢安装;

5) 母线安装;

6) 配电板制作安装中的板上设备元件安装及端子板外部接线。

2. 工程量计算规则

(1) 低压成套配电柜(屏)安装以“台”为单位计算工程量;集装箱式配电室安装以“t”为单位计算工程量。

(2) 落地式成套配电箱安装以“台”为单位计算工程量;嵌入和悬挂式成套配电箱根据

设计图纸区分不同的安装方式和箱体半周长，以“台”为单位计算工程量。

（3）配电智能电能表集中采集系统和抄表采集系统安装：

1）电度表、中间继电器安装，根据系统布置，按照设计安装数量，以“块”为计量单位计算工程量。

2）电表采集器、数据集中器安装，根据系统布置，按照设计安装数量，以“台”为计量单位计算工程量。

（4）配电板制作，根据设计图纸区分不同的材质，以“m^2”为单位计算工程量；木板包铁皮以“m^2”为单位计算工程量；配电板的安装不分材质，根据设计图纸区分不同的半周长，以“块”为单位计算工程量。

（二）配电控制、保护、直流装置安装工程（030404）

1. 章说明

（1）变频柜、软启动柜安装执行“可控硅柜安装”“控制屏安装”定额。

（2）蓄电池屏安装未包括蓄电池的拆除与安装。

（3）本章中程序控制柜、箱安装，适用于按照一定预设程序自动完成控制内容的电气装置，如艺术喷泉照明系统的控制柜、箱、航空障碍灯控制箱等。

（4）控制设备安装未包括二次喷漆及喷字，电器及设备干燥，焊、压接线端子，端子板外部（二次）接线工作内容，发生时应执行本册相应定额。

（5）接线端子安装定额只适用于导线，电缆终端头制作安装定额中已包括焊压接线端子，不得重复计算。

2. 工程量计算规则

（1）控制屏，继电（信号）屏、弱电控制返回屏安装，按设计图纸以“台”为单位计算工程量。

（2）模拟屏安装，按照设计图纸区分不同的屏宽尺寸，以“台”为单位计算工程量。

（3）控制台安装，按照设计图纸区分不同的台宽尺寸，以“台”为单位计算工程量。

（4）同期小屏控制箱安装，以“台”为单位计算工程量。

（5）程序控制柜、箱安装，按设计图纸区分不同的安装方式或半周长大小，以“台”为单位计算工程量。

（6）端子箱安装，按照设计图纸区分不同的安装场所，以“台”为单位计算工程量。

（7）端子板安装，按照设计图纸，以“组”为单位计算工程量。

（8）端子板外部接线，按照设备盘、箱、柜、台的外部接线图，区分有、无端子和导线截面大小，以“个”为单位计算工程量。

（9）接线端子安装，按照设计图中的电气接线系统图等图纸，区分不同的材质、工艺和导线的截面积，以“个”为单位计算工程量。

（10）直流屏安装，根据设计图纸区分不同的整流方式以及不同的额定输出电流，以“台”为单位计算工程量。

（11）其他电气屏（柜）安装，按照设计图纸区分不同的功能和作用，以“台”为单位计算工程量。

（三）金属构件、穿通板、箱盒制作安装工程（030411、030413）

1. 章说明

（1）金属构件制作、安装定额适用于本册范围内除滑触线支架安装以外的各种支架、构件的制作与安装。

（2）电缆桥架支撑架安装适用于生产厂家成套供货的电缆桥架的立柱、托臂的安装。定额综合考虑了采用螺栓、焊接和膨胀螺栓三种固定方式，实际施工中，无论采用何种固定方式，定额均不作调整。现场制作的电缆桥架支架、吊架、支撑等执行铁构件制作、安装定额。

（3）各种铁构件制作，均不包括镀锌、镀锡、镀铬、喷塑等其他金属防护费用，发生时另行计算。

（4）铁构件分为一般铁构件和轻型铁构件，铁构件主体结构厚度在 3mm 以上的为一般铁构件，主体结构厚度在 3mm 及以内的铁构件为轻型铁构件。单件质量 100kg 以上的铁构件安装执行 SD 02－31—2016 第十册《给排水、采暖、燃气工程》的相应定额。

（5）穿通板的制作、安装定额综合考虑板的规格与安装高度，执行定额时不因规格尺寸大小和安装高度不同而调整。

（6）金属围网、网门制作与安装定额包括网或门的边柱、立柱制作与安装。

2. 工程量计算规则

（1）基础槽钢、角钢制作与安装，根据设计图纸、设备布置以“m”为单位计算工程量。

（2）铁构件制作安装，金属箱、盒制作，均是按照成品的质量来计算。成品质量不包括制作与安装损耗量、焊条质量，包括制作螺栓及连接件的质量，即

成品质量＝铁构件本身质量＋制作螺栓质量＋连接件质量

（3）电缆桥架支撑架安装，按照设计图纸，区分制作或安装，按厂家成套供应的成品质量，以“t”为单位计算工程量。

（4）铁构件制作安装，按照定额规定和设计图纸，区分不同的构件类型和制作、安装，按成品质量，以“t”为单位计算工程量。

（5）穿通板制作安装，按照设计图纸，区分穿通板不同的材质，以“块”为单位计算工程量。

（6）网门、保护网制作安装，按照设计图纸区分网门、保护网的制作、安装，以“m^2”为单位计算工程量；保护网长度按照中心线计算，高度按照设计图纸（或实际）计算，不计算保护网底至地面的高度。

（7）二次喷漆，是对制作安装过程中的油漆破坏处进行补漆，发生时应按照实际喷漆面积，以“m^2”为单位计算工程量。

（四）电缆敷设工程（030408）

1. 章说明

（1）本章的电缆敷设定额适用于 10kV 以下电力电缆和控制电缆敷设。定额是按平原地区和厂内电缆工程的施工条件编制的，未考虑在积水区、水底、井下等特殊条件下的电缆敷设，厂外电缆敷设工程按本册第十一章有关定额另计工地运输。

（2）电缆在一般山地、丘陵地区敷设时，其定额人工乘以系数 1.3。该地段所需的施工

材料，如固定桩、夹具等按实另计。

（3）电缆敷设定额未考虑因波形敷设增加长度、弛度增加长度、电缆绕梁（柱）增加长度以及电缆与设备连接、电缆接头等必要的预留长度，该增加长度应计入工程量中。

（4）电力电缆敷设以及电缆头制作、安装定额均按三芯（包括三芯连地）考虑的，电缆每增加一芯，相应定额增加15%。双屏蔽电缆头制作、安装人工乘以系数1.05。

（5）单芯电力电缆敷设按同截面电缆敷设定额乘以系数0.7，二芯电缆按照三芯电缆执行定额。

（6）截面400～800mm^2的单芯电力电缆敷设，按400mm^2电力电缆定额乘以系数1.35；截面800～1600mm^2的单芯电力电缆敷设，按照400mm^2电力电缆敷设定额乘以系数1.85。

（7）预分支电缆敷设分别以主干和分支电缆的截面，执行同截面电缆敷设定额人工乘以系数1.05。

（8）电力电缆、控制电缆敷设定额是将裸包电缆、铠装电缆、屏蔽电缆综合考虑的，适用于除矿物绝缘电缆（BTT）以外的所有结构形式和型号的电缆，一律按相应的电缆截面和芯数执行定额。铝合金电缆敷设执行铝芯电缆人工、机械乘以系数1.15。

（9）沟槽挖填定额是按照沟深1.2m以内编制的，适用于厂区或小区内的电缆沟、电气管道沟、接地沟及一般给排水管道的挖填方工作；厂区或小区以外的沟槽或槽深大于1.2m的，应执行市政工程相应定额。机械挖填遇到本定额以外的土质时，执行建筑工程相应定额。定额是按原土回填考虑，若设计要求回填砂，砂的消耗量单计，人工不变。

（10）电缆保护管是按埋地敷设考虑的，其他敷设方式执行电气配管相应定额。金属线槽安装定额也适用于线槽在地面内暗设敷设。HDPE及波纹电缆保护管埋地敷设时，执行塑料电缆保护管埋地敷设定额，其他敷设方式执行塑料管配管相应定额。

（11）地下人防工程按人防标准设计施工的管道，执行人防工程相应定额。

（12）桥架安装：

1）桥架安装包括运输、组对、吊装固定、弯通或三、四通修改、组对，切割口防腐，桥架开孔，上管件、隔板安装，盖板安装，接地、附件安装等工作内容。

2）玻璃钢梯式桥架和铝合金梯式桥架定额均按不带盖考虑，如这两种桥架带盖，则分别执行玻璃钢槽式桥架定额和铝合金槽式桥架定额。

3）钢制桥架主结构设计厚度大于3mm时，定额人工、机械乘以系数1.2。

4）不锈钢桥架安装执行相应的钢制桥架定额乘以1.10系数，防火桥架安装执行相应的钢质桥架定额。

5）电缆桥架安装定额是按厂家供应成品安装考虑的，当现场需要制作桥架时，应执行本册第七章金属构件制作定额。

6）刷防火涂料，定额综合考虑了规范规定的涂刷厚度，执行定额时涂刷不分遍数，以达到设计或规范要求为准。

（13）电缆沟上金属盖板的制作，执行铁构件制作定额乘以系数0.6，安装执行本章揭盖盖板定额子目。

（14）本章定额未包括下列工作内容：

1）隔热层、保护层的制作安装；

2）电缆冬季施工的加温工作和在其他特殊施工条件下的施工措施费及施工降效增加费；

3）电缆头制作安装的固定支架及防护（防雨）罩；

4）地下顶管出入口施工；

5）电缆沟阻火墙制作安装中，未包括防火涂料的涂刷工作，应按设计要求和规范另行执行相应定额。

（五）防雷及接地装置安装工程（030409）

1. 章说明

（1）本章定额适用于建筑物、构筑物的各种类型的接地工程。

（2）本章定额不适用于爆破法施工敷设接地线、安装接地极，也不包括高电阻率土壤地区采用换土或化学处理的接地装置及接地电阻测试工作。

（3）本章定额中，避雷针的安装、半导体少长针消雷装置安装是按成品考虑计入的，均已考虑了高空作业的因素，装在木杆、水泥杆上的避雷针还包括了避雷引下线的安装。接地检查井是按塑料成品检查井考虑的。

（4）独立避雷针塔定额是按成品根考虑安装，其加工制作执行本册“一般铁构件”制作项目。

（5）平屋顶上烟囱及凸起的构筑物所使用的避雷针，执行“避雷网安装”项目。

（6）利用建筑物主筋作引下线的，定额综合考虑了各种不同的钢筋连接方式，执行定额不作调整。利用铜绞线作接地引下线时，配管、穿铜绞线执行本册第十二、十三章相应项目。

（7）防雷均压环安装定额是按利用建筑圈梁内主筋作为防雷接地连线考虑的，当采用单独敷设的扁钢或圆钢做均压环时，执行本章接地母线砖混结构暗敷定额。

（8）柱子主筋与圈梁钢筋焊接，每处按两根钢筋考虑。设计利用基础梁内两根主筋焊接连通作为接地母线时，执行均压环敷设定额。

（9）接地母线埋地敷设定额未包括接地沟挖填土，应执行本册第九章沟槽挖填定额。

（10）接地跨接及等电位导体连接定额，适用于建筑物内、外的防雷接地、保护接地、工作接地及金属导体间（如金属门窗、栏杆、金属管道等）的等电位连接。

（11）浪涌保护器，本册只包括电源保护级的保护器安装，其他如信号设备保护级的应执行其他相应册定额。

2. 工程量计算规则

（1）避雷针制作，根据设计图纸区分不同的型钢类型和针体长度，以“根”为单位计算工程量。

（2）避雷针安装，根据设计图纸区分不同的安装场合和针体长度，以“根”为单位计算工程量。

（3）独立避雷针塔安装，根据设计图纸区分不同的安装高度，以“基”为单位计算工程量；半导体少长针消雷装置由制造厂成套供货，根据设计图纸区分不同安装高度，以“套”为单位计算工程量。

（4）避雷针拉线安装，根据设计图纸，以“组”为单位计算工程量。

（5）避雷引下线敷设，按照设计图纸区分不同的敷设部位和敷设方式，以“10m”为单位计算工程量；利用建筑物内主筋作接地引下线，每一根柱子内按焊接两根主筋考虑，如果焊接主筋数超过两根，可按比例调整。断接卡子制作安装，根据设计图纸，以“套”为单位计算工程量；接地检查井内的断接卡子安装按每井一套计算。断接卡子箱按设计图纸要求，以“个”为单位计算工程量。

(6) 避雷网安装，根据设计图纸区分不同的安装部位，以“10m”为单位计算工程量。

(7) 均压环敷设，根据设计图纸以作为均压环的圈梁中心线为准测量，以“10m”为单位计算工程量；定额考虑焊接两根主筋，当超过两根时，可按比例调整。

(8) 接地极（板）制作安装，按照设计图纸区分不同的型钢和土质，以“根”为单位计算工程量；接地极长度按照设计长度计算，设计没规定时，每根按照 2.5m 计算，当设计有管帽时，管帽另按加工件计算。

(9) 接地板制作安装，按照设计图纸区分不同的材质，以“块”为单位计算工程量。利用底板钢筋作接地极的，根据设计图纸，计算底板钢筋连接成一个整体的面积，以“m^2”为单位计算工程量。

(10) 接地母线敷设，对于明敷设，根据设计图纸区分不同的敷设部位，以“10m”为单位计算工程量；对于砖混暗敷设和埋地敷设，按照设计图纸区分不同截面，以“10m”为单位计算工程量。对于铜接地绞线敷设，根据设计图纸区分不同的截面，以“10m”为单位计算工程量。

(11) 接地母线、避雷网敷设，其长度按施工图设计水平和垂直规定长度另加 3.9% 的附加长度（包括转弯、上下波动、避绕障碍物、搭接头所占长度）计算。

(12) 接地沟挖填土，根据设计和现场实际区分不同的土质，以“m^3”为单位计算工程量；沟槽尺寸应按设计图纸的要求，设计无要求时，沟底宽按 0.4m、上宽为 0.5m、沟深为 0.75m、1m 沟长土方量为 0.34m^3 计算。

(13) 等电位装置及构架接地安装：

1) 接地跨接及等电位导体连接，按设计图纸，区分不同的连接方式（焊接、压接、火泥熔接），以“处”为单位计算工程量，每一连接点为 1 处。

2) 等电位端子箱安装，按设计图纸，以“套”为单位计算工程量。

3) 构架接地，按设计图纸，以“处”为单位计算工程量，户外配电装置构架均需接地，每副构架按 1 处计算。

4) 接地检测井，根据设计图纸数量，以“个”为单位计算工程量。

(14) 电涌保护器安装，根据设计图纸数量，以“个”为单位计算工程量。

(六) 配管工程 (030411)

1. 章说明

(1) 配管定额是按照各专业配合施工考虑的，包括预留预埋过程中不可避免的、零星的剔墙、凿孔洞工作。对于设计或工艺无法做到配合预留预埋的（如框架填充墙结构中使用大块或空心泡沫砖做填充墙等），应执行本章的混凝土地面刨沟、墙体剔槽、打孔洞相应项目。

(2) 管线埋地发生挖填土石方工作时，应执行本册沟槽挖填定额。

(3) 套接紧定式、扣压式钢导管电线管，定额综合考虑了紧定式和扣压式两种连接方式；在钢索上敷设时，执行钢结构配管定额；在轻型吊顶内敷设时，定额考虑了沿楼板、吊顶吊杆、吊管支架三种固定方式，但吊管支架的制作安装应另套相应定额。

(4) 现浇板灯具接线盒至吊顶处灯具接线盒保护管，采用的是可挠金属套管，在吊顶内其他部位的同类型保护管应执行“可挠金属套管在吊顶内敷设”相应项目。

（5）箱体后墙及配管处所做墙面防裂处理，执行建筑工程相应定额。

2. 工程量计算规则

（1）各种管路在计算其长度时，均不扣除管路中间的接线箱、接线盒、灯头盒、开关盒、插座盒、管件等所占长度。

（2）电线管、钢管、防爆钢管敷设，根据设计图纸区分不同的敷设方式和公称口径，以“100m”为单位计算工程量。

（3）可挠金属套管敷设，根据设计图纸区分不同的敷设方式、位置以及规格，以“100m”为单位计算工程量；对现浇板处灯头盒至吊顶处灯头盒的保护管，根据设计图纸和吊顶到现浇板的实际高差，区分保护管不同的长度，以“10m”为单位计算工程量。

（4）硬聚氯乙烯管、刚性阻燃管、半硬质阻燃管敷设，根据设计图纸区分不同的敷设方式和敷设位置以及公称口径，以“100m”为单位计算工程量。

（5）套接紧定式、扣压式钢导管电线管敷设，根据设计图纸区分不同的敷设方式和部位以及管外径，以“100m”为单位计算工程量。

（6）金属软管敷设，根据设计图纸和施工规范要求，区分不同的公称口径和每根管长度，以“10m”为单位计算工程量。

（7）接线箱安装，区分不同的安装方式和箱体半周长尺寸大小，以“个”为单位计算工程量。

（8）接线盒安装，区分不同的安装方式和接线盒类型，以“个”为单位计算工程量；接线盒盖安装，以“个”为单位计算工程量。

（9）动力配管混凝土地面刨沟，按照施工现场设备安装的实际情况，区分不同的配管公称口径，以“10m”为单位计算工程量。

（10）墙体剔槽，根据设计图纸和建筑结构形式，区分不同的配管公称口径，以“10m”为单位计算工程量。

（11）水钻打眼，根据实际工艺需要和钻头的口径大小，以“个”为单位计算工程量。

（七）配线工程（030411）

1. 章说明

（1）管内穿线中照明线路导线截面大于 6mm^{2}时，执行动力线路穿线相应定额。

（2）鼓形绝缘子（沿钢结构、沿钢索）、针式绝缘子、蝶式绝缘子的配线及车间带形母线的安装均已包括支架安装，支架制作另计。木槽板配线执行塑料槽板配线定额。

（3）盘、柜、箱、板配线仅适用于盘、柜、箱、板上的设备元件的少量现场配线，不适用于工厂设备的修、配、改工程。

2. 工程量计算规则

（1）管内穿线工程量，根据设计图纸区分不同的线路性质、导线材质、导线截面，以“100m 单线”为单位计算工程量；管内穿多芯软导线时，根据设计图纸区分不同的芯数和每芯的截面大小，以“100m/束”为单位计算工程量。管内穿线的线路分支接头线长度已综合在定额中，不得另行计算。

（2）绝缘子配线工程量，根据设计图纸区分不同的绝缘子形式（针式、鼓形、蝶式）、绝缘子配线位置（沿屋架、梁、柱、墙，跨屋架、梁、柱，木结构、顶棚内，砖－混结构内，沿钢结构及钢索）、导线截面积，以“100m 单线”为单位计算工程量。引下线按线路支持点至天棚下缘距离的长度计算。

（3）塑料槽板配线工程量，根据设计图纸区分槽板敷设的不同位置（木结构、砖、混凝土结构）、不同导线截面积、线式（二线、三线），按设计图纸表示的槽板长度，以“100m”为单位计算工程量。

（4）塑料护套线明敷设，根据设计图纸区分不同的芯数（二芯、三芯）、敷设位置（木结构、砖、混凝土结构、沿钢索）、导线截面，以“100m/束”为单位计算工程量。

（5）线槽配线：对于单线，按照设计图纸区分不同的导线截面，以“100m单线”为单位计算工程量；对于多芯软线，根据设计图纸区分不同的芯数和截面，以“100m/束”为单位计算工程量。

（6）车间带形母线安装，根据设计图纸区分母线不同的材质（铜、铝、钢）、安装位置（沿屋架、梁、柱、墙，跨屋架、梁、柱）、截面积，以“100m”为单位计算工程量。

（7）盘、柜、箱、板配线安装，按照设计图纸区分不同的导线截面，以“m”为单位计算工程量。

（8）配线在各处进出线预留长度按照设计规定计算，设计无规定的按照表2-1-1计算。

表2-1-1 配线在各处进出线预留长度 m/根

序号	项目	预留长度	说明
1	各种盘、柜、箱、板	宽+高	盘面尺寸
2	单独安装（无箱、盘）的铁壳开关、自动开关、启动器、箱式电阻器、变阻器、线槽进出线盒等	0.3	从安装对象中心算起
3	继电器、控制开关、信号灯、按钮、熔断器等	0.3	从安装对象中心算起
4	分支接头	0.2	分支线预留
5	由地面管子出口引至动力接线箱	1.0	从管口计算
6	电源与管内导线连接（管内穿线与软、硬母线接点）	1.5	从管口计算
7	出户线	1.5	从管口计算

（9）灯具，明、暗开关，插座，按钮等预留线，已分别综合在相应的定额内，不另行计算。

（10）钢索架设，根据设计图纸区分钢索不同的材质和直径大小，按图示墙（柱）内缘距离，以“100m”为单位计算工程量；不扣除拉紧装置所占长度。

（11）拉紧装置制作与安装。拉紧装置分母线拉紧装置和钢索拉紧装置两种：对于母线拉紧装置的制作与安装，根据设计图纸区分不同的母线截面，以“10套”为单位计算工程量；对于钢索拉紧装置的制作与安装，根据设计图纸区分拉紧装置中花篮螺栓直径的大小，以“10套”为单位计算工程量。

（八）照明器具安装工程（030412）

1. 章说明

（1）各型灯具的引导线、各种灯架元器件的配线，除另注明者外，均按灯具自带考虑；如灯具未带，执行定额时，应计算该部分主材费，其余不变。

（2）各型灯具的支架制作安装，除另注明者外，均未考虑在定额内。

（3）装饰灯具、路灯、投光灯、碘钨灯、疝气灯、烟囱或水塔指示灯、航空障碍灯，均已考虑了一般工程的高空作业因素，其他器具安装高度如超过 5m，则应按册说明中规定的系数另行计算操作高度增加费。

（4）装饰灯具定额项目与示意图号配套使用。艺术喷泉照明系统和航空障碍灯安装中的控制箱、柜执行本册第四章程序控制箱、柜安装定额。

（5）本章仅列高度在 10m 以内的金属灯柱安装项目，其他不同材质、不同高度的灯柱（杆）安装可执行本册第十一章相应定额。灯柱穿线执行本册第十三章管内穿线相应子目。

（6）灯具安装定额内已包括利用绝缘电阻表测量绝缘及一般灯具的试亮工作，但不包括程控调光控制的灯具调试工作。

（7）路灯安装适用于工厂厂区、住宅小区内的路灯安装，上述区域外的或安装高度超过本章定额子目所列高度限制的路灯安装，应执行市政定额相关项目。

（8）本章的标志、诱导装饰灯、应急灯为不带地址模块的灯具，对带有地址模块的应急、标志、诱导、疏散指示的智能疏散照明灯具的安装，应执行消防册相应定额。

（9）本章灯具安装定额除注明者外，适用于 LED 光源的所有灯具安装。

（10）并联的双光源、三光源灯具安装，执行点光源艺术装饰灯具相应定额人工分别乘以系数 1.2 和 1.4。

（11）带保险盒的开关执行拉线开关、翘板开关明装定额，带保险盒的插座、须刨插座执行相同额定电流的单相插座定额，钥匙取电器执行单联单控开关安装定额。床头柜中的多线插座连插头安装根据插座连插头个数，执行相应的床头柜集控板安装定额人工乘以系数 0.8。

2. 工程量计算规则

（1）普通灯具安装。该定额分为吸顶灯具和其他普通灯具两类：对于吸顶灯具安装，根据设计图纸区分灯具不同的灯罩形状、直径或大小，以“套”为单位计算工程量；对于其他普通灯具安装，应根据设计图纸区分不同的灯具种类、名称，以“套”为单位计算工程量。

（2）吊式艺术装饰灯具安装，根据设计图纸对照示意图号，区分不同的装饰物以及灯体直径和垂吊长度，以“套”为单位计算工程量。灯体直径为装饰物的最大外缘直径；灯体垂吊长度为灯座底部与灯梢之间的总长度。

（3）吸顶式艺术装饰灯具安装，根据设计图纸对照示意图号，区分不同的装饰物、吸盘的几何形状以及灯体直径、半周长和垂吊长度，以“套”为单位计算工程量。灯体直径为吸盘最大外缘直径；灯体半周长为矩形吸盘的半周长；灯体的垂吊长度为吸盘与灯梢之间的总长度。

（4）荧光艺术装饰灯具安装：对于组合荧光灯光带安装，根据设计图纸对照示意图号，区分不同的安装形式和灯管的数量，以“m”为单位计算工程量；对于内藏组合式灯安装，根据设计图纸对照示意图号，区分不同的灯具组合形式，以“m”为单位计算工程量；对于发光棚安装，根据设计图纸对照示意图号，以“m^2”为单位计算工程量；对于立体广告箱、荧光灯光沿安装，根据设计图纸对照示意图号，以“m”为单位计算工程量。灯具的设计数量与定额不符时，可根据设计数量加损耗量来调整主材含量。

（5）几何形状组合艺术灯具安装，根据设计图纸对照示意图号，区分不同的安装方式和灯具形式，以“套”为单位计算工程量。

（6）标志、诱导装饰灯具安装，根据设计图纸对照示意图号，区分不同的安装方式，以“套”为单位计算工程量。

（7）水下艺术装饰灯具安装，根据设计图纸对照示意图号，区分不同的灯具类型，以“套”为单位计算工程量。

（8）点光源艺术装饰灯具安装，根据设计图纸对照示意图号，区分不同的安装方式、灯具直径，以“套”为单位计算工程量；灯具滑轨安装，根据设计图纸，以“m”为单位计算工程量。

（9）草坪灯具安装，根据设计图纸对照示意图号，区分不同的灯具形式，以“套”为单位计算工程量。

（10）舞厅灯具安装，根据设计图纸对照示意图号，区分不同的灯具形式，分别以“套”“m”“台”为单位计算工程量。

（11）嵌入式地灯安装，根据设计图纸区分不同的安装位置，以“套”为单位计算工程量。

（12）工厂灯安装：对于工厂罩灯和防水防尘灯的安装，根据设计图纸区分不同的安装方式，以“套”为单位计算工程量；对于工厂其他灯具安装，根据设计图纸区分不同的灯具类型，以“套”为单位计算工程量；对于混光灯安装，根据设计图纸区分不同的安装方式，以“套”为单位计算工程量；对于烟囱、冷却塔、独立塔架上的标志灯安装，根据设计图纸区分不同的安装高度，以“套”为单位计算工程量；对于航空障碍灯具安装，按图纸设计数量，以“套”为单位计算工程量。

（13）医院灯具安装，根据设计图纸区分不同的灯具种类，以“套”为单位计算工程量。

（14）浴霸安装，根据设计图纸区分不同的浴霸种类和光源数量，以“套”为单位计算工程量。

（15）路灯杆基础制作，根据设计要求区分不同的混凝土种类，以“m^3”为单位计算工程量。

（16）立金属灯杆，根据设计图纸区分不同的杆长，以“根”为单位计算工程量。

（17）杆座安装，根据设计图纸区分路灯杆座的不同材质，以“套”为单位计算工程量。

（18）路灯悬挑灯架安装，根据设计图纸区分不同的路灯种类、形式和悬挑臂长度，以“套”为单位计算工程量。

（19）路灯灯具安装，根据设计图纸区分不同的灯具形式，以“套”为单位计算工程量。

（20）路灯照明配件安装，根据设计图纸区分不同的配件种类，以“套”为单位计算工程量；对于路灯地下控制接线箱，根据设计图纸，以“台”为单位计算工程量。

（21）大马路弯灯安装，根据设计图纸区分不同的臂长，以“套”为单位计算工程量。

（22）庭院路灯安装，根据设计图纸区分不同的灯头（火）数量，以“套”为单位计算工程量。

（23）景观照明器具安装，根据设计图纸区分不同的灯具种类、形式，分别以“m^2”“m”“套”“根”为单位计算工程量。

（24）艺术喷泉照明系统安装，工程量计算按下列规定执行：

1）音乐喷泉控制设备安装，按图纸设计区分不同的控制设备功能，以“台”为单位计算工程量。

2）喷泉特技效果控制设备摇摆传动器安装，根据设计图纸区分不同的摇摆形式和功率大小，以“台”为单位计算工程量。

3）艺术喷泉照明中水下彩色照明安装，根据设计图纸区分不同的灯具形式和规格尺寸，以“m”为单位计算工程量；水上辅助照明中彩色灯阵安装，根据设计图纸区分不同的灯具类型，以“m^2”为单位计算工程量；其他灯具安装，根据设计图纸区分不同的灯具类型，以“套”为单位计算工程量。

（25）普通开关、按钮安装：对于明装拉线开关、跷板开关，根据设计图纸，以“套”为单位计算工程量；对于跷板暗开关，根据设计图纸区分不同的控制方式、联数，以“套”为单位计算工程量；对于一般按钮安装，根据设计图纸区分不同的安装方式，以“套”为单位计算工程量；对于密闭开关安装，根据设计图纸区分电流大小，以“套”为单位计算工程量。

（26）声控延时开关、柜门触动开关、风扇调速开关安装，根据设计图纸区分不同的开关种类，以“套”为单位计算工程量。

（27）集中空调开关、自动干手装置、卫生洁具自动感应器安装，根据设计图纸，以“套”为单位计算工程量。

（28）床头柜集控板安装，根据设计图纸区分不同的开关数量，以“套”为单位计算工程量。

（29）插座安装：对于普通插座安装，根据设计图纸区分不同的安装方式、额定电流、供电方式，以“个”为单位计算工程量；对于防爆插座安装，根据设计图纸区分不同的额定电流和供电方式，以“个”为单位计算工程量；对于多联组合开关插座安装，根据设计图纸区分不同的安装方式和联数，以“个”为单位计算工程量；对于地面插座安装，根据设计图纸区分不同的额定电流和供电方式，以“个”为单位计算工程量。

（九）低压电器设备安装工程（030404）

1. 章说明

（1）本章除限位开关、水位电气信号装置安装外，其他均未包括支架制作、安装，发生时可执行本册第七章相应定额。

（2）屏上辅助设备安装包括标签框、光字牌、信号灯、附加电阻、连接片等，但不包括屏上开孔工作。

（3）刀开关、铁壳开关、漏电开关、熔断器、控制器、接触器、启动器、电磁铁、自动快速开关、电阻器、变阻器等定额内均已包括接地端子，不得重复计算。

（4）水位信号装置安装未包括电气控制设备、继电器安装及水泵房至水塔、水箱的管线敷设。

（5）风扇安装未包括风扇调速开关的安装，可另执行本册第十四章相应项目。吊风扇安装只预留吊钩时，人工乘以系数0.4，其余不变。吊扇带灯执行吊扇安装。

（6）医院呼叫系统安装定额也适用于疗养院、敬老院等需要护理对讲的场所。

2. 工程量计算规则

（1）自动空气开关安装，根据设计图纸区分不同的开关形式、极数和额定电流大小，以“个”为单位计算工程量。

（2）刀开关安装，根据设计图纸区分不同的开关结构形式、种类、单相、三相，以“个”为单位计算工程量。

（3）组合开关安装，根据设计图纸区分不同的开关类型，以“个”为单位计算工程量；

万能转换开关安装，根据设计图纸，以“个”为单位计算工程量。

(4) 漏电保护开关安装：对于单式漏电保护开关安装，根据设计图纸区分不同的极数，以“个”为单位计算工程量；对于组合式漏电保护开关安装，根据设计图纸区分不同的回路数，以“个”为单位计算工程量。

(5) 熔断器安装，根据设计图纸区分不同的类型（型号），以“个”为单位计算工程量；限位开关安装，根据设计图纸区分不同的类型，以“个”为单位计算工程量。

(6) 控制器安装，根据设计图纸区分不同的形式，以“台”为单位计算工程量；接触器、启动器、电磁铁安装，根据设计图纸以“台”为单位计算工程量。

(7) 电阻器安装，根据设计图纸区分箱数，以“箱”为单位计算工程量；油浸频敏变阻器安装，根据设计图纸，以“台”为单位计算工程量。

(8) 控制按钮、电笛安装，根据设计图纸区分不同的类型，以“个”为单位计算工程量；操作柱安装根据设计区分不同的类型，以“套”为单位计算工程量。

(9) 水位电气信号装置安装，根据设计图纸区分不同的种类，以“套”为单位计算工程量。

(10) 安全变压器安装，根据设计图纸区分不同的容量，以“台”为单位计算工程量；电铃或音乐电铃安装，根据设计图纸，以“个”为单位计算工程量；门铃安装，根据设计图纸区分不同的安装方式，以“个”为单位计算工程量；风扇安装，根据设计图纸区分不同的风扇种类，以“台”为单位计算工程量。

(11) 医院呼叫系统安装：

1) 呼叫主机安装，根据设计图纸区分不同的主机容量（即所带的号数），以“台”为单位计算工程量。

2) 呼叫分机、值班及走廊显示屏安装，按设计图纸数量，以“个”为单位计算工程量。

(十) 电气设备调试工程 (030414)

1. 章说明

(1) 本章定额适用于一般工业和民用建筑电气设备的电气系统调试，内容包括电气设备的本体调试和分系统调试。

(2) 绝缘子和电缆等单体试验只在单独试验时使用，不得重复计算。

(3) 送配电装置系统调试中的1kV以下交流供电系统调试：

1) 定额适用于所有低压供电回路，如从低压配电装置至分配电箱的供电回路（包括照明供电回路）。

2) 从配电箱直接至电动机的供电回路已包括在电动机的系统调试定额内；移动电气和以插座连接的家电设备不计算调试费用。配电箱内只有开关、熔断器等不含调试元件的供电回路，则不再作为调试系统计算。

3) 凡供电回路中带有仪表、继电器、电磁开关等调试元件的（不包括刀开关、熔断器），均按照调试系统计算。

4) 送配电系统调试包括系统内的电缆试验、绝缘耐压试验等调试工作。桥行接线回路中的断路器、母线分段接线回路中的断路器均作为独立的供电系统计算。

5) 公建、住宅等民用工程中从低压配电装置至分配电箱的供电回路作为供电回路计算。供电系统的末端箱直接向用电器具（灯具、插座、插座箱、户内开关箱）的供电回路不计算送配电系统调试。

（4）定额不包括设备的烘干处理和设备本身缺陷造成的元件更换及修理，也未考虑因设备元件质量低劣对调试工作造成的影响。定额是按新的合格设备考虑的，当遇以上情况时，应另行计算。经修改或拆迁的旧设备调试，定额应乘以系数 1.15。

（5）定额不包括试验设备、仪器仪表的场外转移运输内容。

（6）本章调试定额是按现行施工验收规范编制，凡现行规范（指定额编制时的规范）未包括的新调试项目和调试内容应另行计算。

（7）定额已包括熟悉资料、核对设备、填写试验记录、保护整定值的整定和调试报告的整理工作。

（8）配电智能设备单体调试定额中只考虑三遥（遥控、遥信、遥测）功能调试，当实际工程增加遥调功能时，执行相应定额乘以系数 1.2。

2. 工程量计算规则

（1）送配电装置系统调试，根据设计图纸和定额规定的划分条件，区分不同的电压等级，以“系统”为单位计算工程量。

（2）送配电装置系统调试中的 1kV 以下交流供电系统调试，按系统图的设计要求和定额说明中的规定，以“系统”为单位计算工程量。

（十一）本册定额有关问题的说明

下列费用可按系数分别计取：

（1）脚手架搭拆费：按定额人工费（10kV 以下架空配电线路工程、路灯工程、单独承担的室外直埋敷设电缆工程除外）的 5%计算，其费用中人工费占 35%。

（2）建筑物超高增加费：在建筑物层数大于 6 层或建筑物高度在 20m 以上的工业与民用建筑上进行安装时，按表 2-1-2 计算建筑物超高增加的费用，其费用中人工费占 65%。

表 2-1-2　　建筑物超高增加费系数表

建筑物高度（m）	≤40	≤60	≤80	≤100	≤120	≤140	≤160	≤180	≤200
建筑层数（层）	≤12	≤18	≤24	≤30	≤36	≤42	≤48	≤54	≤60
按人工费的百分比（%）	6	10	14	21	31	40	49	58	68

（3）操作物高度增加费：本册定额操作物高度是按距楼面或地面 5m 以内考虑的，当操作物高度超过 5m 时，超过部分的工程量，其定额人工、机械乘以表 2-1-3 中相应系数。

表 2-1-3　　操作物高度增加费系数表

操作物高度（m）	≤10	≤30	≤50
系数	1.1	1.2	1.5

已考虑了超高因素的定额项目，如小区路灯、投光灯、气灯、烟囱或水塔指示灯、装饰灯具、竖直通道电缆、10kV 及以下架空线路工程不执行本条规定。

（4）净高小于 1.6m 楼层、断面小于 $4mm^2$ 且大于 $2mm^2$ 隧道或洞内进行安装的工程，定额人工、机械乘以系数 1.12。

（5）在管井内、竖井内、断面小于或等于 $2mm^2$ 隧道或洞内、封闭吊顶天棚内安装的工程（竖井内敷设电缆项目除外），定额人工、机械乘以系数 1.16。

二、电气设备安装工程定额计价编制案例

【例 2-1-1】 某餐厅电气照明工程施工图预算编制。

（一）施工图设计说明

（1）如图 2-1-1、图 2-1-2 所示，大厅层高 4m，吊顶高度 3m，其余房间层高均为 3m。

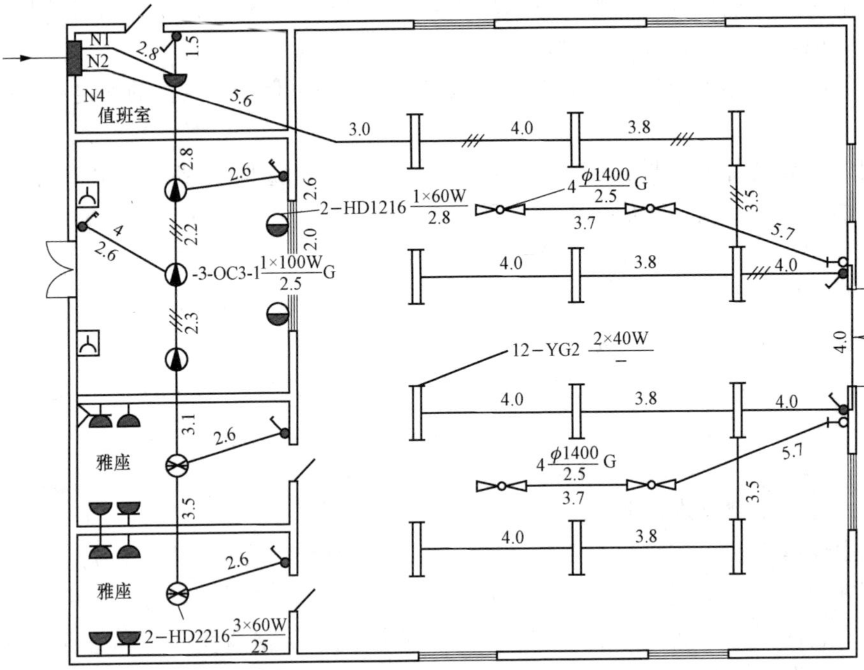

图例

13		风扇	2.5m
12		吊扇调速开关	1.4m
11		暗装单极开关	1.4m
10		暗装双极开关	1.4m
9		暗装三极开关	1.4m
8		双联二、三极暗装插座	0.3m
7		插座箱	0.5m
6		管吊工厂灯	2.5m
5		花灯	2.5m
4		壁灯	2.8m
3		半圆吸顶灯φ250	吸顶
2		双管日光灯	吸顶
1		照明配电箱	1.4m
序号	图例	名称	安装高度(中心)

图 2-1-1　某餐厅电气照明工程平面图

（2）采用三相四线制架空进线，进户横担选用∠50×5mm，一端埋设；进线高度距地坪 3m，只预埋横担和进户管。

（3）管线除注明外，一律采用 BV-2.5mm² 导线穿焊接钢管敷设，2～3 根导线采用 SC15，4 根及以上导线采用 SC20。大厅配管沿吊顶内明敷及墙内暗敷；其余沿楼板内及墙内暗敷。

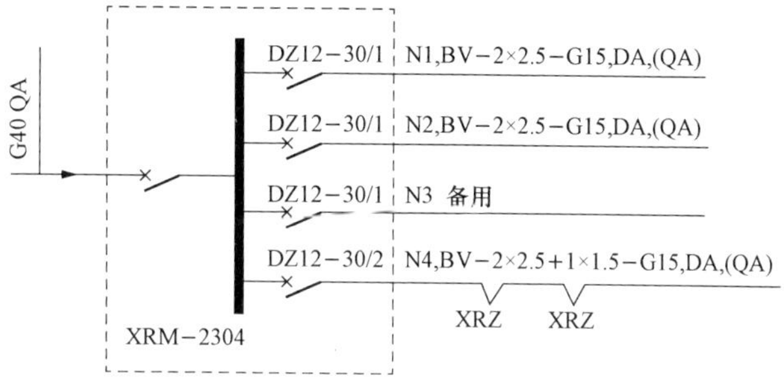

图 2-1-2　某餐厅电气照明工程系统图

（4）埋地管埋深 0.2m，外墙厚 240mm，进户管距外墙 0.2m。

（5）未计价主要材料（主材）价格按表 2-1-4 执行。

表 2-1-4　主要材料（主材）价格

序号	名称	规格型号	单位	单价（元）	序号	名称	规格型号	单位	单价（元）
1	配电箱 XRM-2304	600×300	台	500.00	11	双管日光灯	2×40W	套	220.00
2	插座箱 XRZ	200×300	台	100.00	12	吊风扇	ϕ1400	套	120.00
3	半圆吸顶灯	D250 60W	套	50.00	13	三头吊花灯	3×60W	套	300.00
4	吊管工厂灯	100W	套	25.00	14	壁灯	60W	套	60.00
5	焊接钢管	DN15	m	4.00	15	单联开关		套	10.00
6	焊接钢管	DN20	m	5.00	16	双联开关		套	15.00
7	焊接钢管	DN40	m	15.00	17	三联开关		套	20.00
8	绝缘线	BV-2.5	m	3.00	18	五孔插座		套	15.00
9	绝缘线	BV-1.5	m	2.00	19	进户横担四线	∠50×5mm	根	50.00
10	接线盒、灯头盒	86 系列	个	2.00					

（二）工程量计算（算量）

工程量依据施工图纸和设计施工说明书以及消耗量定额的工程量计算规则进行计算。计算顺序一般按消耗量定额的章节顺序进行，见表 2-1-5。

表 2-1-5　工程量计算书

序号	项目名称	单位	计算公式	数量
1	配电箱半周长 1.0m 以内	台		1
2	插座箱半周长 0.5m 以内	台		2
3	端子板外部接线 2.5mm²	个	2+2+3×5	19
4	进户横担四线	根		1
5	钢管敷设 G40（A）入户管	m	0.2+0.24+3−1.4	2.04

续表

序号	项目名称	单位	计算公式	数量
6	钢管敷设 G20（A）4 线	m	N1 回路：2.6+3−1.4	4.2
7	钢管敷设 G15（A）	m		57.6
7.1	N1，G15（A），2 线	m	2.8+1.5+2.8+2.6×3+3.1+3.5+2.0+（3−1.4）×5+（3−2.8）×2	31.9
7.2	N1，G15（A），3 线	m	2.2+2.3+2.6+3−1.4+3−2.8	8.9
7.3	N2，G15（A），2 线	m	5.6+（3−1.4）×6	15.2
7.4	N2，G15（A），3 线	m	3−1.4	1.6
7.5	N4，G15（A），3 线	m	4.5+3.5+1.8+3.5+3.5+（1.4+0.2）+（0.2+0.5）×4+（0.3+0.2）×5	23.7
8	钢管敷设 G15（M）	m	57.1+15.3	72.4
8.1	N2，G15（M），2 线	m	3.4+5.7×2+3.7×2+4×3+3.8×3+3.5+4+4	57.1
8.2	N2，G15（M），3 线	m	4+3.8+3.5+4	15.3
9	接线盒（灯头盒）	个		28
10	开关盒（插座盒）	个		7
11	墙体剔槽 20mm 内	m	（3−1.4）×14+1.6+0.7×4+0.5×5	29.3
12	墙体剔槽 40mm 内	m	3−1.4	1.6
13	管内穿线 BV-2.5（照明）	m	（31.9+15.2+57.1）×2+（8.9+1.6+23.7+15.3）×3+（0.6+0.3）×2×2	360.5
14	管内穿线 BV-2.5（动力）	m	23.7×2+（0.6+0.3）×2+（0.3+0.2）×4×2	53.2
15	管内穿线 BV-1.5（动力）	m	23.7×1+（0.6+0.3）×1+（0.3+0.2）×4	26.6
16	半圆吸顶灯 D250	套		1
17	壁灯	套		2
18	三头吊花灯	套		2
19	吸顶双管日光灯	套		12
20	吊管工厂灯	套		3
21	单联开关	套		5
22	双联开关	套		1
23	三联开关	套		1
24	风扇调速开关	套		4
25	五孔暗插座	套		4
26	吊风扇	台		4
27	1kV 以下送配电调试	系统		1

注 钢管计算公式中下划线为墙体剔槽长度。

（三）计算分部分项工程费（套定额）

分部分项工程费的计算依据已计算完成的工程量、消耗量定额（价目表）、主材单价等进行，见表2-1-6。填表顺序一般为：

（1）结合定额及算量表，填写项目名称；

（2）依据项目名称、定额填写定额编号、定额单位；

（3）工程数量根据算量表及定额单位进行换算；

（4）单价和人工费来自价目表，主材费根据主材单价和消耗量定额中的材料消耗量计算；

（5）工程数量分别乘以单价、人工费、主材费，得到合计中的合价、人工费、主材费。

表2-1-6　　安装工程预（结）算书

工程名称：某餐厅电气照明工程　　元

序号	定额编号	项目名称	单位	工程数量	增值税（一般计税）			合计		
					单价	人工费	主材费	合价	人工费	主材费
1	4-2-84	配电箱半周长1.0m以内	台	1	196.76	129.99	500	196.76	129.99	500
2	4-2-83	插座箱半周长0.5m以内	台	2	160.66	99.7	100	321.32	199.40	200.00
3	4-4-20	端子板外部接线2.5mm²	个	19	5.75	1.85		109.25	35.15	0.00
4	4-11-65	进户横担四线	根	1	39.45	31.62	50	39.45	31.62	50.00
5	4-12-75	钢管敷设SC40（A）	100m	0.02	1025.48	898.26	1545	20.51	17.97	30.90
6	4-12-72	钢管敷设SC20（A）	100m	0.04	534.1	457.94	515	21.36	18.32	20.60
7	4-12-71	钢管敷设SC15（A）	100m	0.58	527.38	457.94	412	305.88	265.61	238.96
8	4-12-60	钢管敷设SC15（M）	100m	0.72	1183.15	926.18	412	851.87	666.85	296.64
9	4-12-232	接线盒（灯头盒）	10个	2.4	40.35	31.52	20.4	96.84	75.65	48.96
10	4-12-233	开关盒（插座盒）	10个	1.5	38.39	34.3	20.4	57.59	51.45	30.60
11	4-12-241	墙体剔槽20mm以内	10m	2.93	42.69	27.19		125.08	79.67	0.00
12	4-12-243	墙体剔槽40mm以内	10m	0.16	91.08	70.04		14.57	11.21	0.00
13	4-13-5	管内穿线BV-2.5（照明）	100m	3.61	98.18	83.43	348	354.43	301.18	1256.28
14	4-13-24	管内穿线BV-2.5（动力）	100m	0.53	80.42	64.89	348	42.62	34.39	184.44
15	4-13-23	管内穿线BV-1.5（动力）	100m	0.27	70.37	55.62	232	19.00	15.02	62.64
16	4-14-3	半圆吸顶灯D250	套	1	16.73	14.21	50.5	16.73	14.21	50.50
17	4-14-12	壁灯	套	2	14.93	13.39	60.6	29.86	26.78	121.20
18	4-14-14	三头吊花灯	套	2	60.89	59.53	303	121.78	119.06	606.00
19	4-14-214	吸顶双管日光灯	套	12	19.44	18.03	222.2	233.28	216.36	2666.40
20	4-14-222	吊管工厂灯	套	3	17.76	13.6	25.25	53.28	40.80	75.75
21	4-14-351	单联开关	套	5	7.05	6.39	10.2	35.25	31.95	51.00
22	4-14-352	双联开关	套	1	7.56	6.7	15.3	7.56	6.70	15.30
23	4-14-353	三联开关	套	1	8.06	7.0	20.4	8.06	7.00	20.40
24	4-14-368	风扇调速开关	套	4	13.31	12.26		53.24	49.04	0.00

续表

序号	定额编号	项目名称	单位	工程数量	增值税（一般计税）			合 计		
					单价	人工费	主材费	合价	人工费	主材费
25	4-14-382	五孔暗插座	套	4	7.73	7.0	15.3	30.92	28.00	61.20
26	4-15-67	吊风扇	台	4	39.32	37.49	120	157.28	149.96	480.00
27	4-16-35	1kV 以下送配电调试	系统	1	281.4	238.24		281.40	238.24	0.00
28		小计						3605.17	2861.56	7067.77
29		分部分项工程费			3605.17+7067.77=10 672.94			10 672.94	2861.56	

（四）计算安装工程费用（取费）

依据第一篇学习单元二相关内容计取各类费用，见表 2-1-7。

表 2-1-7　　定额计价的计算程序

项目名称：某餐厅电气照明工程

序号	费用名称	计算方法	金额（元）
一	分部分项工程费	见表 2-1-6 中合价	10 672.94
	计费基础 JD1	见表 2-1-6 中合计人工费	2861.56
二	措施项目费	2.1+2.2	389.17
	2.1 单价措施费		143.08
	脚手架搭拆费	2861.56×5%	143.08
	其中：人工费	143.08×35%	50.08
	2.2 总价措施费	1+2+3+4	246.09
	1. 夜间施工费	2861.56×2.50%	71.54
	2. 二次搬运费	2861.56×2.10%	60.09
	3. 冬雨季施工增加费	2861.56×2.80%	80.12
	4. 已完工程及设备保护费	2861.56×1.20%	34.34
	计费基础 JD2	50.08+71.54×50%+60.09×40%+80.12×40%+34.34×25%	150.52
三	其他项目费	3.1+3.3+…+3.8	
	3.1 暂列金额	按相应规定计算	
	3.2 专业工程暂估价		
	3.3 特殊项目暂估价		
	3.4 计日工		
	3.5 采购保管费		
	3.6 其他检验试验费		
	3.7 总承包服务费		
	3.8 其他		
四	企业管理费	（2861.56+150.52）×55%	1656.64
五	利润	（2861.56+150.52）×32%	963.87

续表

序号	费用名称	计算方法	金额（元）
六	规费	4.1+4.2+4.3+4.4+4.5	996.10
	6.1 安全文明施工费	（10672.94+389.17+1656.64+963.87）×5.01%	697.81
	6.2 社会保险费	（10672.94+389.17+1656.64+963.87）×1.52%	207.98
	6.3 住房公积金	（10672.94+389.17+1656.64+963.87）×0.22%	30.10
	6.4 工程排污费	（10672.94+389.17+1656.64+963.87）×0.28%	38.31
	6.5 建设项目工伤保险	（10672.94+389.17+1656.64+963.87）×0.16%	21.89
七	设备费	Σ（设备单价×设备工程量）	
八	税金	（10672.94+389.17+1656.64+963.87+996.10）×11%	1614.66
九	工程费用合计（工程造价）	10672.94+389.17+1656.64+963.87+996.10+1614.66	16293.38

任务二　电气设备安装工程工程量清单的编制

一、电气设备安装工程工程量计算规范

与电气设备安装工程工程量清单编制有关的规定是 GB 50500—2013《建筑工程工程量清单计价规范》及 GB 50856—2013《通用安装工程工程量计算规范》附录 D 电气设备安装工程、附录 N 措施项目。常用的项目包括以下内容。

1. 控制设备及低压电器安装

工程量清单项目设置、项目特征描述的内容、计量单位及工程量计算规则，应按表 2-1-8（见 GB 50856—2013 的表 D.4）的规定执行。

表 2-1-8　控制设备及低压电器安装（编码：030404）

<table>
<tr><th>项目编码</th><th>项目名称</th><th>项目特征</th><th>计量单位</th><th>工程量计算规则</th><th>工作内容</th></tr>
<tr><td>030404001</td><td>控制屏</td><td rowspan="4">1. 名称
2. 型号
3. 规格
4. 种类
5. 基础型钢形式、规格
6. 接线端子材质、规格
7. 端子板外部接线材质、规格
8. 小母线材质、规格
9. 屏边规格</td><td rowspan="4">台</td><td rowspan="4">按设计图示数量计算</td><td rowspan="3">1. 本体安装
2. 基础型钢制作安装
3. 端子板安装
4. 焊压接线端子
5. 盘柜配线、端子接线
6. 小母线安装
7. 屏边安装
8. 补刷（喷）油漆
9. 接地</td></tr>
<tr><td>030404002</td><td>继电、信号屏</td></tr>
<tr><td>030404003</td><td>模拟屏</td></tr>
<tr><td>030404004</td><td>低压开关柜（屏）</td><td>1. 本体安装
2. 基础型钢制作安装
3. 端子板安装
4. 焊压接线端子
5. 盘柜配线、端子接线
6. 屏边安装
7. 补刷（喷）油漆
8. 接地</td></tr>
</table>

续表

项目编码	项目名称	项目特征	计量单位	工程量计算规则	工作内容
030404016	控制箱	1. 名称 2. 型号 3. 规格 4. 基础形式、材质、规格 5. 接线端子材质、规格 6. 端子板外部接线材质、规格 7. 安装方式	台	按设计图示数量计算	1. 本体安装 2. 基础型钢制作安装 3. 焊压接线端子 4. 端子接线 5. 补刷（喷）油漆 6. 接地
030404017	配电箱				
030404018	插座箱	1. 名称 2. 型号 3. 规格 4. 安装方式			本体安装
030404019	控制开关	1. 名称 2. 型号 3. 规格 4. 接线端子材质、规格 5. 额定电流（A）	个		1. 本体安装 2. 焊压接线端子 3. 接线
030404030	分流器	1. 名称 2. 型号 3. 规格 4. 容量（A） 5. 接线端子材质、规格			
030404031	小电器	1. 名称 2. 型号 3. 规格 4. 接线端子材质、规格	个 （套、台）		
030404032	端子箱	1. 名称 2. 型号 3. 规格 4. 安装部位	台		1. 本体安装 2. 接线
030404033	风扇	1. 名称 2. 型号 3. 规格 4. 安装方式			1. 本体安装 2. 调速开关安装
030404034	照明开关	1. 名称 2. 材质 3. 规格 4. 安装方式	个		1. 开关安装 2. 接线
030404035	插座				1. 插座安装 2. 接线
030404036	其他电器	1. 名称 2. 规格 3. 安装方式	个 （套、台）		1. 安装 2. 接线

注 1. 控制开关包括自动空气开关、刀开关、铁壳开关、胶盖刀闸开关、组合控制开关、万能转换开关、风机盘管三速开关、漏电保护开关等。

2. 小电器包括按钮、电笛、电铃、水位电气信号装置、测量表计、继电器、电磁锁、屏上辅助设备、辅助电压互感器、小型安全变压器等。

3. 其他电器指表中未列的电器项目。

4. 其他电器必须根据电器实际名称确定项目名称，明确描述工作内容、项目特征、计量单位、计算规则。

2. 电缆安装

工程量清单项目设置、项目特征描述的内容、计量单位及工程量计算规则，应按表 2-1-9（见 GB 50856—2013 的表 D.8）的规定执行。

表 2-1-9　　电缆安装（编码：030408）

<table>
<tr><th>项目编码</th><th>项目名称</th><th>项目特征</th><th>计量单位</th><th>工程量计算规则</th><th>工作内容</th></tr>
<tr><td>030408001</td><td>电力电缆</td><td rowspan="2">1. 名称
2. 型号
3. 规格
4. 材质
5. 敷设方式、部位
6. 地形</td><td rowspan="5">m</td><td rowspan="5">按设计图示尺寸，以长度计算</td><td rowspan="2">1. 电缆敷设
2. 揭（盖）盖板</td></tr>
<tr><td>030408002</td><td>控制电缆</td></tr>
<tr><td>030408003</td><td>电缆保护管</td><td>1. 名称
2. 材质
3. 规格
4. 敷设方式</td><td>保护管敷设</td></tr>
<tr><td>030408004</td><td>电缆槽盒</td><td>1. 名称
2. 材质
3. 规格
4. 型号
5. 接地</td><td>槽盒安装</td></tr>
<tr><td>030408005</td><td>铺砂、盖保护板（砖）</td><td>1. 种类
2. 规格</td><td>1. 铺砂
2. 盖板（砖）</td></tr>
<tr><td>030408006</td><td>电缆终端头</td><td>1. 名称
2. 型号
3. 规格
4. 材质、类型
5. 安装部位
6. 电压等级（kV）</td><td rowspan="2">个</td><td rowspan="2">按设计图示数量计算</td><td>1. 电缆终端头制作安装
2. 接地</td></tr>
<tr><td>030408007</td><td>电缆中间头</td><td>1. 名称
2. 型号
3. 规格
4. 材质、类型
5. 安装方式
6. 电压等级（kV）</td><td>1. 电缆中间头制作安装
2. 接地</td></tr>
<tr><td>030408008</td><td>防火堵洞</td><td rowspan="3">1. 名称
2. 材质
3. 方式
4. 部位</td><td>处</td><td>按设计图示数量计算</td><td rowspan="3">安装</td></tr>
<tr><td>030408009</td><td>防火隔板</td><td>m^2</td><td>按设计图示尺寸，以面积计算</td></tr>
<tr><td>030408010</td><td>防火涂料</td><td>kg</td><td>按设计图示尺寸，以质量计算</td></tr>
</table>

续表

项目编码	项目名称	项目特征	计量单位	工程量计算规则	工作内容
030408011	电缆分支箱	1. 名称 2. 型号 3. 规格 4. 基础形式、材质、规格	台	按设计图示数量计算	1. 本体安装 2. 基础制作安装

注　1. 电缆穿刺线夹按电缆中间头编码列项。
　　2. 电缆井、电缆排管、顶管应按《市政工程计量规范》相关项目编码列项。

3. 防雷及接地装置安装

工程量清单项目设置、项目特征描述的内容、计量单位及工程量计算规则，应按表 2-1-10（见 GB 50856—2013 的表 D.9）的规定执行。

表 2-1-10　　防雷及接地装置（编码：030409）

项目编码	项目名称	项目特征	计量单位	工程量计算规则	工作内容
030409001	接地极	1. 名称 2. 材质 3. 规格 4. 土质 5. 基础接地形式	根（块）	按设计图示数量计算	1. 接地极（板、桩）制作安装 2. 基础接地网安装 3. 补刷（喷）油漆
030409002	接地母线	1. 名称 2. 材质 3. 规格 4. 安装部位 5. 安装形式	m	按设计图示尺寸，以长度计算	1. 接地母线制作安装 2. 补刷（喷）油漆
030409003	避雷引下线	1. 名称 2. 材质 3. 规格 4. 安装部位 5. 安装形式 6. 断接卡子、箱材质、规格			1. 避雷引下线制作安装 2. 断接卡子、箱制作安装 3. 利用主钢筋焊接 4. 补刷（喷）油漆
030409004	均压环	1. 名称 2. 材质 3. 规格 4. 安装形式			1. 均压环敷设 2. 钢铝窗接地 3. 柱主筋与圈梁焊接 4. 利用圈梁钢筋焊接 5. 补刷（喷）油漆
030409005	避雷网	1. 名称 2. 材质 3. 规格 4. 安装形式 5. 混凝土块标号			1. 避雷网制作安装 2. 跨接 3. 混凝土块制作 4. 补刷（喷）油漆

续表

项目编码	项目名称	项目特征	计量单位	工程量计算规则	工作内容
030409006	避雷针	1. 名称 2. 材质 3. 规格 4. 安装形式、高度	根	按设计图示数量计算	1. 避雷针制作安装 2. 跨接 3. 补刷（喷）油漆
030409007	半导体少长针消雷装置	1. 型号 2. 高度	套		本体安装
030409008	等电位端子箱、测试板	1. 名称 2. 材质 3. 规格	台（块）		
030409009	绝缘垫		m^2	按设计图示尺寸，以展开面积计算	1. 制作 2. 安装
030409010	浪涌保护器	1. 名称 2. 规格 3. 安装形式 4. 防雷等级	个	按设计图示数量计算	1. 本体安装 2. 接线 3. 接地
030409011	降阻剂	名称	kg	按设计图示数量，以质量计算	1. 挖土 2. 施放降阻剂 3. 回填土 4. 运输

注　1. 利用桩基础作接地极的，应描述桩台下桩的根数，以及每桩需焊接的柱筋根数，其工程量计入柱引下线的工程量。
2. 利用柱筋作引下线的，需描述作为引下线的柱筋根数。

4. 10kV以下架空配电线路安装

工程量清单项目设置、项目特征描述的内容、计量单位及工程量计算规则，应按表2-1-11（见GB 50856—2013的表D.10）的规定执行。

表2-1-11　　10kV以下架空配电线路（编码：030410）

项目编码	项目名称	项目特征	计量单位	工程量计算规则	工作内容
030410001	电杆组立	1. 名称 2. 材质 3. 规格 4. 类型 5. 地形 6. 土质 7. 底盘、拉盘、卡盘规格 8. 拉线材质、规格、类型 9. 现浇基础类型、钢筋类型、规格，基础垫层要求 10. 电杆防腐要求	根（基）	按设计图示数量计算	1. 施工定位 2. 电杆组立 3. 土（石）方挖填 4. 底盘、拉盘、卡盘安装 5. 电杆防腐 6. 拉线制作安装 7. 现浇基础、基础垫层 8. 工地运输

续表

项目编码	项目名称	项目特征	计量单位	工程量计算规则	工作内容
030410002	横担组装	1. 名称 2. 材质 3. 规格 4. 类型 5. 电压等级（kV） 6. 瓷瓶、型号、规格 7. 金具品种规格	组	按设计图示数量计算	1. 横担安装 2. 绝缘子、金具组装
030410003	导线架设	1. 名称 2. 型号、规格 3. 地形 4. 进户横担材质、规格 5. 跨越类型	km	按设计图示尺寸，以单线长度计算	1. 导线架设 2. 导线跨越及进户线架设 3. 进户横担安装 4. 工地运输
030410004	杆上设备	1. 名称 2. 型号、规格 3. 电压等级（kV） 4. 支撑架种类、规格 5. 接线端子材质、规格 6. 接地要求	台（组）	按设计图示数量计算	1. 支撑架安装 2. 本体安装 3. 焊压接线端子、接线 4. 补刷（喷）油漆 5. 接地

注　杆上设备调试，应按表 2-1-12 相关项目编码列项。

5. 电气调整试验

工程量清单项目设置、项目特征描述的内容、计量单位及工程量计算规则，应按表 2-1-12（见 GB 50856—2013 的表 D.11）的规定执行。

表 2-1-12　　电气调整试验（编码：030411）

项目编码	项目名称	项目特征	计量单位	工程量计算规则	工作内容
040411001	电力变压器系统	1. 名称 2. 型号 3. 容量（kVA）	系统	按设计图示数量计算	系统调试
030411002	送配电装置系统	1. 名称 2. 型号 3. 电压等级（kV） 4. 类型			
030411003	特殊保护装置	1. 名称 2. 类型	台（套）		调试
030411004	自动投入装置		系统（台、套）		
030411005	中央信号装置		系统（台）		
030411006	事故照明切换装置		系统	按设计图示系统计算	
030411007	不间断电源	1. 名称 2. 类型 3. 容量			
030411008	母线	1. 名称 2. 电压等级（kV）	段	按设计图示数量计算	
030411009	避雷器		组		
030411010	电容器				

续表

项目编码	项目名称	项目特征	计量单位	工程量计算规则	工作内容
030411011	接地装置	1. 名称 2. 类别	系统（组）	按设计图示系统计算	接地电阻测试
030411012	电抗器、消弧线圈		台	按设计图示数量计算	调试
030411013	电除尘器	1. 名称 2. 型号 3. 规格	组		
030411014	硅整流设备、可控硅整流装置	1. 名称 2. 类别 3. 电压（V） 4. 电流（A）	系统	按设计图示系统计算	
030411015	电缆试验	1. 名称 2. 电压等级（kV）	次（根）	按设计图示数量计算	试验

注　1. 功率大于10kW电动机及发电机的启动调试用的蒸汽、电力和其他动力能源消耗，变压器空载试运转的电力消耗及设备需烘干处理应说明。

2. 配合机械设备及其他工艺的单体试车，应按GB 50856—2013附录M措施项目相关项目编码列项。

3. 计算机系统调试应按GB 50856—2013附录F自动化控制仪表安装工程相关项目编码列项。

6. 配管、配线安装

工程量清单项目设置、项目特征描述的内容、计量单位及工程量计算规则，应按表2-1-13（见GB 50856—2013的表D.12）的规定执行。

表2-1-13　　配管、配线（编码：030412）

项目编码	项目名称	项目特征	计量单位	工程量计算规则	工作内容
030412001	配管	1. 名称 2. 材质 3. 规格 4. 配置形式 5. 接地要求 6. 钢索材质、规格	m	按设计图示尺寸，以长度计算	1. 电线管路敷设 2. 钢索架设（拉紧装置安装） 3. 预留沟槽 4. 接地
030412002	线槽	1. 名称 2. 材质 3. 规格			1. 本体安装 2. 补刷（喷）油漆
030412003	桥架	1. 名称 2. 型号 3. 规格 4. 材质 5. 类型 6. 接地			1. 本体安装 2. 接地

续表

项目编码	项目名称	项目特征	计量单位	工程量计算规则	工作内容
030412004	配线	1. 名称 2. 配线形式 3. 型号 4. 规格 5. 材质 6. 配线部位 7. 配线线制 8. 钢索材质、规格	m	按设计图示尺寸，以单线长度计算	1. 配线 2. 钢索架设（拉紧装置安装） 3. 支持体（夹板、绝缘子、槽板等）安装
030412005	接线箱	1. 名称 2. 材质 3. 规格 4. 安装形式	个	按设计图示数量计算	本体安装
030412006	接线盒				

注 1. 配管、线槽安装不扣除管路中间的接线箱（盒）、灯头盒、开关盒所占长度。

2. 配管名称指电线管、钢管、防爆管、塑料管、软管、波纹管等。

3. 配管配置形式指明/暗配、吊顶内、钢结构支架、钢索配管、埋地敷设、水下敷设、砌筑沟内敷设等。

4. 配线名称指管内穿线、瓷夹板配线、塑料夹板配线、绝缘子配线、槽板配线、塑料护套配线、线槽配线、车间带形母线等。

5. 配线保护管遇到下列情况之一时，应增设管路接线盒和拉线盒：管长度每超过 30m，无弯曲；管长度每超过 20m，有 1 个弯曲；管长度每超过 15m，有 2 个弯曲；管长度每超过 8m，有 3 个弯曲。垂直敷设的电线保护管遇到下列情况之一时，应增设固定导线用的拉线盒：管内导线截面为 $50mm^2$ 及以下，长度每超过 30m；管内导线截面为 $70\sim95mm^2$，长度每超过 20m；管内导线截面为 120～240mm2，长度每超过 18m。在配管清单项目计量时，设计无要求时，上述规定可以作为计量接线盒、拉线盒的依据。

6. 配管安装中不包括凿槽、刨沟的工作内容，应按表 2-1-15 相关项目编码列项。

7. 照明灯具安装

工程量清单项目设置、项目特征描述的内容、计量单位及工程量计算规则，应按表 2-1-14（见 GB 50856—2013 的表 D.13）的规定执行。

表 2-1-14　　照明灯具安装（编码：030413）

项目编码	项目名称	项目特征	计量单位	工程量计算规则	工作内容
030413001	普通灯具	1. 名称 2. 型号 3. 规格 4. 类型	套	按设计图示数量计算	本体安装
030413002	工厂灯	1. 名称 2. 型号 3. 规格 4. 安装形式			
030413003	高度标志（障碍）灯	1. 名称 2. 型号 3. 规格 4. 安装部位 5. 安装高度			

续表

项目编码	项目名称	项目特征	计量单位	工程量计算规则	工作内容
030413004	装饰灯	1. 名称 2. 型号 3. 规格 4. 安装形式	套	按设计图示数量计算	本体安装
030413005	荧光灯				
030413006	医疗专用灯	1. 名称 2. 型号 3. 规格			
030413007	一般路灯	1. 名称 2. 型号 3. 规格 4. 灯杆材质、规格 5. 灯架形式及臂长 6. 附件配置要求 7. 灯杆形式（单、双） 8. 基础形式、砂浆配合比 9. 杆座材质、规格 10. 接线端子材质、规格 11. 编号、接地要求			1. 基础制作安装 2. 立灯杆 3. 杆座安装 4. 灯架及灯具附件安装 5. 焊压接线端子 6. 补刷（喷）油漆 7. 灯杆编号 8. 接地
030413008	中杆灯	1. 名称 2. 灯杆材质及高度 3. 灯架型号、规格 4. 附件配置 5. 光源数量 6. 基础形式、浇筑材质 7. 杆座材质、规格 8. 接线端子材质、规格 9. 铁构件规格 10. 编号、接地要求 11. 灌浆配合比			1. 基础浇筑 2. 立灯杆 3. 杆座安装 4. 灯架及灯具附件安装 5. 焊压接线端子 6. 铁构件安装 7. 补刷（喷）油漆 8. 灯杆编号 9. 接地
030413009	高杆灯	1. 名称 2. 灯杆高度 3. 灯架形式（成套或组装、固定或升降） 4. 附件配置 5. 光源数量 6. 基础形式、浇筑材质 7. 杆座材质、规格 8. 接线端子材质、规格 9. 铁构件规格 10. 编号、接地要求 11. 灌浆配合比			1. 基础浇筑 2. 立杆 3. 杆座安装 4. 灯架及灯具附件安装 5. 焊压接线端子 6. 铁构件安装 7. 补刷（喷）油漆 8. 灯杆编号 9. 升降机构接线调试 10. 接地

续表

项目编码	项目名称	项目特征	计量单位	工程量计算规则	工作内容
030413010	桥栏杆灯	1. 名称 2. 型号 3. 规格 4. 安装形式	套	按设计图示数量计算	1. 灯具安装 2. 补刷（喷）油漆
030413011	地道涵洞灯				

注 1. 普通灯具包括圆球吸顶灯、半圆球吸顶灯、方形吸顶灯、软线吊灯、座灯头、吊链灯、防水吊灯、壁灯等。
2. 工厂灯包括工厂罩灯、防水灯、防尘灯、碘钨灯、投光灯、泛光灯、混光灯、密闭灯等。
3. 高度标志（障碍）灯包括烟囱标志灯、高塔标志灯、高层建筑屋顶障碍指示灯等。
4. 装饰灯包括吊式艺术装饰灯、吸顶式艺术装饰灯、荧光艺术装饰灯、几何型组合艺术装饰灯、标志灯、诱导装饰灯、水下（上）艺术装饰灯、点光源艺术灯、歌舞厅灯具、草坪灯具等。
5. 医疗专用灯包括：病房指示灯、病房暗脚灯、紫外线杀菌灯、无影灯等。
6. 中杆灯是指安装在高度不大于 19m 灯杆上的照明器具。
7. 高杆灯是指安装在高度大于 19m 灯杆上的照明器具。

8. 附属工程

工程量清单项目设置、项目特征描述的内容、计量单位及工程量计算规则，应按表 2-1-15（见 GB 50856—2013 的表 D. 14）的规定执行。

表 2-1-15　附属工程（编码：030414）

项目编码	项目名称	项目特征	计量单位	工程量计算规则	工作内容
030414001	铁构件	1. 名称 2. 材质 3. 规格	kg	按设计图示尺寸，以质量计算	1. 制作 2. 安装 3. 补刷（喷）油漆
030414002	铁构件开孔	1. 开孔规格 2. 开孔方式	个	按设计图示数量计算	开孔
030414003	凿（压）槽	1. 名称 2. 规格 3. 类型 4. 填充（恢复）方式 5. 混凝土标准	m	按设计图示尺寸，以长度计算	1. 开槽 2. 恢复处理
030414004	打洞（孔）	1. 名称 2. 规格 3. 类型 4. 填充（恢复）方式 5. 混凝土标准	个	按设计图示数量计算	1. 开孔、洞 2. 恢复处理
030414005	管道包封	1. 名称 2. 规格 3. 混凝土强度等级	m	按设计图示尺寸，以长度计算	1. 灌注 2. 养护
030414006	人（手）孔砌筑	1. 名称 2. 规格 3. 类型	个	按设计图示数量计算	砌筑

续表

项目编码	项目名称	项目特征	计量单位	工程量计算规则	工作内容
030414007	人（手）孔防水	1. 名称 2. 类型 3. 规格 4. 防水材质及做法	m^2	按设计图示防水面积计算	防水

注　电气铁构件适用于电气工程的各种支架、铁构件的制作安装。

9. 其他相关问题

（1）“电气设备安装工程”适用于10kV以下变配电设备及线路的安装工程，车间动力电气设备及电气照明、防雷及接地装置安装，配管、配线安装，电气调试等。

（2）GB 50856—2013附录D中的电线、电缆、母线按设计要求、规范、施工工艺规程规定的预留长度及附加长度应计入工程量。预留、附加长度见表2-1-16、表2-1-17。

表2-1-16　电线预留长度（每一根线）　m

序号	项目	预留长度	说明
1	各种箱、柜、盘、板	高＋宽	按盘面尺寸
2	接线盒	0.15	
3	单独安装（无箱、盘）的铁壳开关、闸刀开关、启动器、线槽进出线盒、箱式电阻器、变阻器	0.5	从安装对象中心起算
4	继电器、控制开关、信号灯、按钮、熔断器等小电器	0.3	从安装对象中心起算
5	分支接头	0.2	分支线预留
6	由地面管子出口引至动力接线箱	1.0	从管口计算
7	电源与管内导线连接（管内穿线与软、硬母线接点）	1.5	从管口计算
8	出户线	1.5	从管口计算

表2-1-17　电缆附加长度　m

序号	项目	预留（附加）长度	说明
1	电缆敷设弧度、波形弯度、交叉	2.5%	按电缆全长计算
2	各种箱、柜、盘、板	高＋宽	按盘面尺寸
3	单独安装的铁壳开关、闸刀开关、启动器、变阻器	0.5	从安装对象中心起算
4	继电器、控制开关、信号灯、按钮、熔断器	0.3	从安装对象中心起算
5	分支接头	0.2	分支线预留
6	电缆进入建筑物	2.0	规范规定最小值
7	电缆进入沟内或吊架时引上（下）预留	1.5	规范规定最小值
8	变电所进线、出线	1.5	规范规定最小值
9	电力电缆终端头	1.5	检修余量最小值
10	电缆中间接头盒	两端各留2.0	检修余量最小值
11	高压开关柜及低压配电盘、箱	2.0	盘下进出线

续表

序号	项目	预留（附加）长度	说明
12	电缆至电动机	0.5	从电动机接线盒起算
13	厂用变压器	3.0	从地坪起算
14	电梯电缆与电缆架固定点	每处 0.5	规范规定最小值
15	电缆绕过梁、柱等增加长度	按实计算	按被绕物的断面情况计算增加长度

（3）挖土、填土工程、灯具拆除，应按 GB 50854—2013《房屋建筑与装饰工程工程量计算规范》相关项目编码列项。

（4）开挖路面、电杆拆除，应按 GB 50857—2013《市政工程工程量计算规范》相关项目编码列项。

（5）电气套管，应按 GB 50856—2013 附录 K 采暖、给排水、燃气工程相关项目编码列项。

（6）除锈、刷漆（补刷漆除外）、保温及保护层安装，应按 GB 50856—2013 附录 M 刷油、防腐蚀、绝热工程相关项目编码列项。

（7）工作内容含补漆的工序，可不进行特征描述，由投标人在投标中根据相关规范标准自行考虑报价。

二、电气设备安装工程工程量清单编制案例

【例 2-1-2】 图 2-1-1、图 2-1-2 所示某餐厅电气照明工程工程量清单的编制。

工程量清单应参照第一篇学习单元三工程量清单编制的相关内容及施工图纸和设计施工说明书编制。其编制使用的表格包括 GB 50500—2013《建设工程工程量清单计价规范》的封-1、扉-1、表-01、表-08、表-11、表-12（含表-12-1～表-12-5）、表-13、表-20、表-21。本例只列出其中主要的几个表格，见表 2-1-18～表 2-1-25。

1. 封面（GB 50500—2013 附录 B 封-1）

表 2-1-18

某餐厅电气照明 工程

招标工程量清单

招 标 人：某单位

（单位盖章）

造价咨询人：某造价咨询公司

（单位盖章）

××××年××月 ××日

2. 扉页（GB 50500—2013 附录 C 扉 - 1）

表 2 - 1 - 19

某餐厅电气照明　工程

招标工程量清单

招标人：某单位
（单位盖章）

工程造价咨询人：某造价咨询公司
（单位资质专用章）

法定代表人
或其授权人：××
（签字或盖章）

法定代表人
或其授权人：××
（签字或盖章）

编制人：××
（造价人员签字盖专用章）

复核人：××
（造价工程师签字盖专用章）

编制时间：××年 ××月××日

复核时间：××年××月××日

3. 总说明（GB 50500—2013 附录 D 表 - 01）

表 2 - 1 - 20　　**总　说　明**

工程名称：某餐厅电气照明工程　　第 1 页 共 1 页

1. 工程概况：建设面积为 300m²、单层砖混结构，电气安装计划工期 30 日历天，施工现场已做好"三通一平"，本餐厅位置在某单位院内，已具备开工条件等。

2. 工程招标和专业工程发包范围：图纸范围内电气照明工程内容。

3. 工程量清单编制依据：施工图纸和设计施工说明书、GB 50500—2013《建设工程工程量清单计价规范》、GB 50856—2013《通用安装工程工程量计算规范》等。

4. 工程质量、材料、施工等的特殊要求：质量达到合格标准；所有材料乙供；施工中做到安全文明施工。

5. 其他需要说明的问题：无

4. 分部分项工程和单价措施项目清单表（GB 50500—2013 附录 F 表 - 08）

表 2 - 1 - 21　　**分部分项工程和单价措施项目清单计价表**

工程名称：某餐厅电气照明工程　　第 1 页　共 1 页

序号	项目编码	项目名称	项目特征描述	计量单位	工程量
1	030404017001	配电箱	尺寸 600mm×300mm，嵌入式安装 1.4m，2.5mm² 端子板外部接线	台	1

续表

序号	项目编码	项目名称	项目特征描述	计量单位	工程量
2	030404018001	插座箱	尺寸200mm×300mm，嵌入式安装0.5m	台	2
3	030404033001	风扇	吊风扇，ϕ1400，2.5m高吊装，调速开关安装	台	4
4	030404034001	照明开关	单联开关，86系列，1.4m高暗装	个	5
5	030404034002	照明开关	双联开关，86系列，1.4m高暗装	个	1
6	030404034003	照明开关	三联开关，86系列，1.4m高暗装	个	1
7	030404035001	插座	五孔插座，86系列，0.3m高暗装	个	4
8	030410002001	横担组装	进户横担，镀锌角钢∠50×5，220V	组	1
9	030411001001	配管	钢管，DN40，墙内暗配	m	2
10	030411001002	配管	钢管，DN20，墙内暗配	m	4.2
11	030411001003	配管	钢管，DN15，墙内暗配	m	57.6
12	030411001004	配管	钢管，DN15，吊顶内明配	m	72.4
13	030411004001	配线	钢管内穿照明线，BV-2.5mm²	m	360.5
14	030411004002	配线	钢管内穿动力线，BV-2.5mm²	m	53.2
15	030411004003	配线	钢管内穿动力线，BV-1.5mm²	m	26.6
16	030411006001	接线盒	开关盒、插座盒，86系列，墙内暗装	个	7
17	030411006002	接线盒	灯头盒，86系列，顶棚内暗装	个	28
18	030412001001	普通灯具	半圆吸顶灯，ϕ250，60W	套	1
19	030412001002	普通灯具	壁灯，60W，2.8m高	套	2
20	030412002001	工厂灯	吊管安装，100W，2.5m高	套	3
21	030412004001	装饰灯	花灯，3×60W，2.5m高	套	2
22	030412005001	荧光灯	双管日光灯，2×40W，吸顶安装	套	12
23	030413002001	凿（压）槽	墙埋管开槽及恢复DN20以内	m	29.3
24	030413002002	凿（压）槽	墙埋管开槽及恢复DN40以内	m	1.6
25	030414002001	送配电装置系统	220V照明回路调试	系统	1

5. 总价措施项目清单与计价表（GB 50500—2013附录F表-11）

总价措施项目参照GB 50856—2013附录N的规定确定。

表2-1-22　　总价措施项目清单与计价表

工程名称：某餐厅电气照明工程　　标段：　　第1页　共1页

序号	项目编码	项目名称	计算基础	费率（%）	金额（元）	调整费率（%）	调整后金额（元）	备注
1	031302002	夜间施工费						
2	031302004	二次搬运费						
3	031302005	冬雨季施工增加费						
4	031302006	已完工程及设备保护费						
5	031301017	脚手架搭拆费						
		合计						

编制人（造价人员）：　　复核人（造价工程师）：

6. 其他项目清单计价汇总表（GB 50500—2013 附录 G 表 - 12）

其他项目清单参照 GB 50500—2013 确定。

表 2 - 1 - 23　　其他项目清单计价汇总表

工程名称：某餐厅电气照明工程　　标段：　　第 1 页　共 1 页

序号	项目名称	金额（元）	结算金额（元）	备注
1	暂列金额			
2	暂估价			
2.1	材料暂估价			
2.2	专业工程暂估价			
3	计日工			
4	总承包服务费			
合计				

注　材料（工程设备）暂估单价计入清单项目综合单价，此处不汇总。

7. 材料（工程设备）暂估单价及调整表（GB 50500—2013 附录 G 表 - 12 - 2）

表 2 - 1 - 24　　材料（工程设备）暂估单价及调整表

工程名称：某餐厅电气照明工程　　标段：　　第 1 页　共 1 页

序号	材料（工程设备）名称、规格、型号	计量单位	数量		暂估（元）		确认（元）		差额±（元）		备注
			暂估	确认	单价	合价	单价	合价	单价	合价	
1	配电箱 600mm×300mm	台			500						
2	插座箱 200mm×300mm	台			100						
3	焊接钢管 DN15	m			4						
4	焊接钢管 DN20	m			5						
5	焊接钢管 DN40	m			15						
6	绝缘线 BV - 2.5mm^2	m			3						
7	绝缘线 BV - 1.5mm^2	m			2						
8	半圆吸顶灯 D250　60W	套			50						
9	壁灯 60W	套			60						
10	吊管工厂灯 100W	套			25						
11	双管日光灯 2×40W	套			220						
12	花灯 3×60W	套			300						
13	吊风扇 ϕ1400（含调速开关）	套			120						
14	单联开关	套			10						
15	双联开关	套			15						
16	三联开关	套			20						
17	五孔插座	套			15						
18	86 系列灯头盒、接线盒	个			2						
19	进户横担四线	根			50						
合计											

注　此表由招标人填写“暂估单价”，并在备注栏说明暂估价的材料、工程设备拟用在哪些清单项目上，投标人应将上述材料、工程设备暂估单价计入工程量清单综合单价报价中。

8. 规费、税金项目清单计价表（GB 50500—2013 附录 H 表 - 13）

规费、税金项目按 GB 50500—2013 及当地主管部门规定执行。

表 2 - 1 - 25 **规费、税金项目清单计价表**

工程名称：某餐厅电气照明工程 标段： 第 1 页 共 1 页

序号	项目名称	计算基础	计算基数	计算费率（%）	金额（元）
1	规费				
1.1	安全文明施工费				
1.1.1	环境保护费				
1.1.2	文明施工费				
1.1.3	临时设施费				
1.1.4	安全施工费				
1.2	工程排污费				
1.3	社会保障费				
1.4	住房公积金				
1.5	危险作业意外伤害保险				
2	税金				
合计					

编制人（造价人员）： 复核人（造价工程师）：

任务三 电气设备安装工程工程量清单计价的编制

根据招标人或委托代理人编制的工程量清单及招标文件要求，投标人编制工程量清单计价文件。投标报价使用的表格包括 GB 50500—2013《建设工程工程量清单计价规范》的封 - 3、扉 - 3、表 - 01、表 - 02、表 - 03、表 - 04、表 - 08、表 - 09、表 - 11、表 - 12（含表 - 12 - 1～表 - 12 - 5）、表 - 13、招标文件提供的表 - 20 和表 - 21。

【例 2 - 1 - 3】 图 2 - 1 - 1、图 2 - 1 - 2 所示某餐厅电气照明工程工程量清单计价（报价）的编制。本例只列出其中主要的几个表格，见表 2 - 1 - 26～表 2 - 1 - 59。

1. 投标总价封面（GB 50500—2013 附录 B 封 - 3）

表 2 - 1 - 26

某餐厅电气照明 工程

投 标 总 价

投标人： ××建筑公司

（单位盖章）

×××× 年××月 ××日

2. 投标总价扉页（GB 50500—2013 附录 C 扉 - 3）

表 2 - 1 - 27

投标总价

招　标　人：（同清单）

工 程 名 称：（同清单）

投标总价(小写)：15775.29 元

(大写)：壹万伍仟柒佰柒拾伍元贰角玖分

投 标 人：×× 建筑公司

（单位盖章）

法定代表人

或其授权人：××

（签字或盖章）

编 制 人：××

（造价人员签字盖专用章）

编 制 时 间：××××年××月××日

3. 总说明（GB 50500—2013 附录 D 表 - 01）

投标报价总说明内容应完全响应招标工程量清单内容，并应将有关编制报价的依据、采用的参数等明确说明。

表 2 - 1 - 28　　**总　说　明**

工程名称：某餐厅电气照明工程　　第 1 页　共 1 页

1. 工程概况：建设面积为 300m^2、单层砖混结构，电气安装计划工期 30 日历天，施工现场已做好“三通一平”，本餐厅位置在某单位院内，已具备开工条件。

2. 工程招标和专业工程发包范围：图纸范围内电气照明工程内容。

3. 工程量清单报价编制依据：工程量清单、GB 50500—2013《建设工程工程量清单计价规范》、GB 50856—2013《通用安装工程工程量计算规范》、施工图纸和设计施工说明书、工程所在地建设主管部门的相关规定等。

4. 工程质量、材料、施工等的特殊要求：质量达到合格标准；所有材料乙供；施工中做到安全文明施工。

5. 本工程管理费费率按 55%、利润率按 32%计取；规费费率及税金税率为不可竞争费，执行当地规定。人工单价按 103 元/工日执行（鲁建标字〔2017〕1 号文规定）。有关主材价格按暂估价计入。

4. 单项工程投标报价汇总表（GB 50500—2013 附录 E 表-03）

表 2-1-29　单项工程投标报价汇总表

工程名称：某餐厅电气照明工程　　　　第 1 页　共 1 页

序号	单位工程名称	金额（元）	其中：（元）		
			暂估价	安全文明施工费	规费
1	某餐厅电气照明工程	15 775.29	7043.12	664.29	952.72
合计		15 775.29	7043.12	664.29	952.72

注　本表适用于单项工程招标控制价或投标报价的汇总。暂估价包括分部分项工程中的暂估价和专业工程暂估价。

5. 单位工程投标报价汇总表（GB 50500—2013 附录 E 表-04）

表 2-1-30　单位工程投标报价汇总表

工程名称：某餐厅电气照明工程　　　　标段：　　　　第 1 页　共 1 页

序号	汇总内容	金额（元）	其中：暂估价（元）
一	分部分项工程费	12871.64	7043.12
二	措施项目费	387.62	
1	单价措施项目费		
2	总价措施项目费	387.62	
2.1	夜间施工费	71.25	
2.2	二次搬运费	59.85	
2.3	冬雨季施工增加费	79.80	
2.4	已完工程及设备保护费	34.20	
2.5	脚手架搭拆费	142.51	
三	其他项目费		
1	暂列金额		
2	专业工程暂估价		
3	计日工		

续表

序号	汇总内容	金额（元）	其中：暂估价（元）
4	总承包服务费		
四	规费	952.72	
1	安全文明施工费	664.29	
1.1	环境保护费	38.45	
1.2	文明施工费	78.23	
1.3	临时设施费	233.36	
1.4	安全施工费	314.24	
2	工程排污费	37.13	
3	社会保障费	201.54	
4	住房公积金	29.17	
5	建设项目工伤保险	20.59	
五	税金	1563.32	
投标报价合计＝一＋二＋三＋四＋五		15775.29	7043.12

注　本表适用于单位工程招标控制价或投标报价的汇总，如无单位工程划分，单项工程也使用本表汇总。

6. 分部分项工程和单价措施项目清单计价表（GB 50500—2013 附录 F 表 - 08）

7. 工程量清单综合单价分析表（GB 50500—2013 附录 F 表 - 09）

（1）表中工程名称、项目编码、项目名称、计量单位均来自工程量清单“分部分项工程和单价措施项目清单”。

（2）清单综合单价组成明细中“定额名称”依据工程量清单“分部分项工程和单价措施项目清单”中的项目特征描述，参考消耗量定额填写。定额编号、定额单位、单价中的人工费、材料费、机械费参考现行定额价目表填写。单价中的管理费、利润依据“总说明”中选取的管理费率、利润率，以单价人工费为基础计算。

（3）实体项目“数量”来自工程量清单“分部分项工程和单价措施项目清单”；附属项目“数量”根据施工图纸和设计施工说明书及消耗量定额工程量计算规则计算。

（4）材料费明细中的“主要材料”来自参考定额的各未计价材料（主材），材料数量包括定额损耗。工程量清单中列出材料暂估单价的填入“暂估单价”表格中；未列出暂估单价的材料单价由投标方竞价填报，填入“单价”表格。“材料费小计”即为“未计价材料费”。

（5）将“小计”中的人工费、材料费、机械费、管理费、利润以及“未计价材料费”相加，除以本项目工程量清单数量，即为“清单项目综合单价”。

表 2-1-31 **分部分项工程和单价措施项目清单计价表**

工程名称：某餐厅电气照明工程　　　　第1页　共1页

序号	项目编码	项目名称	项目特征描述	计量单位	工程量	金额（元）			
						综合单价	合价	其中：人工费	其中：暂估价
1	030404017001	配电箱	尺寸 600mm × 300mm，嵌入式安装 1.4m，2.5mm² 端子板外部接线	台	1	855.53	855.53	142.94	500.00
2	030404018001	插座箱	尺寸 200mm×300mm，嵌入式 0.5m	台	2	388.78	777.56	221.60	200.00
3	030404033001	风扇	吊风扇，ϕ1400，2.5m 高吊装，调速开关安装	台	4	212.85	851.39	199.00	480.00
4	030404034001	照明开关	单联开关，86 系列，1.4m 高暗装	个	5	22.81	114.05	31.95	51.00
5	030404034002	照明开关	双联开关，86 系列，1.4m 高暗装	个	1	28.69	28.69	6.70	15.30
6	030404034003	照明开关	三联开关，86 系列，1.4m 高暗装	个	1	34.55	34.55	7.00	20.40
7	030404035001	插座	五孔插座，86 系列，0.3m 高暗装	个	4	30.47	121.88	30.48	61.20
8	030410002001	横担组装	进户横担，镀锌角钢∠50×5，220V	组	1	117.21	117.21	31.62	50.25
9	030411001001	配管	钢管，DN40，墙内暗配	m	2	33.82	67.64	17.97	31.50
10	030411001002	配管	钢管，DN20，墙内暗配	m	4.2	14.58	61.22	19.23	22.05
11	030411001003	配管	钢管，DN15，墙内暗配	m	57.6	13.55	780.56	265.61	243.60
12	030411001004	配管	钢管，DN15，吊顶内明配	m	72.4	23.88	1728.67	666.85	296.64
13	030411004001	配线	钢管内穿照明线，BV-2.5mm²	m	360.5	5.19	1870.14	301.18	1256.28
14	030411004002	配线	钢管内穿动力线，BV-2.5mm²	m	4.5	4.50	20.27	34.39	166.95
15	030411004003	配线	钢管内穿动力线，BV-1.5mm²	m	26.6	3.34	88.77	15.02	56.70
16	030411006001	接线盒	开关盒、插座盒，86 系列，墙内暗装	个	7	8.86	62.04	24.01	14.28

续表

序号	项目编码	项目名称	项目特征描述	计量单位	工程量	金额（元）			
						综合单价	合价	其中：人工费	其中：暂估价
17	030411006002	接线盒	灯头盒，86 系列，顶棚内暗装	个	28	8.82	246.88	88.26	57.12
18	030412001001	普通灯具	半圆吸顶灯，ϕ250，60W	套	1	79.06	79.06	14.21	50.50
19	030412001002	普通灯具	壁灯，60W，2.8m 高	套	2	87.18	174.36	26.78	121.20
20	030412002001	工厂灯	吊管安装，100W，2.5m 高	套	3	54.84	164.53	40.80	75.75
21	030412004001	装饰灯	花灯，3×60W，2.5m 高	套	2	415.68	831.36	119.06	606.00
22	030412005001	荧光灯	双管日光灯，2×40W，吸顶安装	套	12	257.33	3087.91	216.36	2666.40
23	030413002001	凿（压）槽	墙埋管开槽及恢复 DN20 以内	m	29.3	6.63	194.39	79.67	
24	030413002002	凿（压）槽	墙埋管开槽及恢复 DN40 以内	m	1.6	15.20	24.32	11.21	
25	030414002001	送配电装置系统	220V 照明回路调试	系统	1	488.67	488.67	238.24	
		合计					12 871.64	2850.12	7043.12

表 2-1-32

工程量清单综合单价分析表（一）

工程名称：某餐厅电气照明工程　　　　标段：　　　　第 1 页　共 25 页

项目编码		030404017001		项目名称	配电箱						计量单位	台	
清单综合单价组成明细													
定额编号	定额名称	定额单位	数量	单价（元）					合价（元）				
				人工费	材料费	机械费	管理费	利润	人工费	材料费	机械费	管理费	利润
4-2-84	照明配电箱	台	1	129.99	63.19	3.58	68.89	41.60	129.99	63.19	3.58	68.89	41.60
4-4-20	端子板接线	个	7	1.85	3.9		0.78	0.37	12.95	27.3	0	5.44	2.59
人工单价		小计							142.94	90.49	3.58	74.33	44.19
103 元/工日		未计价材料费							500				
清单项目综合单价									855.53				
材料费明细	主要材料名称、规格、型号				单位	数量			单价（元）	合价（元）	暂估单价（元）	暂估合价（元）	
	照明配电箱				台	1					500	500.00	
	其他材料费											0.00	
	材料费小计											500.00	

注　1. 管理费为 129.99×53%＝68.89(元)，利润为 129.99×32%＝41.60(元)。

2. 综合单价为(142.94＋90.49＋3.58＋74.33＋44.19＋500)/1＝855.53(元)。

表 2-1-33

工程量清单综合单价分析表（二）

工程名称：某餐厅电气照明工程　　　　标段：　　　　第 2 页　共 25 页

项目编码		030404018001		项目名称	插座箱						计量单位	台	
清单综合单价组成明细													
定额编号	定额名称	定额单位	数量	单价（元）					合价（元）				
				人工费	材料费	机械费	管理费	利润	人工费	材料费	机械费	管理费	利润
4-2-83	插座箱	台	2	99.7	57.38	3.58	54.84	31.90	199.4	114.76	7.16	109.67	63.81
4-4-20	端子板接线	个	12	1.85	3.9		0.78	0.37	22.2	46.8	0	9.32	4.44
人工单价		小计							221.6	161.56	7.16	118.99	68.25
103 元/工日		未计价材料费							200				
清单项目综合单价									388.78				
材料费明细	主要材料名称、规格、型号				单位	数量			单价（元）	合价（元）	暂估单价（元）	暂估合价（元）	
	照明配电箱				台	2					100	200.00	
	其他材料费											0.00	
	材料费小计											200.00	

表 2-1-34　　**工程量清单综合单价分析表（三）**

工程名称：某餐厅电气照明工程　　标段：　　第 3 页　共 25 页

项目编码		030404033001		项目名称		风扇				计量单位		台	
清单综合单价组成明细													
定额编号	定额名称	定额单位	数量	单价（元）					合价（元）				
				人工费	材料费	机械费	管理费	利润	人工费	材料费	机械费	管理费	利润
4-15-67	吊风扇	套	4	37.49	1.83		20.62	12.00	149.96	7.32	0	82.48	47.99
4-14-368	调速开关	个	4	12.26	1.05		5.15	2.45	49.04	4.2	0	20.60	9.81
人工单价		小计							199.00	11.52	0	103.07	57.80
103 元/工日		未计价材料费							480				
清单项目综合单价									212.85				
材料费明细	主要材料名称、规格、型号				单位	数量			单价（元）	合价（元）	暂估单价（元）	暂估合价（元）	
	吊风扇				套	4					120	480.00	
	调速开关				个	4.04						0.00	
	其他材料费											0.00	
	材料费小计											480.00	

表 2-1-35　　**工程量清单综合单价分析表（四）**

工程名称：某餐厅电气照明工程　　标段：　　第 4 页　共 25 页

项目编码		030404034001		项目名称		照明开关				计量单位		个	
清单综合单价组成明细													
定额编号	定额名称	定额单位	数量	单价（元）					合价（元）				
				人工费	材料费	机械费	管理费	利润	人工费	材料费	机械费	管理费	利润
4-14-351	单联开关	套	5	6.39	0.66		3.51	2.04	31.95	3.3	0	17.57	10.22
人工单价		小计							31.95	3.3	0	17.57	10.22
103 元/工日		未计价材料费							51				
清单项目综合单价									22.81				
材料费明细	主要材料名称、规格、型号				单位	数量			单价（元）	合价（元）	暂估单价（元）	暂估合价（元）	
	单联开关				套	5.1					10	51.00	
	其他材料费											0.00	
	材料费小计											51.00	

表 2-1-36

工程量清单综合单价分析表（五）

工程名称：某餐厅电气照明工程　　标段：　　第 5 页　共 25 页

项目编码		030404034002		项目名称		照明开关					计量单位	个	
清单综合单价组成明细													
定额编号	定额名称	定额单位	数量	单价（元）					合价（元）				
				人工费	材料费	机械费	管理费	利润	人工费	材料费	机械费	管理费	利润
4-14-352	双联开关	套	1	6.70	0.86		3.69	2.14	6.7	0.86	0	3.69	2.14
人工单价		小计							6.70	0.86	0	3.69	2.14
103 元/工日		未计价材料费							15.3				
清单项目综合单价									28.69				
材料费明细	主要材料名称、规格、型号					单位	数量		单价（元）	合价（元）	暂估单价（元）	暂估合价（元）	
	双联开关					套	1.02				15	15.30	
	其他材料费											0.00	
	材料费小计											15.30	

表 2-1-37

工程量清单综合单价分析表（六）

工程名称：某餐厅电气照明工程　　标段：　　第 6 页　共 25 页

项目编码		030404034003		项目名称		照明开关					计量单位	个	
清单综合单价组成明细													
定额编号	定额名称	定额单位	数量	单价（元）					合价（元）				
				人工费	材料费	机械费	管理费	利润	人工费	材料费	机械费	管理费	利润
4-14-353	三联开关	套	1	7.00	1.06		3.85	2.24	7	1.06	0	3.85	2.24
人工单价		小计							7.00	1.06	0	3.85	2.24
103 元/工日		未计价材料费							20.4				
清单项目综合单价									34.55				
材料费明细	主要材料名称、规格、型号					单位	数量		单价（元）	合价（元）	暂估单价（元）	暂估合价（元）	
	三联开关					套	1.02				20	20.40	
	其他材料费											0.00	
	材料费小计											20.40	

表 2-1-38

工程量清单综合单价分析表（七）

工程名称：某餐厅电气照明工程　　标段：　　第 7 页　共 25 页

项目编码		030404035001		项目名称	插座					计量单位		个	
清单综合单价组成明细													
定额编号	定额名称	定额单位	数量	单价（元）					合价（元）				
				人工费	材料费	机械费	管理费	利润	人工费	材料费	机械费	管理费	利润
4-14-382	五孔插座	套	4	7.62	0.92		4.19	2.44	30.48	3.68	0	16.76	9.75
人工单价		小计							30.48	3.68	0	16.76	9.75
103 元/工日		未计价材料费							61.2				
清单项目综合单价									30.47				
材料费明细	主要材料名称、规格、型号					单位	数量		单价（元）	合价（元）	暂估单价（元）	暂估合价（元）	
	五孔插座					套	4.08				15	61.20	
	其他材料费											0.00	
	材料费小计											61.20	

表 2-1-39

工程量清单综合单价分析表（八）

工程名称：某餐厅电气照明工程　　标段：　　第 8 页　共 25 页

项目编码		030410002001		项目名称	横担组装					计量单位		组	
清单综合单价组成明细													
定额编号	定额名称	定额单位	数量	单价（元）					合价（元）				
				人工费	材料费	机械费	管理费	利润	人工费	材料费	机械费	管理费	利润
4-11-65	进户横担四线	根	1	31.62	7.83		17.39	10.12	31.62	7.83	0	17.39	10.12
人工单价		小计							31.62	7.83	0	17.39	10.12
103 元/工日		未计价材料费							50.25				
清单项目综合单价									117.21				
材料费明细	主要材料名称、规格、型号					单位	数量		单价（元）	合价（元）	暂估单价（元）	暂估合价（元）	
	进户横担四线					根	1.005				50	50.25	
	其他材料费											0.00	
	材料费小计											50.25	

表 2-1-40

工程量清单综合单价分析表（九）

工程名称：某餐厅电气照明工程　　标段：　　第 9 页　共 25 页

项目编码		030411001001		项目名称		配管				计量单位		m	
清单综合单价组成明细													
定额编号	定额名称	定额单位	数量	单价（元）					合价（元）				
				人工费	材料费	机械费	管理费	利润	人工费	材料费	机械费	管理费	利润
4-12-75	钢管暗配 DN40	100m	0.02	898.26	92.56	34.66	494.04	287.44	17.97	1.85	0.69	9.88	5.75
人工单价		小计							17.97	1.85	0.69	9.88	5.75
103 元/工日		未计价材料费							31.50				
清单项目综合单价									33.82				
材料费明细	主要材料名称、规格、型号					单位	数量		单价（元）	合价（元）	暂估单价（元）	暂估合价（元）	
	焊接钢管 DN40					m	2.1				15	31.50	
	其他材料费											0.00	
	材料费小计											31.50	

表 2-1-41

工程量清单综合单价分析表（十）

工程名称：某餐厅电气照明工程　　标段：　　第 10 页　共 25 页

项目编码		030411001002		项目名称		配管				计量单位		m	
清单综合单价组成明细													
定额编号	定额名称	定额单位	数量	单价（元）					合价（元）				
				人工费	材料费	机械费	管理费	利润	人工费	材料费	机械费	管理费	利润
4-12-72	钢管暗配 DN20	100m	0.042	457.94	54.36	21.8	251.87	146.54	19.23	2.28	0.92	10.58	6.15
人工单价		小计							19.23	2.28	0.92	10.58	6.15
103 元/工日		未计价材料费							22.05				
清单项目综合单价									14.58				
材料费明细	主要材料名称、规格、型号					单位	数量		单价（元）	合价（元）	暂估单价（元）	暂估合价（元）	
	焊接钢管 DN20					m	4.41				5	22.05	
	其他材料费											0.00	
	材料费小计											22.05	

表 2-1-42

工程量清单综合单价分析表（十一）

工程名称：某餐厅电气照明工程　　标段：　　第 11 页　共 25 页

项目编码		030411001003		项目名称		配管					计量单位	m	
清单综合单价组成明细													
定额编号	定额名称	定额单位	数量	单价（元）					合价（元）				
				人工费	材料费	机械费	管理费	利润	人工费	材料费	机械费	管理费	利润
4-12-71	钢管暗配 DN15	100m	0.58	457.94	47.88	21.56	251.87	146.54	265.61	27.77	12.50	146.08	84.99
人工单价		小计							265.61	27.77	12.50	146.08	84.99
103 元/工日		未计价材料费							243.60				
清单项目综合单价									13.55				
材料费明细	主要材料名称、规格、型号					单位	数量		单价（元）	合价（元）	暂估单价（元）	暂估合价（元）	
	焊接钢管 DN15					m	60.9				4	243.60	
	其他材料费											0.00	
	材料费小计											243.60	

表 2-1-43

工程量清单综合单价分析表（十二）

工程名称：某餐厅电气照明工程　　标段：　　第 12 页　共 25 页

项目编码		030411001004		项目名称		配管					计量单位	m	
清单综合单价组成明细													
定额编号	定额名称	定额单位	数量	单价（元）					合价（元）				
				人工费	材料费	机械费	管理费	利润	人工费	材料费	机械费	管理费	利润
4-12-60	钢管明配 DN15	100m	0.72	926.18	232.67	24.3	509.40	296.38	666.85	167.52	17.50	366.77	213.39
人工单价		小计							666.85	167.52	17.50	366.77	213.39
103 元/工日		未计价材料费							296.64				
清单项目综合单价									23.88				
材料费明细	主要材料名称、规格、型号					单位	数量		单价（元）	合价（元）	暂估单价（元）	暂估合价（元）	
	焊接钢管 DN15					m	74.16				4	296.64	
	其他材料费											0.00	
	材料费小计											296.64	

表 2-1-44

工程量清单综合单价分析表（十三）

工程名称：某餐厅电气照明工程　　　　标段：　　　　第 13 页　共 25 页

项目编码		030411004001		项目名称		配线				计量单位		m	
清单综合单价组成明细													
定额编号	定额名称	定额单位	数量	单价（元）					合价（元）				
				人工费	材料费	机械费	管理费	利润	人工费	材料费	机械费	管理费	利润
4-13-5	钢管穿照明线 BV-2.5mm²	100m	3.61	83.43	14.75		45.89	26.70	301.18	53.25	0.00	165.65	96.38
人工单价		小计							301.18	53.25	0.00	165.65	96.38
103 元/工日		未计价材料费							1256.28				
清单项目综合单价									5.19				
材料费明细	主要材料名称、规格、型号					单位	数量		单价（元）	合价（元）	暂估单价（元）	暂估合价（元）	
	照明线 BV-2.5mm²					m	418.76				3	1256.28	
	其他材料费											0.00	
	材料费小计											1256.28	

表 2-1-45

工程量清单综合单价分析表（十四）

工程名称：某餐厅电气照明工程　　　　标段：　　　　第 14 页　共 25 页

项目编码		030411004002		项目名称		配线				计量单位		m	
清单综合单价组成明细													
定额编号	定额名称	定额单位	数量	单价（元）					合价（元）				
				人工费	材料费	机械费	管理费	利润	人工费	材料费	机械费	管理费	利润
4-13-24	钢管穿动力线 BV-2.5mm²	100m	0.53	64.89	15.53		35.69	20.76	34.39	8.23	0.00	18.92	11.01
人工单价		小计							34.39	8.23	0.00	18.92	11.01
103 元/工日		未计价材料费							166.95				
清单项目综合单价									4.50				
材料费明细	主要材料名称、规格、型号					单位	数量		单价（元）	合价（元）	暂估单价（元）	暂估合价（元）	
	动力线 BV-2.5mm²					m	55.65				3	166.95	
	其他材料费											0.00	
	材料费小计											166.95	

表 2-1-46　　**工程量清单综合单价分析表（十五）**

工程名称：某餐厅电气照明工程　　标段：　　第 15 页　共 25 页

项目编码		030411004003		项目名称	配线					计量单位		m	
清单综合单价组成明细													
定额编号	定额名称	定额单位	数量	单价（元）					合价（元）				
				人工费	材料费	机械费	管理费	利润	人工费	材料费	机械费	管理费	利润
4-13-23	钢管穿动力线 BV-1.5mm²	100m	0.27	55.62	14.75		30.59	17.80	15.02	3.98	0.00	8.26	4.81
人工单价		小计							15.02	3.98	0.00	8.26	4.81
103 元/工日		未计价材料费							56.70				
清单项目综合单价									3.34				
材料费明细	主要材料名称、规格、型号					单位	数量		单价（元）	合价（元）	暂估单价（元）	暂估合价（元）	
	动力线 BV-1.5mm²					m	28.35				2	56.70	
	其他材料费											0.00	
	材料费小计											56.70	

表 2-1-47　　**工程量清单综合单价分析表（十六）**

工程名称：某餐厅电气照明工程　　标段：　　第 16 页　共 25 页

项目编码		030411006001		项目名称	接线盒					计量单位		个	
清单综合单价组成明细													
定额编号	定额名称	定额单位	数量	单价（元）					合价（元）				
				人工费	材料费	机械费	管理费	利润	人工费	材料费	机械费	管理费	利润
4-12-233	开关盒插座盒	10 个	0.7	34.30	4.09		18.87	10.98	24.01	2.86	0.00	13.21	7.68
人工单价		小计							24.01	2.86	0.00	13.21	7.68
103 元/工日		未计价材料费							14.28				
清单项目综合单价									8.86				
材料费明细	主要材料名称、规格、型号					单位	数量		单价（元）	合价（元）	暂估单价（元）	暂估合价（元）	
	开关盒插座盒					个	7.14				2	14.28	
	其他材料费											0.00	
	材料费小计											14.28	

表 2-1-48

工程量清单综合单价分析表（十七）

工程名称：某餐厅电气照明工程　　　　标段：　　　　第 17 页　共 25 页

项目编码		030411006002		项目名称	接线盒				计量单位		个		
清单综合单价组成明细													
定额编号	定额名称	定额单位	数量	单价（元）					合价（元）				
				人工费	材料费	机械费	管理费	利润	人工费	材料费	机械费	管理费	利润
4-12-232	灯头盒	10 个	2.8	31.52	8.83		17.34	10.09	88.26	24.72	0.00	48.54	28.24
人工单价		小计							88.26	24.72	0.00	48.54	28.24
103 元/工日		未计价材料费							57.12				
清单项目综合单价									8.82				
材料费明细	主要材料名称、规格、型号				单位	数量			单价（元）	合价（元）	暂估单价（元）	暂估合价（元）	
	灯头盒				个	28.56					2	57.12	
	其他材料费											0.00	
	材料费小计											57.12	

表 2-1-49

工程量清单综合单价分析表（十八）

工程名称：某餐厅电气照明工程　　　　标段：　　　　第 18 页　共 25 页

项目编码		030412001001		项目名称	普通灯具				计量单位		套		
清单综合单价组成明细													
定额编号	定额名称	定额单位	数量	单价（元）					合价（元）				
				人工费	材料费	机械费	管理费	利润	人工费	材料费	机械费	管理费	利润
4-14-3	半圆吸顶灯	套	1	14.21	1.99		7.82	4.55	14.21	1.99	0.00	7.82	4.55
人工单价		小计							14.21	1.99	0.00	7.82	4.55
103 元/工日		未计价材料费							50.50				
清单项目综合单价									79.06				
材料费明细	主要材料名称、规格、型号				单位	数量			单价（元）	合价（元）	暂估单价（元）	暂估合价（元）	
	半圆吸顶灯				套	1.01					50	50.50	
	其他材料费											0.00	
	材料费小计											50.50	

表 2 - 1 - 50

工程量清单综合单价分析表（十九）

工程名称：某餐厅电气照明工程　　　　标段：　　　　第 19 页　共 25 页

项目编码		030412001002		项目名称			普通灯具				计量单位		套
清单综合单价组成明细													
定额编号	定额名称	定额单位	数量	单价（元）					合价（元）				
				人工费	材料费	机械费	管理费	利润	人工费	材料费	机械费	管理费	利润
4-14-12	壁灯	套	2	13.39	1.54		7.36	4.28	26.78	3.08	0.00	14.73	8.57
人工单价		小计							26.78	3.08	0.00	14.73	8.57
103 元/工日		未计价材料费							121.20				
清单项目综合单价									87.18				
材料费明细	主要材料名称、规格、型号					单位	数量		单价（元）	合价（元）	暂估单价（元）	暂估合价（元）	
	壁灯					套	2.02				60	121.20	
	其他材料费											0.00	
	材料费小计											121.20	

表 2 - 1 - 51

工程量清单综合单价分析表（二十）

工程名称：某餐厅电气照明工程　　　　标段：　　　　第 20 页　共 25 页

项目编码		030412002001		项目名称			工厂灯				计量单位		套
清单综合单价组成明细													
定额编号	定额名称	定额单位	数量	单价（元）					合价（元）				
				人工费	材料费	机械费	管理费	利润	人工费	材料费	机械费	管理费	利润
4-14-222	工厂灯	套	3	13.60	4.16		7.48	4.35	40.80	12.48	0.00	22.44	13.06
人工单价		小计							40.80	12.48	0.00	22.44	13.06
103 元/工日		未计价材料费							75.75				
清单项目综合单价									54.84				
材料费明细	主要材料名称、规格、型号					单位	数量		单价（元）	合价（元）	暂估单价（元）	暂估合价（元）	
	工厂灯					套	3.03				25	75.75	
	其他材料费											0.00	
	材料费小计											75.75	

表 2-1-52　　**工程量清单综合单价分析表（二十一）**

工程名称：某餐厅电气照明工程　　标段：　　第 21 页　共 25 页

项目编码		030412004001		项目名称		装饰灯				计量单位		套	
清单综合单价组成明细													
定额编号	定额名称	定额单位	数量	单价（元）					合价（元）				
				人工费	材料费	机械费	管理费	利润	人工费	材料费	机械费	管理费	利润
4-14-14	三头花灯	套	2	59.53	1.36		32.74	19.05	119.06	2.72	0.00	65.48	38.10
人工单价		小计							119.06	2.72	0.00	65.48	38.10
103 元/工日		未计价材料费							606.00				
清单项目综合单价									415.68				
材料费明细	主要材料名称、规格、型号					单位	数量		单价（元）	合价（元）	暂估单价（元）	暂估合价（元）	
	三头花灯					套	2.02				300	606.00	
	其他材料费											0.00	
	材料费小计											606.00	

表 2-1-53　　**工程量清单综合单价分析表（二十二）**

工程名称：某餐厅电气照明工程　　标段：　　第 22 页　共 25 页

项目编码		030412005001		项目名称		荧光灯				计量单位		套	
清单综合单价组成明细													
定额编号	定额名称	定额单位	数量	单价（元）					合价（元）				
				人工费	材料费	机械费	管理费	利润	人工费	材料费	机械费	管理费	利润
4-14-214	吸顶双管日光灯	套	12	18.03	1.41		9.92	5.77	216.36	16.92	0.00	119.00	69.24
人工单价		小计							216.36	16.92	0.00	119.00	69.24
103 元/工日		未计价材料费							2666.40				
清单项目综合单价									257.33				
材料费明细	主要材料名称、规格、型号					单位	数量		单价（元）	合价（元）	暂估单价（元）	暂估合价（元）	
	双管日光灯					套	12.12				220	2666.40	
	其他材料费											0.00	
	材料费小计											2666.40	

表 2-1-54

工程量清单综合单价分析表（二十三）

工程名称：某餐厅电气照明工程　　　　标段：　　　　第 23 页　共 25 页

项目编码		030413002001		项目名称		凿（压）槽				计量单位		m	
清单综合单价组成明细													
定额编号	定额名称	定额单位	数量	单价（元）					合价（元）				
				人工费	材料费	机械费	管理费	利润	人工费	材料费	机械费	管理费	利润
4-12-241	开槽及恢复 DN20 以内	10m	2.93	27.19	11.02	4.48	14.95	8.70	79.67	32.29	13.13	43.82	25.49
人工单价		小计							79.67	32.29	13.13	43.82	25.49
103 元/工日		未计价材料费							0.00				
清单项目综合单价									6.63				
材料费明细	主要材料名称、规格、型号					单位	数量		单价（元）	合价（元）	暂估单价（元）	暂估合价（元）	
												0.00	
	其他材料费											0.00	
	材料费小计											0.00	

表 2-1-55

工程量清单综合单价分析表（二十四）

工程名称：某餐厅电气照明工程　　　　标段：　　　　第 24 页　共 25 页

项目编码		030413002002		项目名称		凿（压）槽				计量单位		m	
清单综合单价组成明细													
定额编号	定额名称	定额单位	数量	单价（元）					合价（元）				
				人工费	材料费	机械费	管理费	利润	人工费	材料费	机械费	管理费	利润
4-12-243	开槽及恢复 DN40 以内	10m	0.16	70.04	21.04		38.52	22.41	11.21	3.37	0.00	6.16	3.59
人工单价		小计							11.21	3.37	0.00	6.16	3.59
103 元/工日		未计价材料费							0.00				
清单项目综合单价									15.20				
材料费明细	主要材料名称、规格、型号					单位	数量		单价（元）	合价（元）	暂估单价（元）	暂估合价（元）	
												0.00	
	其他材料费											0.00	
	材料费小计											0.00	

表 2-1-56

工程量清单综合单价分析表（二十五）

工程名称：某餐厅电气照明工程　　　　标段：　　　　第 25 页　共 25 页

项目编码		030414002001		项目名称		送配电装置系统				计量单位		系统	
清单综合单价组成明细													
定额编号	定额名称	定额单位	数量	单价（元）					合价（元）				
				人工费	材料费	机械费	管理费	利润	人工费	材料费	机械费	管理费	利润
4-16-35	1kV 以下送配电调试	系统	1	238.24	2.11	41.05	131.03	76.24	238.24	2.11	41.05	131.03	76.24
人工单价		小计							238.24	2.11	41.05	131.03	76.24
103 元/工日		未计价材料费							0.00				
清单项目综合单价									488.67				
材料费明细	主要材料名称、规格、型号					单位	数量		单价（元）	合价（元）	暂估单价（元）	暂估合价（元）	
												0.00	
	其他材料费											0.00	
	材料费小计											0.00	

8. 总价措施项目清单与计价表（GB 50500—2013 附录 F 表 - 11）

表 2 - 1 - 57　　总价措施项目清单与计价表

工程名称：某餐厅电气照明工程　　标段：　　第 1 页　共 1 页

序号	项目编码	项目名称	计算基础（元）	费率（%）	金额（元）	调整费率（%）	调整后金额（元）	备注
1	031302002	夜间施工费	2850.12	2.50	71.25			
2	031302004	二次搬运费	2850.12	2.10	59.85			
3	031302005	冬雨季施工增加费	2850.12	2.80	79.80			
4	031302006	已完工程及设备保护费	2850.12	1.20	34.20			
5	031301017	脚手架搭拆费	2850.12	5.00	142.51			
合计					387.62			

编制人（造价人员）：××　　复核人（造价工程师）：××

注　计算基础为定额人工费，来自分部分项工程和单价措施项目清单计价表中的合计人工费。

9. 其他项目清单计价汇总表（GB 50500—2013 附录 G 表 - 12）

表 2 - 1 - 58　　其他项目清单计价汇总表

工程名称：某餐厅电气照明工程　　标段：　　第 1 页　共 1 页

序号	项目名称	金额（元）	结算金额（元）	备注
1	暂列金额			
2	暂估价	7043.12		
2.1	材料暂估价	7043.12		
2.2	专业工程暂估价			
3	计日工			
4	总承包服务费			
合计				

注　材料（工程设备）暂估单价计入清单项目综合单价，此处不汇总。

10. 规费、税金项目清单计价表（GB 50500—2013 附录 H 表 - 13）

表 2 - 1 - 59　　规费、税金项目清单计价表

工程名称：某餐厅电气照明工程　　标段：　　第 1 页　共 1 页

序号	项目名称	计算基础	计算基数（元）	计算费率（%）	金额（元）
1	规费	1.1+1.2+1.3+1.4+1.5	664.29+37.13+201.54+29.17+20.59		952.72
1.1	安全文明施工费	1.1.1+1.1.2+1.1.3+1.1.4	38.45+78.23+233.36+314.24		664.29

续表

序号	项目名称	计算基础	计算基数（元）	计算费率（%）	金额（元）
1.1.1	环境保护费	分部分项和单价措施费＋总价措施费＋其他项目费	12 871.64＋387.62	0.29	38.45
1.1.2	文明施工费		12 871.64＋387.62	0.59	78.23
1.1.3	临时设施费		12 871.64＋387.62	1.76	233.36
1.1.4	安全施工费		12 871.64＋387.62	2.37	314.24
1.2	工程排污费		12 871.64＋387.62	0.28	37.13
1.3	社会保险费		12 871.64＋387.62	1.52	201.54
1.4	住房公积金		12 871.64＋387.62	0.22	29.17
1.5	建设项目工伤保险		12 871.64＋387.62	0.16	20.59
2	税金	分部分项和单价措施费＋总价措施费＋其他项目费＋规费	12 871.64＋387.62＋952.72	11	1563.32
合计					2516.04

编制人（造价人员）：××　　　　复核人（造价工程师）：××

项目二　建筑智能化工程计量与计价

任务一　建筑智能化工程定额计价的编制

一、建筑智能化工程工程量计算规则

与建筑智能化工程施工图预算编制有关的规定主要是SD 02-31—2016《山东省安装工程消耗量定额》的第五册《建筑智能化工程》。

第五册《建筑智能化工程》(以下简称本册定额)适用于智能大厦、智能小区项目中智能化系统安装调试工程。本册定额共分七章。每章节编码对应GB 50856—2013《通用安装工程工程量计算规范》附录E建筑智能化工程。

(一)计算机及网络系统工程(030501)

1. 章说明

(1)本章内容包括台架、插箱、机柜、网络终端设备、输入设备、输出设备、控制设备、专用外部设备及存储设备的安装、调试;计算机硬件系统互联及调试,计算机软件安装、调试和系统试运行;电磁屏蔽机房主体、电磁屏蔽门、屏蔽窗、屏蔽接口的安装。

(2)本章不包括以下工作内容:

1)台架、插箱、机柜、网络终端设备、输入设备、输出设备、专用外部设备及存储设备的安装、调试项目:

a. 设备本身的功能性故障排除;

b. 缺件、配件的制作;

c. 在特殊环境条件下的设备加固、防护和电缆屏蔽;

d. 应用软件的开发,病毒的清除,版本升级与外系统的校验或统调。

2)计算机及网络系统互联及调试项目:

a. 系统中设备本身的功能性故障排除;

b. 与计算机系统以的系统联试、校验或统调。

3)计算机软件安装、调试项目:

a. 排除由于软件本身缺陷造成的故障;

b. 排除软件不配套或不兼容造成的运转失灵,排除硬件系统的故障引起的失灵、操作系统发生故障中断、诊断程序运行失控等故障;

c. 在特殊环境条件下的软件安装、防护;

d. 与计算机系统以外的系统联试、校验或统调。

2. 工程量计算规则

(1)台架、插箱、机柜、机房列头柜、抗振底座、网络终端设备、输入设备、输出设备、专用外部设备、存储设备安装及软件安装,以“台(套)”为计量单位。

(2)互联电缆制作安装,以“条”为计量单位。

(3)计算机及网络系统调试及试运行,以“系统”为计量单位。

（4）电磁屏蔽主体按壳体六面体展开总面积，以“m^2”为计量单位。

（5）底部绝缘垫层按电磁屏蔽主体底面图示尺寸，以“m^2”为计量单位。

（6）电磁屏蔽机房的底板、墙板、天棚板按图示尺寸，以“m^2”为计量单位。计算时，不扣除各类接口的开孔面积。

（7）各种龙骨、地梁、天棚吊顶吊杆分别按照墙面、底板、天棚面图示尺寸，以“m^2”为计量单位，使用的材料以“kg”为计量单位，按照1.5%的损耗率计取，当实际使用材料与定额材料不同时，可按实际换算。

（8）屏蔽门分不同安装方式按照门扇外围尺寸，以“套”为计量单位。

（9）电磁屏蔽窗以“m^2”为计量单位。

（10）各类接口以“套”为计量单位。

（二）综合布线系统工程（030502）

1. 章说明

（1）本章内容包括机柜、机架、电视及电话插座、大对数电缆、视频同轴电缆、双绞线缆及电话线、光缆、配线架、跳线、跳线架、信息插座、光纤连接、光缆终端盒、布放尾纤、线管理器等综合布线系统工程的设备安装、线缆敷设、系统调试。

（2）双绞线缆敷设、跳线卡接是按超五类非屏蔽布线系统编制的，高于超五类的布线工程所用定额子目人工乘以系数1.1，屏蔽系统人工乘以系数1.2。

（3）双绞线缆测试、配线架、跳线架、线管理器的安装项目，不分何种系统，均执行同一定额，不需调整。

2. 工程量计算规则

（1）双绞线缆、光缆、大对数电缆、电话线、同轴电缆敷设，以“m”为计量单位。线缆敷设按单根延长米计算，如一个架上敷设3根各长100m的线缆，应按300m计算，依次类推。计算线缆长度时，按照SD 02-31—2016第四册《电气设备安装工程》的规定计取线缆附加及预留的长度，该长度是线缆敷设长度的组成部分，应计入线缆长度工程量之内。计算时，如设计对线缆预留长度有要求则按照设计要求计算。

（2）制作跳线以“条”为计量单位，卡接双绞线缆以“对”为计量单位，光端机、跳线架及配线架安装以“架”为计量单位。

（3）各类插座、插接头、压接针、光缆终端盒、光纤耦合器、线管理器等安装，以“个”为计量单位。

（4）双绞线缆、光缆测试，以“链路”为计量单位。大对数电缆测试，以“对”为计量单位。

（5）光纤连接，以“芯”（磨制法以“端口”）为计量单位。

（6）布放尾纤，以“条”为计量单位。

（7）机柜、机架、光端机、光纤收发器、机柜通风散热装置及成套电话组线箱安装，以“台”为计量单位。

（8）系统调试、试运行，以“系统”为计量单位。

（三）建筑设备自动化系统工程（030503）

1. 章说明

（1）本章内容包括建筑设备自动化系统工程，其中包括建筑设备监控系统、能耗检测系统。

（2）本章定额不包括设备的支架、支座制作，发生时执行 SD 02-31—2016 第四册相应定额。

（3）本系统中用到的服务器、网络设备、交换机、配线架、工作站、软件安装，跳线制作安装，机柜安装等项目执行本册第一章或第二章相关定额。

2. 工程量计算规则

（1）基表及控制设备、第三方设备通信接口安装，系统安装、调试，以“个”为计量单位。

（2）中心管理系统调试、控制网络通信设备安装、控制器安装以及流量计安装、调试，以“台”为计量单位。

（3）建筑设备监控系统中央管理系统安装、调试，以“系统”为计量单位。

（4）温/湿度传感器、压力传感器、电量变送器和其他传感器及变送器，以“支”为计量单位。

（5）阀门及电动执行机构检查接线及调试，以“个”为计量单位。

（6）系统调试、系统试运行，以“系统”为计量单位。

（四）有线电视、卫星接收系统工程（030505）

1. 章说明

（1）本章内容包括有线广播电视、卫星电视、闭路电视系统设备的安装调试工程。

（2）本章不包括以下工作内容：

1）同轴电缆敷设、电缆头制作等项目执行本册第二章相关定额。

2）监控设备等项目执行本册第六章相关定额。

3）其他辅助工程项目执行 SD 02-31—2016 第四册相关定额。

4）所有设备按成套设备购置考虑，在安装时如再需额外材料按实计算。

2. 工程量计算规则

（1）前端射频设备安装、调试，以“套”为计量单位。

（2）卫星电视接收设备、光端设备、有线电视系统管理设备安装、调试，以“台”为计量单位。

（3）数字电视设备安装、调试，以“台”为计量单位。

（4）干线传输设备、分配网络设备安装、调试，以“个”为计量单位。

（五）音频、视频系统工程（030506）

1. 章说明

（1）本章内容包括各种扩声系统工程、公共广播系统工程以及视频系统工程。

（2）布线施工是在土建工程、管道、桥架等满足施工条件的情况下进行的。

（3）本章设备固定架、支架、吊架是按照设备配套提供考虑的，如不配套提供，可单独计算支吊架制作费用；如随设备配套提供膨胀螺栓，可扣除定额内膨胀螺栓的费用。

（4）线阵列音箱安装按单台音箱重量分别套用定额子目。

2. 工程量计算规则

（1）信号源设备安装，以“只”为计量单位。

（2）卡座、CD 机、VCD/DVD 机、DJ 搓盘机、MP3 播放机安装，以“台”为计量单位。

(3) 耳机安装，以“副”为计量单位。

(4) LED屏按照“m^2”计算，包含屏边等辅助项目安装。拼接屏不分种类，按照不同规格以“台”计取。

(5) 调音台、周边设备、功率放大器、音箱、机柜、电源和会议设备安装，以“台”为计量单位。

(6) 扩声设备级间调试，以“个”为计量单位。

(7) 公共广播、背景音乐系统设备安装，以“台”为计量单位。

(8) 公共广播、背景音乐，分系统调试、系统测量、系统调试、系统试运行，以“系统”为计量单位。

(六) 安全防范系统工程 (030507)

1. 章说明

(1) 本章内容包括入侵探测、出入口控制、巡更、电视监控、安全检查、停车场管理、住宅可视对讲系统等设备安装工程。

(2) 振动电缆安装包含附件安装；电子围栏安装包含成品支架、各类附件及警示牌等安装。

(3) 摄像机电源适配器安装包含在摄像机安装内。

(4) 安全防范系统工程中的显示装置等项目执行本册第五章相关定额。

(5) 安全防范系统工程中的服务器、网络设备、工作站、软件、存储设备等项目执行本册第一章相关定额。跳线制作、安装等项目执行本册第二章相关定额。

(6) 有关电气安装工程项目执行SD 02-31—2016第四册相应项目。

2. 工程量计算规则

(1) 入侵探测设备安装、调试，以“套”为计量单位。

(2) 报警信号接收机安装、调试，以“系统”为计量单位。

(3) 出入口控制设备安装、调试，以“台”为计量单位。

(4) 巡更设备安装、调试，以“套”为计量单位。

(5) 电视监控设备安装、调试，以“台”为计量单位。

(6) 防护罩安装，以“套”为计量单位。

(7) 摄像机支架安装，以“套”为计量单位。

(8) 安全检查设备安装，以“台”或“套”为计量单位。

(9) 停车场管理设备安装，以“台”或“套”为计量单位。

(10) 可视对讲系统安装及调试，以“台”或“套”为计量单位。

(11) 振动电缆以“m”为计量单位，电子围栏按单根以“m”为计量单位。

(12) 安全防范分系统调试及系统工程试运行，均以“系统”为计量单位。

(七) 智能建筑设备防雷接地

1. 章说明

(1) 本章内容包括电涌保护器及等电位连接，配电箱电涌保护器、信号电涌保护器、智能检测系统工程的安装和调试。

(2) 本章防雷、接地装置按成套供应考虑。

2. 工程量计算规则

（1）电涌保护器安装、调试，以“台”为计量单位。

（2）信号电涌保护器安装、调试，以“个”为计量单位。

（3）智能检测型 SPD 安装，以“台”为计量单位。

（4）智能检测 SPD 系统配套设施安装、调试，以“套”为计量单位。

（5）等电位连接按不同形式，分别以“块”“处”“m”“m^2”为计量单位。

（八）本册定额有关问题的说明

（1）本册定额编制的主要依据如下：

1）GB 50856—2013《通用安装工程工程量计算规范》；

2）GB 50841—2013《建设工程分类标准》；

3）GB 50606—2010《智能建筑工程施工规范》；

4）GB 50339—2013《智能建筑工程质量验收规范》；

5）《建设工程施工机械台班费用编制规则》（2015 年）；

6）《建设工程施工仪器仪表台班费用编制规则》（2015 年）；

7）TY 02-31—2015《通用安装工程消耗量定额》。

（2）本册定额不包括下列内容：

1）电源线、控制电缆敷设、电缆托架制作、电线槽安装、桥架安装、电线管敷设、电缆沟工程、电缆保护管敷设、接线盒及接线箱安装、打过墙（楼板）洞、剔槽以及 UPS 电源及附属设施、配电箱等安装，执行 SD 02-31—2016 第四册相应项目。

2）为配合业主或认证单位验收测试而发生的费用，由承发包双方协商确定。

3）本册定额的设备安装工程按成套购置考虑，包括构件、标准件、附件和设备内部连线。

（3）下列费用可按系数分别计取：

1）脚手架搭拆费：按定额人工费（单独永担的室外埋地线缆工程除外）的 5%计算，其费用中人工费占 35%。

2）建筑物超高增加费：在建筑物层数大于 6 层或建筑物高度大于 20m 的工业与民用建筑上进行安装时，按表 2-1-2 计算建筑物超高增加的费用，其费用中人工费占 65%。

3）操作高度增加费：本册定额操作物高度是按距楼面或地面 5m 以内考虑的，当操作物高度超过 5m 时，超过部分工程量其定额人工、机械乘以表 2-1-3 中相应系数。

4）在管井内、竖井内、断面小于或等于 $2m^2$ 隧道或洞内、封闭吊顶天棚内安装的工程，定额人工、机械乘以系数 1.16。

5）本册定额所涉及的系统试运行（除有特殊要求外）是按连续无故障运行 120 小时考虑的，超出时费用另行计算。

6）本册定额内不包含试运行所用电的费用。

二、建筑智能化工程定额计价编制案例

【例 2-2-1】 某办公楼电话系统施工图预算编制。

（一）施工图设计说明

（1）图 2-2-1～图 2-2-3 所示某两层办公楼，层高 3m，电话系统电气暗配管线沿地面、墙内暗设，沿地暗设埋深均为 0.1m。电话电缆引自距外墙 1.5m 处电缆手孔井。

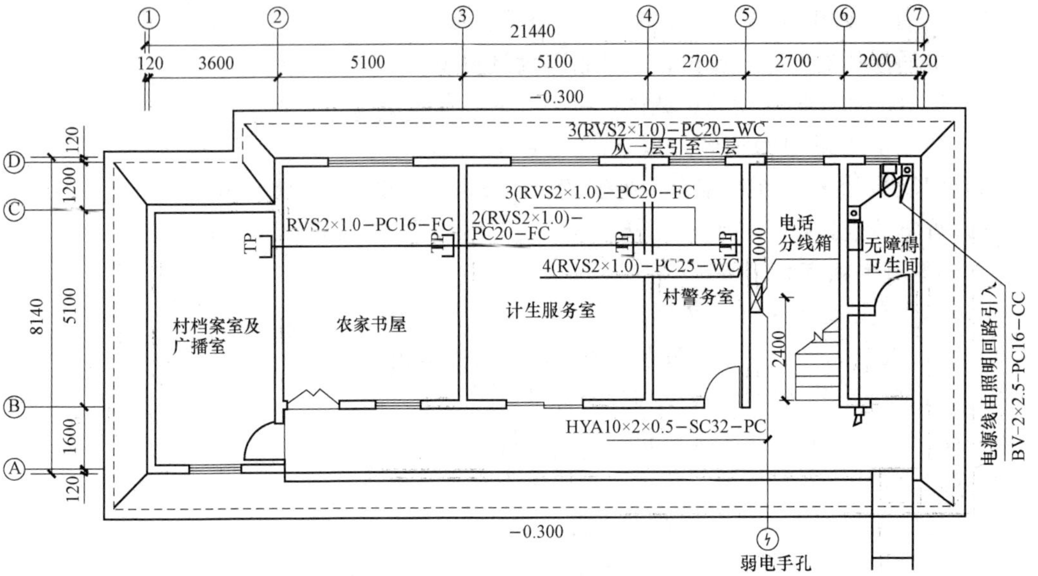

图 2-2-1 某办公楼一层电话平面图

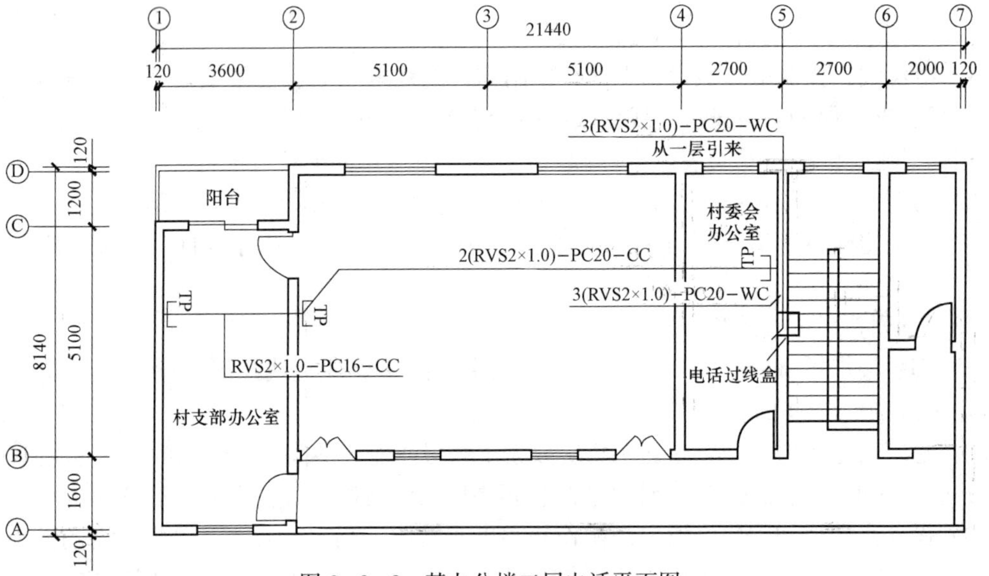

图 2-2-2 某办公楼二层电话平面图

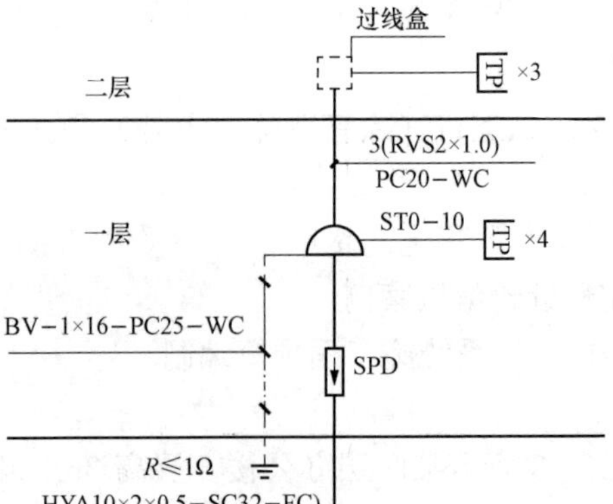

图 2-2-3 某办公楼电话系统图

（2）进户线缆采用 HYA10×2×0.5mm²，穿钢管保护。室内电话线选用 RVS-2×1.0mm²，穿阻燃塑料管保护。电话分线箱（STO-10）在距地 1.5m 墙内暗设；电涌保护器（SPD）安装在电话分线箱内；电话插座（TP）及过线盒距地 0.3m 暗设；接地线 BV-16 接至电话分线箱下、距地 0.5m 等电位箱（MEB）（200mm×100mm）中。

（3）未计价材料价格（主要材料）价格按表 2-2-1 执行。

表 2-2-1　　主要材料（主材）价格

序号	名称及规格	单位	单价（元）
1	电话分线箱（STO-10，200mm×300mm）	台	200
2	电话插座（TP）	个	15
3	塑料过线盒（接线盒）86 型	个	3
4	塑料接线盒 86 型面板	个	1
5	阻燃塑料管 PC25	m	12
6	阻燃塑料管 PC20	m	10
7	阻燃塑料管 PC16	m	5
8	焊接钢管 DN32	m	25
9	电缆 HYA10×2×0.5	m	15
10	电话线 RVS-2×0.4	m	2
11	电线 BV-16	m	8
12	电涌保护器（SPD）	套	300

（二）工程量计算

工程量依据施工图纸和设计施工说明书以及 SD 02-31—2016《山东省安装工程消耗量定额》第五册的工程量计算规则进行计算。计算顺序一般按消耗量定额的章节顺序进行，见表 2-2-2。

表 2-2-2　　工程量计算书

工程名称：某办公楼电话系统

序号	项目名称	单位	计算公式	数量
1	钢管暗敷设 SC32 进户管	m	1.5+0.24+1.6+2.4+0.1+1.5	7.34
2	塑料管敷设 PC25	m	一层 4 根 1.5+0.1+1+0.1+0.3=3	4
			接地 1.5−0.5=1	
3	塑料管敷设 PC203 根	m	一层 2.7+0.4+0.4=3.5	7.1
			一～二层 3.0−1.5+0.3=1.8	
			二层 1.0+0.4+0.4=1.8	
4	塑料管敷设 PC202 根	m	一层 5.1+0.4+0.4=5.9	19.6
			二层 2.7+5.1+5.1+0.4+0.4=13.7	
5	塑料管敷设 PC161 根	m	5.1+0.4+0.4=5.9	10.3
			3.6+0.4+0.4=4.4	
6	接线盒（过线盒）	个	3+4+1	8
7	过线盒盖	个	1	1

续表

序号	项目名称	单位	计算公式	数量
8	墙体剔槽 20mm 以内	m	0.4×12+3.0−1.5+0.3	6.6
9	墙体剔槽 32mm 以内	m	0.1+1.5+1.5+0.1+0.1+0.3+1.5−0.5	4.6
10	管内穿线缆 HYA10×2×0.5	m	(1.5+7.34+0.2+0.3)×(1+2.5%)	9.57
11	管内穿线 RVS2×1.0	m	3×4+7.1×3+19.6×2+10.3+(0.3+0.2)×7	86.3
12	管内穿线 BV-16	m	1+(0.3+0.2)+(0.2+0.1)	1.8
13	端子板外部接线	个		14
14	BV-16 接线端子	个		2
15	电话分线箱暗装	台		1
16	电话插座暗装	个		7
17	电涌保护器（SPD）	套		1
18	大对数电缆测试	对		7

（三）计算分部分项工程费

根据算量表中项目名称，查阅《山东省安装工程价目表》（2017 年）的第四册、第五册，填写定额编号、定额单位、单价、人工费。数量根据算量表及定额单位进行换算。主材费根据主材单价及 SD 02-31—2016 第四册、第五册的主材消耗量计算。

表 2-2-3 **安装工程预（结）算书**

工程名称：某办公楼电话系统 共 1 页 第 1 页 元

序号	定额编号	项目名称	单位	数量	增值税（一般计税）			合计		
					单价	人工费	主材费	合价	人工费	主材费
1	5-2-7	电话组线箱暗装	台	1.00	328.74	72.10	200.00	328.74	72.10	200.00
2	5-2-13	电话插座暗装	个	7.00	2.06	2.06	15.15	14.42	14.42	106.05
3	5-2-14	管内穿大对数线缆 10 对以下	m	9.57	1.16	1.03	15.30	11.11	9.86	146.47
4	5-2-26	管内穿电话线 RVS2×1.0（一对）	m	86.3	0.77	0.62	2.10	66.45	53.51	181.23
5	5-2-96	大对数电缆测试	对	7.00	2.39	1.03		16.73	7.21	0.00
6		第五册小计						437.45	157.10	633.75
7	4-4-20	端子板外部接线 2.5mm² 以下	个	14.00	5.75	1.85		80.50	25.90	0.00
8	4-4-22	接线端子 16mm² 以下	个	2.00	5.64	1.75		11.28	3.50	0.00
9	4-12-74	钢管暗敷设 SC32	100m	0.07	645.60	546.00	2625.00	47.39	40.08	192.68
10	4-12-178	塑料管暗敷设 PC25	100m	0.04	554.82	494.4	1320.00	22.19	19.78	52.80
11	4-12-177	塑料管暗敷设 PC20	100m	0.27	395.06	346.08	1100.00	105.48	92.40	293.70
12	4-12-176	塑料管暗敷设 PC16	100m	0.10	369.09	329.6	550.00	38.02	33.95	56.65
13	4-12-232	接线盒	10 个	0.80	40.35	31.52	30.60	32.28	25.22	24.48
14	4-12-235	接线盒盖	10 个	0.10	17.72	13.91	10.20	1.77	1.39	1.02
15	4-12-242	墙体剔槽 32mm 以内	10m	0.46	47.04	29.77	0.00	21.64	13.69	0.00

续表

序号	定额编号	项目名称	单位	数量	增值税（一般计税）			合计		
					单价	人工费	主材费	合价	人工费	主材费
16	4-12-241	墙体剔槽 20mm 以内	10m	0.66	42.69	27.19	0.00	28.18	17.95	0.00
17	4-13-28	管内穿线 BV-16	100m	0.02	106.18	83.43	840.00	1.91	1.50	15.12
18	4-10-76	电涌保护器（SPD）	套	1.00	36.98	31.11	505.00	36.98	31.11	505.00
19		第四册小计						427.61	306.46	1141.45
20		分部分项工程费	437.45＋633.75＋427.61＋1141.45＝2640.26					2640.26	463.56	

（四）计算安装工程费用（造价）

依据第一篇学习单元二相关内容计取各类费用，见表 2-2-4。

表 2-2-4　定额计价的费用计算

项目名称：某办公楼电话系统

序号	费用名称	计算方法	金额（元）
一	分部分项工程费	详表 2-2-5 合价	2640.26
	计费基础 JD1	详表 2-2-5 合计人工费	463.56
二	措施项目费	2.1＋2.2	63.04
	2.1 单价措施费		23.18
	脚手架搭拆费	463.56×5%	23.18
	其中：人工费	23.18×35%	8.11
	2.2 总价措施费	1＋2＋3＋4	39.87
	1. 夜间施工费	463.56×2.50%	11.59
	2. 二次搬运费	463.56×2.10%	9.73
	3. 冬雨季施工增加费	463.56×2.80%	12.98
	4. 已完工程及设备保护费	463.56×1.20%	5.56
	计费基础 JD2	8.11＋11.59×50%＋9.73×40%＋12.98×40%＋5.56×25%	24.38
三	其他项目费	3.1＋3.3＋…＋3.8	
	3.1 暂列金额	按相应规定计算	
	3.2 专业工程暂估价		
	3.3 特殊项目暂估价		
	3.4 计日工		
	3.5 采购保管费		
	3.6 其他检验试验费		
	3.7 总承包服务费		
	3.8 其他		
四	企业管理费	（463.56＋24.38）×55%	268.37
五	利润	（463.56＋24.38）×32%	156.14

续表

序号	费用名称	计算方法	金额（元）
六	规费	4.1+4.2+4.3+4.4+4.5	227.70
	6.1 安全文明施工费	（2640.26+63.04+268.37+156.14）×5.01%	159.52
	6.2 社会保险费	（2640.26+63.04+268.37+156.14）×1.52%	47.54
	6.3 住房公积金	（2640.26+63.04+268.37+156.14）×0.22%	6.88
	6.4 工程排污费	（2640.26+63.04+268.37+156.14）×0.28%	8.76
	6.5 建设项目工伤保险	（2640.26+63.04+268.37+156.14）×0.16%	5.00
七	设备费	∑（设备单价×设备工程量）	
八	税金	（2640.26+63.04+268.37+156.14+227.70）×11%	369.11
九	工程费用合计	2640.26+63.04+268.37+156.14+227.70+369.11	3724.63

任务二　建筑智能化工程工程量清单的编制

一、建筑智能化工程工程量计算规范

与建筑智能化工程工程量清单编制有关的规定是 GB 50500—2013《建筑工程工程量清单计价规范》及 GB 50856—2013《通用安装工程工程量计算规范》附录 E 建筑智能化工程、附录 D 电气设备安装工程、附录 N 措施项目。常用的项目包括以下内容。

1. 计算机应用、网络系统工程

工程量清单项目设置、项目特征描述的内容、计量单位、工程量计算规则应按表 2-2-5（见 GB 50856—2013 的表 E.1）的规定执行。

表 2-2-5　　计算机应用、网络系统工程（编码：030501）

项目编码	项目名称	项目特征	计量单位	工程量计算规则	工作内容
030501001	输入设备	1. 名称 2. 类别 3. 规格 4. 安装方式	台	按设计图示数量计算	1. 本体安装 2. 单体调试
030501002	输出设备				
030501003	控制设备	1. 名称 2. 类别 3. 路数 4. 规格			
030501004	存储设备	1. 名称 2. 类别 3. 规格 4. 容量 5. 通道数			
030501005	插箱、机柜	1. 名称 2. 类别 3. 规格			1. 本体安装 2. 接电源线、保护地线、功能地线

续表

项目编码	项目名称	项目特征	计量单位	工程量计算规则	工作内容
030501006	互联电缆	1. 名称 2. 类别 3. 规格	条	按设计图示数量计算	制作安装
030501007	接口卡	1. 名称 2. 类别 3. 传输数率	1. 台 2. 套		1. 本体安装 2. 单体调试
030501008	集线器	1. 名称 2. 类别 3. 堆叠单元量			
030501009	路由器	1. 名称 2. 类别 3. 规格 4. 功能			
030501010	收发器				
030501011	防火墙				
030501012	交换机	1. 名称 2. 功能 3. 层数			
030501013	网络服务器	1. 名称 2. 类别 3. 规格			1. 本体安装 2. 插件安装 3. 接信号线、电源线、地线
030501014	计算机应用、网络系统接地	1. 名称 2. 类别 3. 规格	系统		1. 安装焊接 2. 检测
030501015	计算机应用、网络系统系统联调	1. 名称 2. 类别 3. 用户数			系统调试
030501016	计算机应用、网络系统试运行				试运行
030501017	软件	1. 名称 2. 类别 3. 规格 4. 容量	套		1. 安装 2. 调试 3. 试运行

2. 综合布线系统工程

工程量清单项目设置、项目特征描述的内容、计量单位、工程量计算规则应按表 2-2-6（见 GB 50856—2013 的表 E. 2）的规定执行。

表 2-2-6　综合布线系统工程（编码：030502）

项目编码	项目名称	项目特征	计量单位	工程量计算规则	工作内容
030502001	机柜、机架	1. 名称 2. 材质 3. 规格 4. 安装方式	台	按设计图示数量计算	1. 本体安装 2. 相关固定件的连接
030502002	抗振底座		个		1. 本体安装 2. 底盒安装
030502003	分线接线箱（盒）				
030502004	电视、电话插座	1. 名称 2. 安装方式 3. 底盒材质、规格			
030502005	双绞线缆	1. 名称 2. 规格 3. 线缆对数 4. 敷设方式	m		1. 敷设 2. 标记 3. 卡接
030502006	大对数电缆				
030502007	光缆				
030502008	光纤束、光缆外护套	1. 名称 2. 规格 3. 安装方式			1. 气流吹放 2. 标记
030502009	跳线	1. 名称 2. 类别 3. 规格	条		1. 插接跳线 2. 整理跳线
030502010	配线架	1. 名称 2. 规格 3. 容量	1. 个 2. 块		安装、打接
030502011	跳线架				
030502012	信息插座	1. 名称 2. 类别 3. 规格 4. 安装方式 5. 底盒材质、规格			1. 端接模块 2. 安装面板
030502013	光纤盒	1. 名称 2. 类别 3. 规格 4. 安装方式			1. 端接模块 2. 安装面板
030502014	光纤连接	1. 方法 2. 模式	1. 芯 2. 端口		1. 接续 2. 测试
030502015	光缆终端盒	光缆芯数	个		
030502016	布放尾纤	1. 名称 2. 规格 3. 安装方式	根		
030502017	线管理器		个		本体安装
030502018	跳块				安装、卡接
030502019	双绞线缆测试	1. 测试类别 2. 测试内容	1. 链路 2. 点 3. 芯		测试
030502020	光纤测试				

3. 建筑设备自动化系统工程

工程量清单项目设置、项目特征描述的内容、计量单位、工程量计算规则应按表 2-2-7（见 GB 50856—2013 的表 E.3）的规定执行。

表 2-2-7　　建筑设备自动化系统工程（编码：030503）

项目编码	项目名称	项目特征	计量单位	工程量计算规则	工作内容
030503001	中央管理系统	1. 名称 2. 类别 3. 功能 4. 控制点数量	1. 系统 2. 套	按设计图示数量计算	1. 本体组装、连接 2. 系统软件安装 3. 单体调整 4. 系统联调 5. 接地
030503002	通信网络控制设备	1. 名称 2. 类别 3. 规格	1. 台 2. 套		1. 本体安装 2. 软件安装 3. 单体调试 4. 联调联试 5. 接地
030503003	控制器	1. 名称 2. 类别 3. 功能 4. 控制点数量			
030503004	控制箱	1. 名称 2. 类别 3. 功能 4. 控制器、控制模块规格、体积 5. 控制器、控制模块数量			1. 本体安装、标识 2. 控制器、控制模块组装 3. 单体调试 4. 联调联试 5. 接地
030503005	第三方通信设备接口	1. 名称 2. 类别 3. 接口点数			1. 本体安装、连接 2. 接口软件安装调试 3. 单体调试 4. 联调联试
030503006	传感器	1. 名称 2. 类别 3. 功能 4. 规格	1. 支 2. 台		1. 本体安装和连接 2. 通电检查 3. 单体调整测试 4. 系统联调
030503007	电动调节阀执行机构		个		1. 本体安装和连线 2. 单体测试
030503008	电动、电磁阀门				
030503009	建筑设备自动化系统调试	1. 名称 2. 类别 3. 功能 4. 控制点数量	1. 台 2. 户	按设计图示数量计算	整体调试
030503010	建筑设备自动化系统试运行	名称	系统		试运行

4. 建筑信息综合管理系统工程

工程量清单项目设置、项目特征描述的内容、计量单位、工程量计算规则应按表 2-2-8（见 GB 50856—2013 的表 E.4）的规定执行。

表 2-2-8　　建筑信息综合管理系统工程（编号：030504）

项目编码	项目名称	项目特征	计量单位	工程量计算规则	工作内容
030504001	服务器	1. 名称 2. 类别 3. 规格 4. 安装方式	台	按设计图示数量计算	安装调试、试运行
030504002	服务器显示设备				
030504003	通信接口输入/输出设备		个		本体安装、调试
030504004	系统软件	1. 测试类别 2. 测试内容	套	按系统所需集成点数及图示数量计算	安装、调试、试运行
030504005	基础应用软件				
030504006	应用软件接口				
030504007	应用软件二次开发		1. 项 2. 点 套		1. 按系统点数进行二次软件开发和定制 2. 调试及试运行
030504008	各系统联动				调试、试运行

5. 有线电视、卫星接收系统工程

工程量清单项目设置、项目特征描述的内容、计量单位、工程量计算规则应按表 2-2-9（见 GB 50856—2013 的表 E.5）的规定执行。

表 2-2-9　　有线电视、卫星接收系统工程（编码：030505）

项目编码	项目名称	项目特征	计量单位	工程量计算规则	工作内容
030505001	共用天线	1. 名称 2. 规格 3. 电视设备箱型号、规格 4. 天线杆、基础种类	副	按设计图示数量计算	1. 电视设备箱安装 2. 天线杆基础安装 3. 天线杆安装 4. 天线安装
030505002	卫星电视天线、馈线系统	1. 名称 2. 规格 3. 地点 4. 楼高 5. 长度			安装、调测
030505003	前端机柜	1. 名称 2. 规格	个		1. 本体安装 2. 连接电源 3. 接地
030505004	电视墙	1. 名称 2. 监视器数量	套		1. 机架、监视器安装 2. 信号分配系统安装 3. 连接电源 4. 接地

续表

项目编码	项目名称	项目特征	计量单位	工程量计算规则	工作内容
030505005	敷设射频同轴电缆	1. 名称 2. 规格 3. 敷设方式	m	按设计图示数量计算	线缆敷设
030505006	同轴电缆接头	1. 规格 2. 方式	个	按设计图示数量计算	电缆接头
030505007	前端射频设备	1. 名称 2. 类别 3. 频道数量	套	按设计图示数量计算	1. 本体安装 2. 单体调试
030505008	卫星地面站接收设备	1. 名称 2. 类别	台	按设计图示数量计算	1. 本体安装 2. 单体调试 3. 全站系统调试
030505009	光端设备安装、调试	1. 名称 2. 类别 3. 类别 4. 容量	台	按设计图示数量计算	1. 本体安装 2. 单体调试
030505010	有线电视系统管理设备	1. 名称 2. 类别	台	按设计图示数量计算	1. 本体安装 2. 系统调试
030505011	播控设备安装、调试	1. 名称 2. 功能 3. 规格	台	按设计图示数量计算	1. 本体安装 2. 系统调试
030505012	干线设备	1. 名称 2. 功能 3. 安装位置	个	按设计图示数量计算	1. 本体安装 2. 系统调试
030505013	分配网络	1. 名称 2. 功能 3. 规格 4. 安装方式	个	按设计图示数量计算	1. 本体安装 2. 电缆接头制作、布线 3. 单体调试
030505014	终端调试	1. 名称 2. 功能	个	按设计图示数量计算	调试

6. 音频、视频系统工程

工程量清单项目设置、项目特征描述的内容、计量单位、工程量计算规则应按表 2-2-10（见 GB 50586—2013 的表 E.6）的规定执行。

表 2-2-10 音频、视频系统工程（编码：030506）

项目编码	项目名称	项目特征	计量单位	工程量计算规则	工作内容
030506001	扩声系统设备	1. 名称 2. 类别 3. 规格 4. 安装方式	台	按设计图示数量计算	1. 本体安装 2. 单体调试
030506002	扩声系统调试	1. 名称 2. 类别 3. 功能	1. 只 2. 副 3. 台 4. 系统		1. 设备连接构成系统 2. 调试、达标 3. 通过 DSP 实现多种功能
030506003	扩声系统试运行	1. 名称 2. 试运行时间	系统		系统试运行
030506004	背景音乐系统设备	1. 名称 2. 类别 3. 规格 4. 安装方式	台		1. 本体安装 2. 单体调试
030506005	背景音乐系统调试	1. 名称 2. 类别 3. 功能 4. 公共广播语言清晰度及相应声学特性指标要求	1. 台 2. 系统		1. 设备连接构成系统 2. 试听、调试 3. 系统试运行 4. 公共广播达到语言清晰度及相应声学特性指标
030506006	背景音乐系统试运行	1. 名称 2. 试运行时间	系统		试运行
030506007	视频系统设备	1. 名称 2. 类别 3. 规格 4. 功能、用途 5. 安装方式	台		1. 本体安装 2. 单体调试
030506008	视频系统调试	1. 名称 2. 类别 3. 功能	系统		1. 设备连接构成系统 2. 调试 3. 达到相应系统设计标准 4. 实现相应系统设计功能

7. 安全防范系统工程

工程量清单项目设置、项目特征描述的内容、计量单位、工程量计算规则应按表 2-2-11 的规定执行。

表 2-2-11 **安全防范系统工程（编码：030507）**

<table>
<tr><th>项目编码</th><th>项目名称</th><th>项目特征</th><th>计量单位</th><th>工程量计算规则</th><th>工作内容</th></tr>
<tr><td>030507001</td><td>入侵探测设备</td><td>1. 名称
2. 类别
3. 探测范围
4. 安装方式</td><td rowspan="4">套</td><td rowspan="14">按设计图示数量计算</td><td rowspan="4">1. 本体安装
2. 单体调试</td></tr>
<tr><td>030507002</td><td>入侵报警控制器</td><td>1. 名称
2. 类别
3. 路数
4. 安装方式</td></tr>
<tr><td>030507003</td><td>入侵报警中心显示设备</td><td>1. 名称
2. 类别
3. 安装方式</td></tr>
<tr><td>030507004</td><td>入侵报警信号传输设备</td><td>1. 名称
2. 类别
3. 功率
4. 安装方式</td></tr>
<tr><td>030507005</td><td>出入口目标识别设备</td><td rowspan="2">1. 名称
2. 规格</td><td rowspan="4">台</td><td rowspan="4">1. 本体安装
2. 单体调试</td></tr>
<tr><td>030507006</td><td>出入口控制设备</td></tr>
<tr><td>030507007</td><td>出入口执行机构设备</td><td>1. 名称
2. 类别
3. 规格</td></tr>
<tr><td>030507008</td><td>监控摄像设备</td><td>1. 名称
2. 类别
3. 安装方式</td></tr>
<tr><td>030507009</td><td>视频控制设备</td><td rowspan="2">1. 名称
2. 类别
3. 路数
4. 安装方式</td><td rowspan="5">1. 台
2. 套</td><td rowspan="2">1. 本体安装
2. 单体调试</td></tr>
<tr><td>030507010</td><td>音频、视频及脉冲分配器</td></tr>
<tr><td>030507011</td><td>视频补偿器</td><td>1. 名称
2. 通道量</td><td rowspan="2">1. 本体安装
2. 单体调试</td></tr>
<tr><td>030507012</td><td>视频传输设备</td><td>1. 名称
2. 类别
3. 规格</td></tr>
<tr><td>030507013</td><td>录像设备</td><td>1. 名称
2. 类别
3. 规格
4. 存储容量、格式</td><td rowspan="2">1. 本体安装
2. 单体调试</td></tr>
<tr><td>030507014</td><td>显示设备</td><td>1. 名称
2. 类别
3. 规格</td><td>1. 台
2. m^2</td></tr>
</table>

续表

项目编码	项目名称	项目特征	计量单位	工程量计算规则	工作内容
030507015	安全检查设备	1. 名称 2. 规格 3. 类别 4. 程式 5. 通道数	1. 台 2. 套	按设计图示数量计算	1. 本体安装 2. 单体调试
030507016	停车场管理设备	1. 名称 2. 类别 3. 规格			
030507017	安全防范分系统调试	1. 名称 2. 类别 3. 通道数	系统	按设计内容	各分系统调试
030507018	安全防范全系统调试	系统内容			1. 各分系统的联动、参数设置 2. 全系统联调
030507019	安全防范系统工程试运行	1. 名称 2. 类别			系统试运行

8. 其他相关问题

(1)"建筑智能化工程"适用于建筑室内、外的建筑智能化安装工程。

(2)土方工程应按 GB 50854—2013《房屋建筑与装饰工程工程量计算规范》的相关项目编码列项。

(3)开挖路面工程应按 GB 50857—2013《市政工程工程量计算规范》的相关项目编码列项。

(4)配管工程、线槽、桥架、电气设备、电气器件、接线箱、接线盒、电线、接地系统、凿(压)槽、打孔、打洞、人孔、手孔、立杆工程,应按 GB 50856—2013 附录 D 电气设备安装工程的相关项目编码列项。

(5)蓄电池组、六孔管道、专业通信系统工程,应按 GB 50856—2013 附录 K 通信设备及线路工程相关项目编码列项。

(6)机架等项目的除锈、刷油,应按 GB 50856—2013 附录 M 刷油、防腐蚀、绝热工程相关项目编码列项。

(7)如主项工程量与综合工程内容工程量不对应,列综合项时需列出综合工程内容的工程量。

(8)由国家或地方检测验收部门进行的检测验收应按 GB 50856—2013 附录 N 措施项目编码列项。

二、建筑智能化工程工程量清单编制案例

【例 2-2-2】 图 2-2-1～图 2-2-3 所示某办公楼电话系统工程量清单的编制。

工程量清单应参照第一篇学习单元三工程量清单编制的相关内容及施工图纸和设计施工

说明书编制。其编制使用的表格包括 GB 50500—2013《建设工程工程量清单计价规范》的封-1、扉-1、表-01、表-08、表-11、表-12（含表-12-1～表-12-5）、表-13、表-20、表-21。本例只列出其中主要的几个表格，见表 2-2-12 和表 2-2-13。

表 2-2-12　　分部分项工程和单价措施项目清单计价表

工程名称：某办公楼电话系统　　　　第1页　共1页

序号	项目编码	项目名称	项目特征描述	计量单位	工程量
1	030502003001	分线接线箱	电话分线箱，尺寸 300mm×200mm，墙内暗装，端子板外部接线 $2.5mm^2$ 以内，接线端子连接 $16mm^2$ 以内，7 对大对数线缆测试	台	1
2	030502004001	电话插座	电话插座，暗装 0.3m；86 型塑料接线盒	个	7
3	030502005001	双绞线缆	聚乙烯绝缘软双绞线，RVS-2×$1.0mm^2$，穿阻燃塑料管，墙内、地面暗敷	m	86.3
4	030502006001	大对数电缆	聚乙烯护套铜芯通信电缆，HYA10×2×$0.5mm^2$，10 对，穿钢管保护，墙内、地面暗敷	m	9.57
5	030411001001	配管	钢管，DN32，墙内暗配	m	7.34
6	030411001002	配管	阻燃塑料管，DN25，墙内、地面暗配	m	4
7	030411001003	配管	阻燃塑料管，DN20，墙内、地面暗配	m	26.7
8	030411001004	配管	阻燃塑料管，DN15，墙内、地面暗配	m	10.3
9	030411004001	配线	钢管内穿接地线，BV-$16mm^2$	m	1.8
10	030411006001	接线盒	电话插座盒，86 系列，墙内暗装	个	7
11	030411006002	接线盒	过线盒，86 系列，带面板，墙内暗装	个	1
12	030409010001	浪涌保护器	浪涌保护器，SPD，分线箱里安装	个	1
13	030413002001	凿（压）槽	墙埋管开槽及恢复 DN20 以内	m	6.6
14	030413002002	凿（压）槽	墙埋管开槽及恢复 DN32 以内	m	4.6

表 2-2-13　　材料（工程设备）暂估单价及调整表

工程名称：某办公楼电话系统　　　　标段：　　　　第1页　共1页

序号	材料（工程设备）名称、规格、型号	计量单位	数量		暂估（元）		确认（元）		差额±（元）		备注
			暂估	确认	单价	合价	单价	合价	单价	合价	
1	电话分线箱（STO-10，200mm×300mm）	台			200						
2	电话插座（TP）	个			15						
3	塑料过线盒（接线盒）86 型	个			3						
4	阻燃塑料管 PC25	m			12						
5	阻燃塑料管 PC20	m			10						
6	阻燃塑料管 PC16	m			5						
7	焊接钢管 DN32	m			25						

续表

序号	材料（工程设备）名称、规格、型号	计量单位	数量		暂估（元）		确认（元）		差额±（元）		备注
			暂估	确认	单价	合价	单价	合价	单价	合价	
8	电缆 HYA10×2×0.5	m			15						
9	电话线 RVS-2×0.4	m			2						
10	电线 BV-16	m			8						
11	电涌保护器（SPD）	套			300						
合计											

注 此表由招标人填写“暂估单价”，并在备注栏说明暂估价的材料、工程设备拟用在哪些清单项目上，投标人应将上述材料、工程设备暂估单价计入工程量清单综合单价报价中。

1. 分部分项工程和单价措施费清单计价表（GB 50500—2013 附录 F 表-08）

各分部分项工程的项目编码、项目名称、项目特征描述、单位及工程量可根据 GB 50856—2013《通用安装工程工程量计算规范》的规定及工程量计算规则确定。工程量可参考表 2-2-2 确定。

2. 材料（工程设备）暂估单价及调整表（GB 50500—2013 附录 G 表-12-2）

材料暂估单价可参考表 2-2-1 填写。

3. 其他

总价措施项目清单、其他措施项目清单及规费、税金项目清单未作特别约定时，按规定计取。

任务三 建筑智能化工程工程量清单计价的编制

根据招标人或委托代理人编制的工程量清单及招标文件要求，投标人编制工程量清单计价文件。投标报价使用的表格包括 GB 50500—2013《建设工程工程量清单计价规范》的封-3、扉-3、表-01、表-02、表-03、表-04、表-08、表-09、表-11、表-12（含表-12-1～表-12-5）、表-13、招标文件提供的表-20 和表-21。

【例 2-2-3】 图 2-2-1～图 2-2-3 所示某办公楼电话系统工程量清单计价（报价）的编制。本例只列出其中主要的几个表格，见表 2-2-14～表 2-2-31。

1. 总说明（GB 50500—2013 附录 D 表-01）

投标报价总说明内容应完全响应招标工程量清单内容，并应将有关编制报价的依据、采用的参数等明确说明。

表 2-2-14 **总说明**

工程名称：某办公楼电话系统　　　　第 1 页　共 1 页

1. 工程概况：建设面积为 1500m²、单层砖混结构，电话系统安装计划工期 15 日历天，施工现场已做好“三通一平”，已具备开工条件。

2. 工程招标和专业工程发包范围：图纸范围内电话系统内容。

3. 工程量清单报价编制依据：工程量清单、GB 50500—2013《建设工程工程量清单计价规范》、GB 50856—2013《通用安装工程工程量计算规范》、施工图纸和设计施工说明书、工程所在地建设主管部门的相关规定等。

4. 工程质量、材料、施工等的特殊要求：质量达到合格标准；所有材料乙供；施工中做到安全文明施工。

5. 本工程管理费费率按 55%、利润率按 32%计取；规费费率及税金税率为不可竞争费，执行当地规定。人工单价按 103 元/工日执行（鲁建标字〔2017〕5 号文规定）。有关主材价格按暂估价计入。

2. 单位工程投标报价汇总表（GB 50500—2013 附录 E 表 - 04）

表 2-2-15　单位工程投标报价汇总表

工程名称：某办公楼电话系统　　标段：　　第 1 页　共 1 页

序号	汇总内容	金额（元）	其中：暂估价（元）
一	分部分项工程费	2698.15	1567.55
二	措施项目费	57.65	
1	单价措施项目费		
2	总价措施项目费	57.65	
2.1	夜间施工费	10.60	
2.2	二次搬运费	8.90	
2.3	冬雨季施工增加费	11.87	
2.4	已完工程及设备保护费	5.09	
2.5	脚手架搭拆费	21.20	
三	其他项目费		
1	暂列金额		
2	专业工程暂估价		
3	计日工		
4	总承包服务费		
四	规费	198.14	
1	安全文明施工费	138.07	
1.1	环境保护费	7.99	
1.2	文明施工费	16.26	
1.3	临时设施费	48.50	
1.4	安全施工费	65.31	
2	工程排污费	7.72	
3	社会保障费	41.89	
4	住房公积金	6.06	
5	建设项目工伤保险	4.41	
五	税金	21.80	
投标报价合计=一+二+三+四+五		2975.74	1567.55

3. 分部分项工程和单价措施项目清单计价表（GB 50500—2013 附录 F 表 - 08）

表 2-2-16 **分部分项工程和单价措施项目清单计价表**

工程名称：某办公楼电话系统 第 1 页 共 1 页

序号	项目编码	项目名称	项目特征描述	计量单位	工程量	金额（元）			
						综合单价	合价	其中：人工费	其中：暂估价
1	030502003001	分线接线箱	电话分线箱，尺寸 300mm×200mm，墙内暗装，端子板外部接线 2.5mm^2以内，接线端子连接 16mm^2以内，7 对大对数线缆测试	台	1	591.47	591.47	72.10	200.00
2	030502004001	电话插座	电话插座，暗装 0.3m；86 型塑料接线盒	个	7	19.00	133.02	14.42	106.05
3	030502005001	双绞线缆	聚乙烯绝缘软双绞线，RVS-2×1.0mm^2，穿阻燃塑料管，墙内、地面暗敷	m	86.3	3.41	294.23	53.51	181.23
4	030502006001	大对数电缆	聚乙烯护套铜芯通信电缆，HYA10×2×0.5mm^2，10 对，穿钢管保护，墙内、地面暗敷	m	9.57	17.36	166.10	9.86	146.42
5	030411001001	配管	钢管，DN32，墙内暗配	m	7.34	37.46	274.93	38.22	183.75
6	030411001002	配管	阻燃塑料管，DN25，墙内、地面暗配	m	4	23.05	92.20	19.78	52.80
7	030411001003	配管	阻燃塑料管，DN20，墙内、地面暗配	m	26.7	17.96	479.57	93.44	297.00
8	030411001004	配管	阻燃塑料管，DN15，墙内、地面暗配	m	10.3	12.06	124.20	32.96	55.00
9	030411004001	配线	钢管内穿接地线，BV-16mm^2	m	1.8	10.19	18.34	1.67	16.80
10	030411006001	接线盒	电话插座盒，86 系列，墙内暗装	个	7	9.84	68.86	22.06	21.42
11	030411006002	接线盒	过线盒，86 系列，带面板，墙内暗装	个	1	10.86	10.86	3.15	4.08
12	030409010001	浪涌保护器	浪涌保护器，SPD，分线箱内安装	个	1	367.05	367.05	31.11	303.00
13	030413002001	凿（压）槽	墙埋管开槽及恢复 DN20 以内	m	6.6	6.63	43.79	17.95	0.00
14	030413002002	凿（压）槽	墙埋管开槽及恢复 DN32 以内	m	4.6	7.29	33.55	13.69	0.00
		合计					2698.15	423.91	1567.55

4. 工程量清单综合单价分析表（GB 50500—2013 附录 F 表 - 09）

表 2-2-17　**工程量清单综合单价分析表（一）**

工程名称：某办公楼电话系统　标段：　第 1 页　共 14 页

项目编码		030502003001		项目名称		分线接线管					计量单位		台
清单综合单价组成明细													
定额编号	定额名称	定额单位	数量	单价（元）					合价（元）				
				人工费	材料费	机械费	管理费	利润	人工费	材料费	机械费	管理费	利润
5-2-7	电话组线箱暗装	台	1	72.1	256.64		39.66	23.07	72.10	256.64	0.00	39.66	23.07
5-2-96	大对数电缆测试	对	7	1.03		1.36	0.57	0.33	7.21	0.00	9.52	3.97	2.31
4-4-20	端子板外部接线 2.5mm² 以下	个	14	1.85	3.9		1.02	0.59	25.90	54.60	0.00	14.25	8.29
4-4-22	接线端子 16mm² 以下	个	2	1.75	3.89		0.96	0.56	3.50	7.78	0.00	1.93	1.12
人工单价		小计							72.10	256.64	0.00	39.66	23.07
103 元/工日		未计价材料费							200.00				
清单项目综合单价									591.47				
材料费明细	主要材料名称、规格、型号					单位	数量		单价（元）	合价（元）	暂估单价（元）	暂估合价（元）	
	电话组线箱					台	1.00				200	200.00	
	其他材料费												
	材料费小计											200.00	

表 2-2-18　**工程量清单综合单价分析表（二）**

工程名称：某办公楼电话系统　标段：　第 2 页　共 14 页

项目编码		030502004001		项目名称		电话插座					计量单位		个
清单综合单价组成明细													
定额编号	定额名称	定额单位	数量	单价（元）					合价（元）				
				人工费	材料费	机械费	管理费	利润	人工费	材料费	机械费	管理费	利润
5-2-13	电话插座暗装	个	7	2.06			1.13	0.66	14.42	0.00	0.00	7.93	4.61
人工单价		小计							14.42	0.00	0.00	7.93	4.61
103 元/工日		未计价材料费							106.05				
清单项目综合单价									19.00				
材料费明细	主要材料名称、规格、型号					单位	数量		单价（元）	合价（元）	暂估单价（元）	暂估合价（元）	
	电话插座					个	7.07				15	106.05	
	其他材料费												
	材料费小计											106.05	

表 2-2-19

工程量清单综合单价分析表（三）

工程名称：某办公楼电话系统　　　　标段：　　　　第 3 页　共 14 页

项目编码		030502005001		项目名称		双绞线缆					计量单位	m	
清单综合单价组成明细													
定额编号	定额名称	定额单位	数量	单价（元）					合价（元）				
				人工费	材料费	机械费	管理费	利润	人工费	材料费	机械费	管理费	利润
5-2-26	管内穿电话线 RVS2×1.0，1 对	m	86.3	0.62	0.12	0.03	0.34	0.20	53.51	10.36	2.59	29.43	17.12
人工单价		小计							53.51	10.36	2.59	29.43	17.12
103 元/工日		未计价材料费							181.23				
清单项目综合单价									3.41				
材料费明细	主要材料名称、规格、型号					单位	数量		单价（元）	合价（元）	暂估单价（元）	暂估合价（元）	
	电话线 RVS2×1.0					m	90.62				2	181.23	
	其他材料费												
	材料费小计											181.23	

表 2-2-20

工程量清单综合单价分析表（四）

工程名称：某办公楼电话系统　　　　标段：　　　　第 4 页　共 14 页

项目编码		030502006001		项目名称		大对数电缆					计量单位	m	
清单综合单价组成明细													
定额编号	定额名称	定额单位	数量	单价（元）					合价（元）				
				人工费	材料费	机械费	管理费	利润	人工费	材料费	机械费	管理费	利润
5-2-14	管内穿大对数线缆 10 对以内	m	9.57	1.03	0.12	0.01	0.57	0.33	9.86	1.15	0.10	5.42	3.15
人工单价		小计							9.86	1.15	0.10	5.42	3.15
103 元/工日		未计价材料费							146.42				
清单项目综合单价									17.36				
材料费明细	主要材料名称、规格、型号					单位	数量		单价（元）	合价（元）	暂估单价（元）	暂估合价（元）	
	线缆 HYA10×2×0.5					m	9.76				15	146.42	
	其他材料费												
	材料费小计											146.42	

表 2-2-21

工程量清单综合单价分析表（五）

工程名称：某办公楼电话系统　　　标段：　　　　　第 5 页　共 14 页

项目编码		030411001001		项目名称		配管					计量单位	m	
清单综合单价组成明细													
定额编号	定额名称	定额单位	数量	单价（元）					合价（元）				
				人工费	材料费	机械费	管理费	利润	人工费	材料费	机械费	管理费	利润
4-12-74	钢管暗敷设 SC32	100m	0.07	546	73.05	26.55	300.30	174.72	38.22	5.11	1.86	21.02	12.23
人工单价		小计							38.22	5.11	1.86	21.02	12.23
103 元/工日		未计价材料费							183.75				
清单项目综合单价									37.46				
材料费明细	主要材料名称、规格、型号					单位	数量		单价（元）	合价（元）	暂估单价（元）	暂估合价（元）	
	钢管 SC32					m	7.35				25	183.75	
	其他材料费												
	材料费小计											183.75	

表 2-2-22

工程量清单综合单价分析表（六）

工程名称：某办公楼电话系统　　　标段：　　　　　第 6 页　共 14 页

项目编码		030411001002		项目名称		配管					计量单位	m	
清单综合单价组成明细													
定额编号	定额名称	定额单位	数量	单价（元）					合价（元）				
				人工费	材料费	机械费	管理费	利润	人工费	材料费	机械费	管理费	利润
4-12-178	朔料管暗敷设 PC25	100m	0.04	494.4	60.42		271.92	158.21	19.78	2.42	0.00	10.88	6.33
人工单价		小计							19.78	2.42	0.00	10.88	6.33
103 元/工日		未计价材料费							52.80				
清单项目综合单价									23.05				
材料费明细	主要材料名称、规格、型号					单位	数量		单价（元）	合价（元）	暂估单价（元）	暂估合价（元）	
	塑料管 PC25					m	4.40				12	52.80	
	其他材料费												
	材料费小计											52.80	

表 2-2-23

工程量清单综合单价分析表（七）

工程名称：某办公楼电话系统　　　　标段：　　　　第 7 页　共 14 页

项目编码		030411001003		项目名称	配管					计量单位		m	
清单综合单价组成明细													
定额编号	定额名称	定额单位	数量	单价（元）					合价（元）				
				人工费	材料费	机械费	管理费	利润	人工费	材料费	机械费	管理费	利润
4-12-177	塑料管暗敷设 PC20	100m	0.27	346.08	48.98		190.34	110.75	93.44	13.22	0.00	51.39	29.90
人工单价		小计							93.44	13.22	0.00	51.39	29.90
103 元/工日		未计价材料费							297.00				
清单项目综合单价									17.96				
材料费明细	主要材料名称、规格、型号						单位	数量	单价（元）	合价（元）	暂估单价（元）	暂估合价（元）	
	塑料管 PC20						m	29.70			10	297.00	
	其他材料费												
	材料费小计											297.00	

表 2-2-24

工程量清单综合单价分析表（八）

工程名称：某办公楼电话系统　　　　标段：　　　　第 8 页　共 14 页

项目编码		030411001004		项目名称	配管					计量单位		m	
清单综合单价组成明细													
定额编号	定额名称	定额单位	数量	单价（元）					合价（元）				
				人工费	材料费	机械费	管理费	利润	人工费	材料费	机械费	管理费	利润
4-12-176	塑料管暗敷设 PC16	100m	0.1	329.6	39.49		181.28	105.47	32.96	3.95	0.00	18.13	10.55
人工单价		小计							32.96	3.95	0.00	18.13	10.55
103 元/工日		未计价材料费							55.00				
清单项目综合单价									12.06				
材料费明细	主要材料名称、规格、型号						单位	数量	单价（元）	合价（元）	暂估单价（元）	暂估合价（元）	
	塑料管 PC16						m	11.00			5	55.00	
	其他材料费												
	材料费小计											55.00	

表 2-2-25

工程量清单综合单价分析表（九）

工程名称：某办公楼电话系统　　标段：　　第 9 页　共 14 页

项目编码		030411004001		项目名称		配线					计量单位	m	
清单综合单价组成明细													
定额编号	定额名称	定额单位	数量	单价（元）					合价（元）				
				人工费	材料费	机械费	管理费	利润	人工费	材料费	机械费	管理费	利润
4-13-28	管内穿线 BV-16	100m	0.02	83.43	22.75		45.89	26.70	1.67	0.46	0.00	0.92	0.53
人工单价		小计							1.67	0.46	0.00	0.92	0.53
103 元/工日		未计价材料费							16.80				
清单项目综合单价									10.19				
材料费明细	主要材料名称、规格、型号					单位	数量		单价（元）	合价（元）	暂估单价（元）	暂估合价（元）	
	BV-16mm^2					m	2.10				8	16.80	
	其他材料费												
	材料费小计											16.80	

表 2-2-26

工程量清单综合单价分析表（十）

工程名称：某办公楼电话系统　　标段：　　第 10 页　共 14 页

项目编码		030411006001		项目名称		接线盒					计量单位	个	
清单综合单价组成明细													
定额编号	定额名称	定额单位	数量	单价（元）					合价（元）				
				人工费	材料费	机械费	管理费	利润	人工费	材料费	机械费	管理费	利润
4-12-232	接线盒	10 个	0.7	31.52	8.83		17.34	10.09	22.06	6.18	0.00	12.14	7.06
人工单价		小计							22.06	6.18	0.00	12.14	7.06
103 元/工日		未计价材料费							21.42				
清单项目综合单价									9.84				
材料费明细	主要材料名称、规格、型号					单位	数量		单价（元）	合价（元）	暂估单价（元）	暂估合价（元）	
	接线盒					个	7.14				3	21.42	
	其他材料费												
	材料费小计											21.42	

表 2-2-27

工程量清单综合单价分析表（十一）

工程名称：某办公楼电话系统　　　标段：　　　第 11 页　共 14 页

项目编码		030411006002		项目名称		接线盒				计量单位		个	
清单综合单价组成明细													
定额编号	定额名称	定额单位	数量	单价（元）					合价（元）				
				人工费	材料费	机械费	管理费	利润	人工费	材料费	机械费	管理费	利润
4-12-232	接线盒	10 个	0.1	31.52	8.83		17.34	10.09	3.15	0.88	0.00	1.73	1.01
4-12-235	接线盒盖	10 个	0.1	13.91	3.81		7.65	4.45	1.39	0.38	0.00	0.77	0.45
人工单价		小计							3.15	0.88	0.00	1.73	1.01
103 元/工日		未计价材料费							4.08				
清单项目综合单价									10.86				
材料费明细	主要材料名称、规格、型号					单位	数量		单价（元）	合价（元）	暂估单价（元）	暂估合价（元）	
	接线盒					个	1.02				3	3.06	
	接线盒面板					个	1.02				1	1.02	
	其他材料费												
	材料费小计											4.08	

表 2-2-28

工程量清单综合单价分析表（十二）

工程名称：某办公楼电话系统　　　标段：　　　第 12 页　共 14 页

项目编码		030409010001		项目名称		浪涌保护器				计量单位		个	
清单综合单价组成明细													
定额编号	定额名称	定额单位	数量	单价（元）					合价（元）				
				人工费	材料费	机械费	管理费	利润	人工费	材料费	机械费	管理费	利润
4-10-76	电涌保护器（SPD）	套	1	31.11	5.87		17.11	9.96	31.11	5.87	0.00	17.11	9.96
人工单价		小计							31.11	5.87	0.00	17.11	9.96
103 元/工日		未计价材料费							303.00				
清单项目综合单价									367.05				
材料费明细	主要材料名称、规格、型号					单位	数量		单价（元）	合价（元）	暂估单价（元）	暂估合价（元）	
	电涌保护器（SPD）					个	1.01				300	303.00	
	其他材料费												
	材料费小计											303.00	

表 2-2-29

工程量清单综合单价分析表（十三）

工程名称：某办公楼电话系统　　标段：　　第 13 页　共 14 页

项目编码		030413002001	项目名称			凿（压）槽				计量单位		m	
清单综合单价组成明细													
定额编号	定额名称	定额单位	数量	单价（元）					合价（元）				
				人工费	材料费	机械费	管理费	利润	人工费	材料费	机械费	管理费	利润
4-12-241	墙体剔槽 20mm 以内	10m	0.66	27.19	11.02	4.48	14.95	8.70	17.95	7.27	2.96	9.87	5.74
人工单价		小计							17.95	7.27	2.96	9.87	5.74
103 元/工日		未计价材料费							0.00				
清单项目综合单价									6.63				
材料费明细	主要材料名称、规格、型号				单位	数量			单价（元）	合价（元）	暂估单价（元）	暂估合价（元）	
	其他材料费												
	材料费小计											0.00	

表 2-2-30

工程量清单综合单价分析表（十四）

工程名称：某办公楼电话系统　　标段：　　第 14 页　共 14 页

项目编码		030413002002	项目名称			凿（压）槽				计量单位		m	
清单综合单价组成明细													
定额编号	定额名称	定额单位	数量	单价（元）					合价（元）				
				人工费	材料费	机械费	管理费	利润	人工费	材料费	机械费	管理费	利润
4-12-242	墙体剔槽 32mm 以内	10m	0.46	29.77	12.19	5.08	16.37	9.53	13.69	5.61	2.34	7.53	4.38
人工单价		小计							13.69	5.61	2.34	7.53	4.38
103 元/工日		未计价材料费							0.00				
清单项目综合单价									7.29				
材料费明细	主要材料名称、规格、型号				单位	数量			单价（元）	合价（元）	暂估单价（元）	暂估合价（元）	
	其他材料费												
	材料费小计											0.00	

5. 总价措施项目清单与计价表（GB 50500—2013 附录 F 表-11）

表 2-2-31　　总价措施项目清单表

工程名称：某办公楼电话系统　　标段：　　第 1 页　共 1 页

序号	项目编码	项目名称	计算基础	费率（%）	金额（元）	调整费率（%）	调整后金额（元）	备注
1	031302002	夜间施工费	423.91	2.50%	10.60			
2	031302004	二次搬运费	423.91	2.10%	8.90			
3	031302005	冬雨季施工增加费	423.91	2.80%	11.87			
4	031302006	已完工程及设备保护费	423.91	1.20%	5.09			
5	031301017	脚手架搭拆费	423.91	5.00%	21.20			
合计					57.65			

编制人（造价人员）：××　　复核人（造价工程师）：××

注　计算基础为分部分项工程费的人工费。

6. 其他项目清单与计价汇总表（GB 50500—2013 附录 G 表-12）

表 2-2-32　　其他项目清单计价汇总表

工程名称：某办公楼电话系统　　标段：　　第 1 页　共 1 页

序号	项目名称	金额（元）	结算金额（元）	备注
1	暂列金额			
2	暂估价	1567.55		
2.1	材料暂估价	1567.55		
2.2	专业工程暂估价			
3	计日工			
4	总承包服务费			
合计				

注　材料（工程设备）暂估单价进入清单项目综合单价，此处不汇总。

7. 规费、税金项目计价表（GB 50500—2013 附录 H 表-13）

表 2-2-33　　规费、税金项目计价表

工程名称：某办公楼电话系统　　标段：　　第 1 页　共 1 页

序号	项目名称	计算基础	计算基数（元）	计算费率（%）	金额（元）
1	规费	1.1+1.2+1.3+1.4+1.5	138.07+7.72+41.89+6.06+4.41		198.14
1.1	安全文明施工费	1.1.1+1.1.2+1.1.3+1.1.4	7.99+16.26+48.50+65.31		138.07

续表

序号	项目名称	计算基础	计算基数（元）	计算费率（%）	金额（元）
1.1.1	环境保护费	分部分项和单价措施费＋总价措施费＋其他项目费	2698.15＋57.65	0.29	7.99
1.1.2	文明施工费		2698.15＋57.65	0.59	16.26
1.1.3	临时设施费		2698.15＋57.65	1.76	48.50
1.1.4	安全施工费		2698.15＋57.65	2.37	65.31
1.2	工程排污费		2698.15＋57.65	0.28	7.72
1.3	社会保险费		2698.15＋57.65	1.52	41.89
1.4	住房公积金		2698.15＋57.65	0.22	6.06
1.5	建设项目工伤保险		2698.15＋57.65	0.16	4.41
2	税金	分部分项和单价措施费＋总价措施费＋其他项目费＋规费	2698.15＋57.65＋198.14	11	21.80
合计					219.94

编制人（造价人员）：××　　　　复核人（造价工程师）：××

项目三　通风空调工程计量与计价

任务一　通风空调工程定额计价的编制

一、通风空调工程工程量计算规则

与通风空调工程施工图预算编制有关的规定主要是SD 02-31—2016《山东省安装工程消耗量定额》的第七册《通风空调工程》、第十册《给排水、采暖、燃气工程（空调水管道、型钢支架）》和第十二册《刷油、防腐蚀、绝热工程》。

第七册《通风空调工程》(以下简称本册定额）适用于通风空调设备、通风管道及部件制作安装工程，共分三章。每章节编码对应GB 50856—2013《通用安装工程工程量计算规范》附录G通风空调工程。

（一）通风空调设备及部件制作安装（030701）

1. 章说明

（1）本章内容包括空气加热器（冷却器）、除尘设备、空调器、多联体空调室外机、风机盘管、空气幕、VAV变风量末端装置、钢板密闭门、钢板挡水板及滤水器、溢水盘制作安装，金属壳体制作安装，过滤器安装，过滤器框架制作安装，净化工作台、风淋室及通风机、制冷剂管路安装。

（2）通风机安装子目包括电动机安装，其安装形式包括A、B、C、D等类型，适用于碳钢、不锈钢、塑料通风机安装。

（3）风机箱减振台座安装定额未包括减振台座的安装。设备减振台座安装执行SD 02-31—2016第一册《机械设备安装工程》相关定额。

（4）有关说明：

1）多联体空调系统的室内机根据不同安装方式执行风机盘管安装相应定额。

2）VAV变风量末端装置适用于单风道变风量末端和双风道变风量末端装置，风机动力型变风量末端装置人工乘以系数1.1。

3）双热源空调室内机安装执行风机盘管安装相应定额乘以系数1.5。

4）洁净室安装执行分段组装式空调机组安装定额。

5）玻璃钢和PVC挡水板安装执行钢板挡水板定额。

6）低效过滤器包括M-A型、WL型、LWP型等系列；中效过滤器包括ZKL型、YB型、M型、ZX-1型等系列；高效过滤器包括GB型、GS型、JX-20犁等系列。

7）净化工作台包括XHK型、BZK型、SXP型、SZP型、SZX型、SW型、SZ型、SXZ型、TJ型、CJ型等系列。

8）本章除空气幕安装、风机盘管（吊顶式、卡式嵌入式）安装、VAV变风量末端装置安装、诱导风机安装外，其余设备均未包括支架安装。设备支架安装执行SD 02-31—2016第十册《给排水、采暖、燃气工程》相应定额。

9）通风空调设备的电气接线执行SD 02-31—2016第四册《电气设备安装工程》相应

定额。

2. 工程量计算规则

（1）空气加热器（冷却器）安装按设计图示数量计算，以“台”为计量单位。

（2）除尘设备安装按设计图示数量计算，以“台”为计量单位。

（3）空调器（吊顶式、落地式、壁挂式）、整体式空调机组按设计图示数量计算，以“台”为计量单位。

（4）分段组装式空调机组安装，按设计图示尺寸，以质量计算，以“100kg”为计量单位。

（5）多联体空调机室外机安装依据制冷量，按设计图示数量计算，以“台”为计量单位。

（6）风机盘管安装按设计图示数量计算，以“台”为计量单位。

（7）空气幕安装按设计图示数量计算，以“台”为计量单位。

（8）VAV 变风量末端装置安装按设计图示数量计算，以“台”为计量单位。

（9）钢板密闭门安装按设计图示数量计算，以“个”为计量单位。

（10）挡水板安装按设计图示尺寸以空调器断面面积计算，以“m^2”为计量单位。

（11）滤水器、溢水盘、电加热器外壳、金属空调器壳体制作安装按设计图示尺寸，以质量计算，以“100kg”为计量单位。非标准部件制作安装按成品质量计算。

（12）高、中、低效过滤器安装，净化工作台、风淋室安装按设计图示数量计算，以“台”为计量单位。

（13）过滤器框架制作安装按设计图示尺寸，以质量计算，以“100kg”为计量单位。

（14）通风机安装依据风机型号，按设计图示数量计算，以“台”为计量单位。

（15）风机箱安装按设计图示数量计算，以“台”为计量单位。

（16）空调制冷剂管路：

1）本定额所称空调制冷剂管路，系指商用中央空调（一拖多）系统中，室内、外机（机组）间连接的制冷剂气、液管路。按设计图示延长米计算，以“10m”为计量单位。

2）空调制冷剂管路安装（钎焊），管道试压、吹扫、严密性试验均以氮气考虑。

3）空调制冷机管路的制冷剂（定额内按 R410A 考虑）灌充已包括在定额内，如因制冷剂品种不同或不同厂家设备技术性能要求差异造成制冷剂灌充量不同的，可按实调整。

4）制冷剂管路中的分液器、专用阀安装，按相应定额项目计算。

5）制冷剂管路橡塑管套绝热及保护带包扎定额中：

a. 闭孔橡塑管套按设计选用规格计算主材费。

b. 塑料保护带消耗量中已包括缠绕压边（不低于 50%）用量，并已考虑绝热后的气、液管路与电源线、控制线共同包扎的因素。

c. 制冷剂管路中管件、阀件绝热所需人工、材料已综合考虑在定额内，不再单独计算。

（二）通风管道制作安装（030702）

1. 章说明

（1）本章内容包括镀锌薄钢板风管制作安装，镀锌薄钢板共板法兰风管制作安装，普通钢板风管制作安装，镀锌薄钢板矩形净化风管制作安装，不锈钢板风管制作安装，铝板风管制作安装，塑料风管制作安装，玻璃钢风管安装，复合风管制作安装，柔性软风管安装，弯头导流叶片安装及其他。

（2）风管通风系统设计采用渐缩管均匀送风者，圆形风管按平均直径、矩形风管按平均长边长执行相应定额，其人工乘以系数 2.5。

（3）空气幕送风管制作安装执行相应风管制作安装定额，其人工乘以系数 3，其余不变。

（4）风机盘管的送、吸风连接管，即风机盘管接至送、回风口的管段，按相应风管制作安装定额乘以系数 1.1。

（5）本章各类风管制作安装子目中包含内容见表 2-3-1。

表 2-3-1　　风管制作安装

序号	项目名称	弯头、三通、变径管等管件制作安装	法兰及加固框制作安装	吊托支架制作安装	型钢刷漆	钢板刷漆	落地支架
1	镀锌薄钢板法兰风管制作安装	√	√	√	√	×	×
2	镀锌薄钢板共板法兰风管制作安装	√	√	√	√	×	×
3	普通钢板法兰风管制作安装	√	√	√	√	√	×
4	镀锌薄钢板矩形净化风管制作安装	√	√	√	√	×	×
5	不锈钢板风管制作安装	√	×	×	×	×	×
6	铝板风管制作安装	√	×	×	×	×	×
7	玻璃钢风管安装	√	√	√	√	×	×
8	塑料风营制作安装	√	√	√	×	×	×
9	复合风管制作安装	√	√	√	√	×	×

注　1.“√”为包含；“×”为不含。

2. 不锈钢板风管、铝板风管的法兰和吊托支架制作安装执行本册相应定额。

3. 塑料风管吊托支架制作安装执行 SD 02-31—2016 第十册支架制作安装相应定额。

4. 落地支架制作安装执行 SD 02-31—2016 第十册设备支架制作安装相应定额。

（6）有关说明：

1）普通钢板风管制作安装子目已包括风管、型钢支架的除锈、刷红丹防锈漆及调和漆各两遍，如设计要求刷其他漆种时，可进行换算。

2）净化风管涂密封胶按全部口缝外表面涂抹考虑。如设计要求口缝不涂抹而只在法兰处涂抹时，每 $10m^2$ 风管应减去密封胶 1.5kg 和 0.37 个工日。

3）净化风管及部件制作安装子目中，型钢未包括镀锌费，如设计要求镀锌时，应另加镀锌费。

4）净化通风管道子目按空气洁净度 100000 级编制。

5）塑料通风管道胎具材料摊销已包括在风管制作安装定额内。

6）不锈钢板风管咬口连接制作安装按本章镀锌薄钢板风管咬口连接相应定额，人工、机械乘以系数 1.2，材料按设计要求换算。

7）本定额玻璃钢风管及管件按外加工订做考虑，风管修补费用应按实际发生，计算在主材费内。

8）软管接口定额是按帆布配置角钢法兰编制的，如使用其他材料而不使用帆布材料，则可以换算。

9）风管导流叶片不分单叶片和双叶片，均执行同一子目。

10）子目中的法兰垫料按橡胶板编制，如与设计要求使用的材料品种不同时，可以换算，但人工不变。使用泡沫塑料者，每1kg橡胶板换算为泡沫塑料0.125kg；使用闭孔乳胶海绵者，每1kg橡胶板换算为闭孔乳胶海绵0.5kg。

11）柔性软风管适用于由金属、涂塑化纤织物、聚酯、聚己烯、聚氯乙烯薄膜、铝箔等材料制成的软风管。

2. 工程量计算规则

（1）薄钢板风管、净化风管、不锈钢风管、铝板风管、塑料风管、玻璃钢风管、复合型风管按设计图示规格（其中玻璃钢风管、复合型风管按设计图示外径尺寸）以展开面积（包括风管末端堵头）计算，以“$10m^2$”为计量单位，不扣除检查孔、测定孔、送风口、吸风口等所占面积。咬口重叠部分已包括在定额内，不再另行计算。

（2）风管长度以设计图示中心线长度为准（主管与支管以其中心线交点划分），包括弯头、三通、变径管等管件的长度，不包括部件（阀门、消声器等）所占长度。

（3）风管直径和长边长以图示尺寸为准，变径管、天圆地方均按大头口径尺寸计算。风管通风系统设计采用渐缩管均匀送风者，圆形风管按平均直径、矩形风管按平均长边长计算工程量。

（4）柔性软风管安装按设计图示中心线长度计算，以“m”为计量单位。

（5）弯头导流叶片制作安装按设计图示叶片的面积计算，以“m^2”为计量单位。

（6）软管（帆布）接口制作安装按设计图示尺寸，以展开面积计算，以“m^2”为计量单位。

（7）风管检查孔制作安装按设计图示尺寸以质量计算，以“100kg”为计量单位。

（8）温度、风量测定孔制作安装依据其型号，按设计图示数量计算，以“个”为计量单位。

（三）通风管道部件制作安装（030703）

1. 章说明

（1）本章内容包括碳钢调节阀安装，柔性软风管阀门安装，风口安装，不锈钢法兰、吊托支架制作安装，铝制孔板口安装，碳钢风帽制作安装，塑料风帽、伸缩节制作安装，铝板风帽、法兰制作安装，玻璃钢风帽安装，碳钢罩类制作安装，塑料风罩制作安装，消声器安装，消声静压箱安装，静压箱制作安装，人防排气阀门安装，人防手动密闭阀门安装，人防其他部件制作安装。

（2）百叶风口安装定额适用于带调节板活动百叶风口、单层百叶风口、双层百叶风口、三层百叶风口、连动百叶风口、活动金属百叶风口。

（3）风口的宽与长之比小于或等于0.125为条缝形风口，执行百叶风口定额，人工乘以系数1.1。

（4）电动密闭阀安装执行手动密闭阀定额，人工乘以系数1.05。

（5）风机防虫网罩定额执行风口安装相应定额乘以系数0.8。

（6）有关说明：

1）蝶阀安装定额适用于圆形、矩形（保温、不保温）蝶阀安装。

2）对开多叶调节阀安装定额适用于密闭式对开多叶调节阀安装。

3）送吸风口安装定额适用于单面、双面送吸风口安装。

4）球形喷口定额适用于旋转风口安装。

5）铝制孔板风口如需电化处理时，电化费另行计算。

6）本章风管防火阀、消声器、消声弯头安装均已包括支架制作安装及除锈、刷防锈漆、调和漆各两遍。如设计要求刷其他漆种时，可进行换算。

7）碳钢罩类制作安装定额中均已包括普通钢板及型钢、支架刷防锈漆、调和漆各两遍。如设计要求刷其他漆种时，可进行换算。

8）探头式含磷毒气报警器安装包括探头固定和三角支架制作安装，报警器保护孔按建筑预留考虑。

9）γ射线报警器安装定额，探头安装孔按钢套管编制，地脚螺栓（M12×200，6个）按设备自带考虑。定额包括安装孔孔底电缆穿管0.5m，不包括电缆敷设。如电缆穿管长度大于0.5m，超过部分另外计算。

10）密闭穿墙管制作安装分类：Ⅰ型为直接浇入混凝土墙内的密闭穿墙管；Ⅱ型为取样管用密闭穿墙管；Ⅲ型为通过套管穿墙的密闭穿墙管。

11）密闭穿墙管按墙厚0.3m编制，如与设计墙厚不同，管材可以换算，其余不变。

12）密闭穿墙管填塞定额按油麻丝、黄油封堵考虑，如填料不同，不做调整。

2. 工程量计算规则

（1）碳钢调节阀安装依据其类型、直径（圆形）或周长（方形），按设计图示数量计算，以“个”为计量单位。

（2）柔性软风管阀门安装按设计图示数量计算，以“个”为计量单位。

（3）各类风口、散流器的安装依据类型、规格尺寸，按设计图示数量计算，以“个”为计量单位。

（4）钢百叶窗安装依据规格尺寸，按设计图示数量计算，以“个”为计量单位。

（5）不锈钢圆形、矩形法兰制作安装按设计图示尺寸，以质量计算，以“100kg”为计量单位。

（6）不锈钢板风管吊托支架制作安装按设计图示尺寸，以质量计算，以“100kg”为计量单位。

（7）铝制孔板口安装按设计图示数量计算，以“个”为计量单位。

（8）碳钢风帽的制作安装均按其质量计算，以“100kg”为计量单位。

（9）滴水盘制作安装按设计图示尺寸，以质量计算，以“100kg”为计量单位。

（10）碳钢风帽筝绳制作安装按设计图示规格长度，以质量计算，以“100kg”为计量单位。

（11）碳钢风帽泛水制作安装按设计图示尺寸，以展开面积计算，以“m^2”为计量单位。

（12）塑料风帽、罩类的制作安装均按其质量计算，以“100kg”为计量单位。

（13）塑料通风管道柔性接口及伸缩节制作安装依据连接方式接设计图示尺寸以展开面积计算，以“m^2”为计量单位。

（14）铝板风帽、圆、矩形法兰制作安装按设计图示尺寸，以质量计算，以“100kg”

为计量单位。

(15) 玻璃钢风帽安装依据成品质量按设计图示数量计算，以“100kg”为计量单位。

(16) 碳钢罩类的制作安装均按其质量计算，以“100kg”为计量单位。

(17) 微穿孔板消声器、管式消声器、阻抗式消声器成品安装按设计图示数量计算，以“节”为计量单位。

(18) 消声弯头安装按设计图示数量计算，以“个”为计量单位。

(19) 消声静压箱安装按设计图示数量计算，以“个”为计量单位。

(20) 静压箱制作安装、贴吸声材料按设计图示尺寸，以展开面积计算，以“m^2”为计量单位。

(21) 人防阀门安装按设计图示数量计算，以“个”为计量单位。

(22) 人防通风机安装按设计图示数量计算，以“台”为计量单位。

(23) LWP型滤尘器制作安装按设计图示尺寸，以面积计算，以“m^2”为计量单位。

(24) 探头式含磷毒气报警器及γ射线报警器安装按设计图示数量计算，以“台”为计量单位。

(25) 过滤吸收器、预滤器、除湿器安装按设计图示数量计算，以“台”为计量单位。

(26) 密闭穿墙管制作安装按设计图示数量计算，以“个”为计量单位。

(27) 密闭穿墙管填塞按设计图示数量计算，以“个”为计量单位。

(28) 测压装置安装按设计图示数量计算，以“套”为计量单位。

(29) 换气堵头安装按设计图示数量计算，以“个”为计量单位。

(30) 波导窗安装按设计图示数量计算，以“个”为计量单位。

(四) 本册定额有关问题的说明

(1) 本册定额通风设备、除尘设备为专供通风工程配套的各种风机及除尘设备。其他工业用风机（如热力设备用风机）及除尘设备安装执行本定额第一册《机械设备安装工程》、第二册《热力设备支装工程》相应项目。

(2) 空调水系统管道安装执行本定额第十册《给排水、采暖、燃气工程》相应项目，制冷机房、锅炉房管道执行本定额第八册《工业管道工程》相应项目。

(3) 通风空调工程所用型钢及普通钢板的除锈、刷漆，除各章节另有说明外，定额中均已包括。型钢及部件用普通钢板按红丹防锈漆及调和漆各两遍、普通钢板风管按内外红丹防锈漆两遍考虑，如设计要求刷其他漆种时，可进行换算。

(4) 本册定额中未包括的刷油和绝热、防腐蚀项目，执行本定额第十二册《刷油、防腐蚀、绝热工程》相应项目。

(5) 除各章节另有说明外，风管、部件及通风空调设备定额项目中没有包括的型钢支架，执行第十册《给排水、采暖、燃气工程》相应项目。支架中所用的减振吊钩、弹簧减振器、橡胶减振垫等材料按实计入材料费。

(6) 本册定额按膨胀螺栓固定支、吊架考虑。

(7) 本册定额中均未包括设备的基础灌浆和地脚螺栓孔的灌浆，发生时，按本定额第一册《机械设备安装工程》相应项目另行计算。

(8) 下列费用可按系数分别计取：

1) 脚手架搭拆费：按定额人工费的4%计算，其费用中人工费占35%。

2）建筑物超高增加费：在建筑物层数大于 6 层或建筑物高度大于 20m 以上的工业与民用建筑上进行安装时，按表 2-1-2 计算建筑物超高增加的费用，其费用中人工费占 65％。

3）操作物高度增加费：本册定额操作物高度是按距楼面或地面 6m 以内考虑的，当操作物高度超过 6m 时，超过部分的工程量，其定额人工、机械乘以表 2-1-3 中系数。

4）系统调整费：按系统工程人工费 7％计取，其费用中人工费占 35％。

二、通风空调工程定额计价编制案例

【例 2-3-1】 某办公楼局部通风管路工程（见图 2-3-1、图 2-3-2）施工图预算编制。

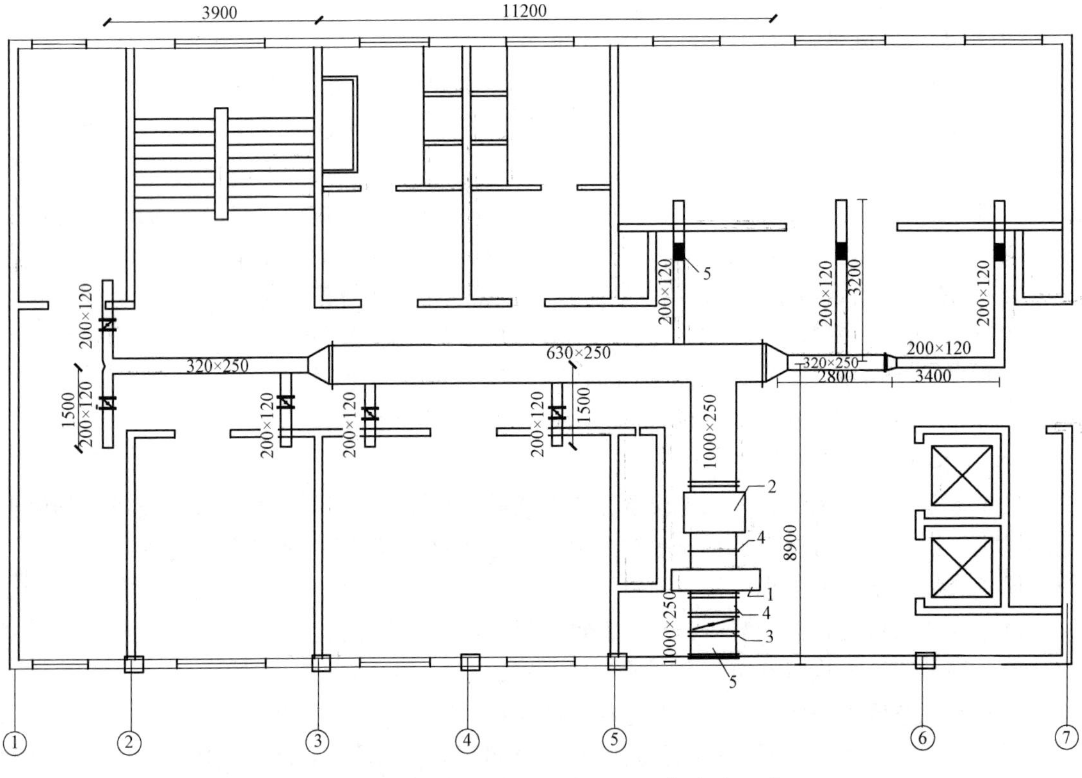

图 2-3-1　某办公楼部分房间通风管路平面图

1—新风机组［1000mm×700mm（H）］；2—消声器［1760mm×800mm（H）］；
3—密闭对开多叶调节阀（长 200mm）；4—帆布软管（长 300mm）；
5—防雨单层百叶回风口（带过滤网，1000mm×250mm）

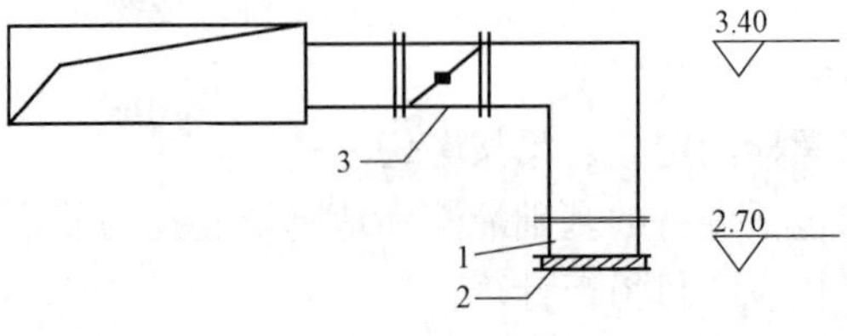

图 2-3-2　新风支管安装示意图

1—帆布软管（长 200mm）；2—铝合金双层百叶送风口（200mm×120mm）；3—风量调节阀（长 200mm）

（一）施工图设计说明

（1）本工程风管采用镀锌铁皮，咬口连接。其中：矩形风管 200mm×120mm，镀锌铁皮厚度 δ=0.50mm；矩形风管 320mm×250mm，镀锌铁皮 δ=0.75mm；其他尺寸矩形风管镀锌铁皮 δ=1.0mm。

（2）密闭对开多叶调节阀、风量调节阀、铝合金百叶送风口、铝合金百叶回风口、阻抗复合消声器均按成品考虑。

（3）未尽事宜均参照有关标准或规范执行。

（4）未计价主要材料（主材）价格按表 2-3-2 执行。

表 2-3-2　　主要材料（主材）价格

序号	名称	单位	单价	序号	名称	单位	单价
1	镀锌钢板 δ=0.5mm	元/m^2	60.0	5	风量调节阀 200mm×120mm	元/个	200.0
2	镀锌钢板 δ=0.75mm	元/m^2	70.0	6	铝合金百叶送风口 200mm×120mm	元/个	100.0
3	镀锌钢板 δ=1.0mm	元/m^2	80.0	7	铝合金百叶回风口 1000mm×250mm	元/个	500.0
4	密闭对开多叶调节阀 1000mm×250mm	元/个	600.0	8	阻抗复合消声器 1760mm×800mm	元/个	3000.0

（二）工程量计算

根据图纸，结合 SD 02-31—2016《山东省安装工程消耗量定额》的第七册《通风空调工程》工程量计算规则进行计算。计算顺序按定额章节顺序，风管按管径由小到大的顺序计算，见表 2-3-3。

表 2-3-3　　工程量计算书

工程名称：某办公楼通风管路工程

序号	分部分项工程名称	单位	计算公式	工程量
1	新风机组（5000m^3/h）/0.4t	台		1
2	镀锌钢板风管 200mm×120mm（咬口），δ=0.5mm	m^2	L=3.40+[3.20−0.20+(3.40−0.20−2.70)]×3+[1.50−0.20+(3.40−0.20−2.70)]×5=22.90 S=(0.20+0.12)×2×22.90=14.66	14.66
3	镀锌钢板风管 320mm×250mm（咬口），δ=0.75mm	m^2	L=2.80+3.90=6.70 S=(0.32+0.25)×2×6.70=7.64	7.64
4	镀锌钢板风管 630mm×250mm（咬口），δ=1.0mm	m^2	L=11.20 S=(0.63+0.25)×2×11.20=19.71	19.71
5	镀锌钢板风管 1000mm×250mm（咬口），δ=1.0mm	m^2	L=8.90−0.20−0.30−1.00−0.30−1.76=5.34 S=(1.0+0.25)×2×5.34=13.35	13.35
6	镀锌钢板风管 1000mm×200mm（咬口），δ=1.0mm	m^2	L=[1.75−0.30+(3.20−0.20−2.70)]×7=12.25 S=(1+0.20)×2×12.25=29.40	29.4

续表

序号	分部分项工程名称	单位	计算公式	工程量
7	帆布软管接口	m^2	1000mm×250mm×300mm S=［(1.00+0.25)×2×0.30］×2=1.5 200mm×120mm×0.20mm S=(0.20+0.12)×2×0.20×8=1.02	2.52
8	风量调节阀安装 200mm×120mm	个		8
9	密闭对开多叶调节阀安装 1000mm×250mm	个		1
10	铝合金百叶送风口安装 200mm×120mm	个		8
11	防雨百页回风口（带过滤网）安装 1000mm×2500mm	个		1
12	阻抗复合式消声器安装 1760mm×800mm	台		1

注 L 为风管长度，m；S 为风管面积，m^2。

（三）计算分部分项工程费

根据计算的工程量，套用《山东省安装工程价目表》（2017 年）第七册以及主要材料价格，计算分部分项工程费，见表 2-3-4。

表 2-3-4 **安装工程预（结）算书**

工程名称：某办公楼通风管路工程 第 1 页 共 1 页 元

序号	定额编号	项目名称	单位	数量	增值税（一般计税）			合计		
					单价	人工费	主材费	合价	人工费	主材费
1	7-1-23	整体式空调机组（5000m³/h）	台	1	1015.35	686.29		1015.35	686.29	0.00
2	7-2-6	镀锌钢板矩形风管 200mm×120mm，δ=0.5mm	10m2	1.47	1156.03	878.59	682.80	1699.36	1291.53	1003.72
3	7-2-7	镀锌钢板矩形风管 320mm×250mm，δ=0.75mm	10m2	0.76	881.97	649.83	796.60	670.30	493.87	605.42
4	7-2-8	镀锌钢板矩形风管 δ=1.0mm	10m2	6.25	760.89	514.38	910.40	4755.56	3214.88	5690.00
5	7-2-139	帆布软管接口	m2	2.52	250.26	130.91		630.66	329.89	0.00
6	7-3-7	风量调节阀安装 800mm 以内	个	8	24.19	21.22	200	193.52	169.76	1600.00
7	7-3-19	密闭对开多叶调节阀安装周长 2800mm 以内	个	1	57.54	45.32	600	57.54	45.32	600.00
8	7-3-38	铝合金百叶送风口安装周长 900mm 以内	个	8	18.93	16.27	100	151.44	130.16	800.00

续表

序号	定额编号	项目名称	单位	数量	增值税（一般计税）			合计		
					单价	人工费	主材费	合价	人工费	主材费
9	7-3-41	防雨百页回风口安装周长2500mm以内	个	1	55.31	47.17	500	55.31	47.17	500.00
10	7-3-190	阻抗复合式消声器安装1760mm×800mm	组	1	413.31	322.29	3000	413.31	322.29	3000.00
11		小计						8627.00	6044.87	13 799.13
12		分部分项工程费			8627.00+13 799.13			22 426.13	6044.87	

（四）计算安装工程费用（造价）

根据第一篇学习单元二相关程序及民用安装工程各项费率，计取各类费用，见表2-3-5。

表2-3-5　　通风空调安装工程定额计价的计算程序

项目名称：某办公楼通风管路工程

序号	费用名称	计算方法	金额（元）
一	分部分项工程费	见表2-3-4中合价	22 426.13
	计费基础JD1	见表2-3-4中合计人工费	6044.87
二	措施项目费	2.1+2.2	1184.79
	2.1 单价措施费		664.94
	1. 脚手架搭拆费	6044.87×4%	241.79
	其中：人工费	241.79×35%	84.63
	2. 通风工程系统调整费	6044.87×7%	423.14
	其中：人工费	423.14×35%	148.10
	2.2 总价措施费	1+2+3+4	519.86
	1. 夜间施工费	6044.87×2.50%	151.12
	2. 二次搬运费	6044.87×2.10%	126.94
	3. 冬雨季施工增加费	6044.87×2.80%	169.26
	4. 已完工程及设备保护费	6044.87×1.20%	72.54
	计费基础JD2	84.63+148.10+151.12×50%+126.94×40%+169.26×40%+72.54×25%	444.90
三	其他项目费	3.1+3.3+…+3.8	
	3.1 暂列金额	按相应规定计算	
	3.2 专业工程暂估价		
	3.3 特殊项目暂估价		
	3.4 计日工		
	3.5 采购保管费		
	3.6 其他检验试验费		
	3.7 总承包服务费		
	3.8 其他		

续表

序号	费用名称	计算方法	金额（元）
四	企业管理费	(6044.87+444.90) ×55%	3569.37
五	利润	(6044.87+444.90) ×32%	2076.73
六	规费	4.1+4.2+4.3+4.4+4.5	2129.91
	6.1 安全文明施工费	(22 426.13+1184.79+3569.37+2076.73) ×5.01%	1492.11
	6.2 社会保险费	(22 426.13+1184.79+3569.37+2076.73) ×1.52%	444.71
	6.3 住房公积金	(22 426.13+1184.79+3569.37+2076.73) ×0.22%	64.37
	6.4 工程排污费	(22 426.13+1184.79+3569.37+2076.73) ×0.28%	81.92
	6.5 建设项目工伤保险	(22 426.13+1184.79+3569.37+2076.73) ×0.16%	46.81
七	设备费	Σ（设备单价×设备工程量）	
八	税金	(22 426.13+1184.79+3569.37+2076.73+2129.91)×11%	3452.56
九	工程费用合计	22 426.13+1184.79+3569.37+2076.73+2129.91+3452.56	34 839.50

任务二 通风空调工程工程量清单的编制

一、通风空调工程工程量计算规范

与通风空调工程清单计价有关的规定是 GB 50500—2013《建设工程工程量清单计价规范》及 GB 50856—2013《通用安装工程工程量计算规范》附录 G 通风空调工程，附录 M 刷油、防腐蚀、绝热工程，附录 N 措施项目。常用的项目包括以下内容。

1. 通风空调设备及部件制作安装

工程量清单项目、设置项目特征描述的内容、计量单位及工程量计算规则，应按表 2-3-6（见 GB 50856—2013 的表 G.1）的规定执行。

表 2-3-6　　通风空调设备及部件制作安装（编码：030701）

项目编码	项目名称	项目特征	计量单位	工程量计算规则	工作内容
030701001	空气加热器（冷却器）	1. 名称 2. 型号 3. 规格 4. 质量 5. 安装形式 6. 支架形式、材质	台	按设计图示数量计算	1. 本体安装、调试 2. 设备支架制作安装
030701002	除尘设备				

续表

项目编码	项目名称	项目特征	计量单位	工程量计算规则	工作内容
030701003	空调器	1. 名称 2. 型号 3. 规格 4. 安装形式 5. 质量 6. 减振垫（器）、支架形式、材质	台（组）	按设计图示数量计算	1. 本体安装或组装、调试 2. 设备支架制作安装
030701004	风机盘管	1. 名称 2. 型号 3. 规格 4. 安装形式 5. 减振器、支架形式、材质 6. 试压要求	台		1. 本体安装、调试 2. 支架制作安装 3. 试压
030701005	表冷器	1. 名称 2. 型号 3. 规格			1. 本体安装 2. 型钢制作安装 3. 过滤器安装 4. 挡水板安装 5. 调试及运转
030701006	密闭门	1. 名称 2. 型号 3. 规格 4. 形式 5. 支架形式、材质	个		1. 本体制作安装 2. 支架制作安装
030701007	挡水板				
030701008	滤水器、溢水盘				
030701009	金属壳体				
030701010	过滤器	1. 名称 2. 型号 3. 规格 4. 类型 5. 框架形式、材质	1. 台算 2. m^2	1. 按设计图示数量计 2. 按设计图示尺寸，以过滤面积计算	1. 本体安装 2. 框架制作安装
030701011	净化工作台	1. 名称 2. 型号 3. 规格 4. 类型	台	按设计图示数量计算	本体安装
030701012	风淋室	1. 名称 2. 型号 3. 规格 4. 类型 5. 质量			
030701013	洁净室				

注　通风空调设备安装的地脚螺栓按设备自带考虑。

2. 通风管道制作安装

工程量清单项目设置、项目特征描述的内容、计量单位及工程量计算规则，应按表 2-3-7（见 GB 50856—2013 的表 G.2）的规定执行。

表 2-3-7 通风管道制作安装（编码：030702）

<table>
<tr><th>项目编码</th><th>项目名称</th><th>项目特征</th><th>计量单位</th><th>工程量计算规则</th><th>工作内容</th></tr>
<tr><td>030702001</td><td>碳钢通风管道</td><td rowspan="2">1. 名称
2. 材质
3. 形状
4. 规格
5. 板材厚度
6. 管件、法兰等附件及支架设计要求
7. 接口形式</td><td rowspan="7">m²</td><td rowspan="5">按设计图示尺寸，以展开面积计算</td><td rowspan="5">1. 风管、管件、法兰、零件、支吊架制作安装
2. 过跨风管落地支架制作安装</td></tr>
<tr><td>030702002</td><td>净化通风管道</td></tr>
<tr><td>030702003</td><td>不锈钢板通风管道</td><td rowspan="3">1. 名称
2. 形状
3. 规格
4. 板材厚度
5. 管件、法兰等附件及支架设计要求
6. 接口形式</td></tr>
<tr><td>030702004</td><td>铝板通风管道</td></tr>
<tr><td>030702005</td><td>塑料通风管道</td></tr>
<tr><td>030702006</td><td>玻璃钢通风管道</td><td>1. 名称
2. 形状
3. 规格
4. 板材厚度
5. 支架形式、材质
6. 接口形式</td><td rowspan="2">按图示外径尺寸，以展开面积计算</td><td rowspan="2">1. 风管、管件安装
2. 支吊架制作安装
3. 过跨风管落地支架制作安装</td></tr>
<tr><td>030702007</td><td>复合型风管</td><td>1. 名称
2. 材质
3. 形状
4. 规格
5. 板材厚度
6. 接口形式
7. 支架形式、材质</td></tr>
<tr><td>030702008</td><td>柔性软风管</td><td>1. 名称
2. 材质
3. 规格
4. 风管接头、支架形式、材质</td><td>m</td><td>按设计图示中心线，以长度计算</td><td>1. 风管安装
2. 风管接头安装
3. 支吊架制作安装</td></tr>
<tr><td>030702009</td><td>弯头导流叶片</td><td>1. 名称
2. 材质
3. 规格
4. 形式</td><td>1. m²
2. 组</td><td>1. 按设计图示尺寸，以展开面积计算
2. 按设计图示数量计算</td><td>1. 制作
2. 组装</td></tr>
</table>

续表

项目编码	项目名称	项目特征	计量单位	工程量计算规则	工作内容
030702010	风管检查孔	1. 名称 2. 材质 3. 规格	1. kg 2. 个	1. 按风管检查孔质量计算 2. 设计图示数量计算	1. 制作 2. 安装
030702011	温度、 风量测定孔	1. 名称 2. 材质 3. 规格 4. 设计要求	个	按设计图示数量计算	1. 制作 2. 安装

注　1. 风管展开面积，不扣除检查孔、测定孔、送风口、吸风口等所占面积；风管长度一律以设计图示中心线长度为准（主管与支管以其中心线交点划分），包括弯头、三通、变径管、天圆地方等管件的长度，但不包括部件所占的长度。风管展开面积不包括风管、管口重叠部分面积。风管渐缩管：圆形风管按平均直径，矩形风管按平均周长。

2. 穿墙套管按展开面积计算，计入通风管道工程量中。

3. 通风管道的法兰垫料或封口材料，按图纸要求应在项目特征中描述。

4. 净化通风管的空气清洁度按 100000 级标准编制，净化通风管使用的型钢材料如要求镀锌时，工作内容应注明支架镀锌。

5. 弯头导流叶片数量，按设计图纸或规范要求计算。

6. 风管检查孔、温度测定孔、风量测定孔数量，按设计图纸或规范要求计算。

3. 通风管道部件制作安装

工程量清单项目设置、项目特征描述的内容、计量单位及工程量计算规则，应按表 2-3-8（见 GB 50856—2013 的表 G.3）的规定执行。

表 2-3-8　　通风管道部件制作安装（编码：030703）

项目编码	项目名称	项目特征	计量单位	工程量计算规则	工作内容
030703001	碳钢阀门	1. 名称 2. 型号 3. 规格 4. 质量 5. 类型 6. 支架形式、材质	个	按设计图示数量计算	1. 阀体制作 2. 阀体安装 3. 支架制作安装
030703002	柔性软风管阀门	1. 名称 2. 规格 3. 材质 4. 类型			阀体安装
030703003	铝蝶阀	1. 名称 2. 规格 3. 质量 4. 类型			
030703004	不锈钢蝶阀				
030703005	塑料阀门	1. 名称 2. 型号 3. 规格 4. 类型			
030703006	玻璃钢蝶阀				

续表

<table>
<tr><th>项目编码</th><th>项目名称</th><th>项目特征</th><th>计量单位</th><th>工程量计算规则</th><th>工作内容</th></tr>
<tr><td>030703007</td><td>碳钢风口、散流器、百叶窗</td><td>1. 名称
2. 型号
3. 规格
4. 质量
5. 类型
6. 形式</td><td rowspan="11">个</td><td rowspan="11">按设计图示数量计算</td><td>1. 风口制作安装
2. 散流器制作安装
3. 百叶窗安装</td></tr>
<tr><td>030703008</td><td>不锈钢风口、散流器、百叶窗</td><td rowspan="2">1. 名称
2. 型号
3. 规格
4. 质量
5. 类型
6. 形式</td><td rowspan="2">1. 风口制作安装
2. 散流器制作安装</td></tr>
<tr><td>030703009</td><td>塑料风口、散流器、百叶窗</td></tr>
<tr><td>030703010</td><td>玻璃钢风口</td><td rowspan="2">1. 名称
2. 型号
3. 规格
4. 类型
5. 形式</td><td>风口安装</td></tr>
<tr><td>030703011</td><td>铝及铝合金风口、散流器</td><td>1. 风口制作安装
2. 散流器制作安装</td></tr>
<tr><td>030703012</td><td>碳钢风帽</td><td rowspan="5">1. 名称
2. 规格
3. 质量
4. 类型
5. 形式
6. 风帽筝绳、泛水设计要求</td><td rowspan="3">1. 风帽制作安装
2. 筒形风帽滴水盘制作安装
3. 风帽筝绳制作安装
4. 风帽泛水制作安装</td></tr>
<tr><td>030703013</td><td>不锈钢风帽</td></tr>
<tr><td>030703014</td><td>塑料风帽</td></tr>
<tr><td>030703015</td><td>铝板伞形风帽</td><td>1. 板伞形风帽制作安装
2. 风帽筝绳制作安装
3. 风帽泛水制作安装</td></tr>
<tr><td>030703016</td><td>玻璃钢风帽</td><td>1. 玻璃钢风帽安装
2. 筒形风帽滴水盘安装
3. 风帽筝绳安装
4. 风帽泛水安装</td></tr>
<tr><td>030703017</td><td>碳钢罩类</td><td>1. 名称
2. 型号
3. 规格
4. 质量
5. 类型
6. 形式
7. 罩类材质</td><td>罩类制作安装</td></tr>
</table>

续表

项目编码	项目名称	项目特征	计量单位	工程量计算规则	工作内容
030703018	塑料罩类	1. 名称 2. 型号 3. 规格 4. 质量 5. 类型 6. 形式	个	按设计图示数量计算	罩类制作安装
030703019	柔性接口	1. 名称 2. 规格 3. 材质 4. 类型 5. 形式	m^2	按设计图示尺寸，以展开面积计算	柔性接口制作安装
030703020	消声器	1. 名称 2. 规格 3. 材质 4. 形式 5. 质量 6. 支架形式、材质	个	按设计图示数量计算	1. 消声器制作安装 2. 支架制作安装
030703021	静压箱	1. 名称 2. 规格 3. 形式 4. 材质 5. 支架形式、材质	1. 个 2. m^2	1. 按设计图示数量计算 2. 按设计图示尺寸，以展开面积计算	1. 静压箱制作安装 2. 支架制作安装

注　1. 碳钢阀门包括空气加热器上通阀、空气加热器旁通阀、圆形瓣式启动阀、风管蝶阀、风管止回阀、密闭式斜插板阀、矩形风管三通调节阀、对开多叶调节阀、风管防火阀、各型风罩调节阀、人防工程密闭阀、自动排气活门等。

2. 塑料阀门包括塑料蝶阀、塑料插板阀、各型风罩塑料调节阀。

3. 碳钢风口、散流器、百叶窗包括百叶风口、矩形送风口、矩形空气分布器、风管插板风口、旋转吹风口、圆形散流器、方形散流器、流线型散流器、送吸风口、活动算式风口、网式风口、钢百叶窗等。

4. 碳钢罩类包括皮带防护罩、电动机防雨罩、侧吸罩、中小型零件焊接台排气罩、整体分组式槽边侧吸罩、吹吸式槽边通风罩、条缝槽边抽风罩、泥心烘炉排气罩、升降式回转排气罩、上下吸式圆形回转罩、升降式排气罩、手锻炉排气罩。

5. 塑料罩类包括塑料槽边侧吸罩、塑料槽边风罩、塑料条缝槽边抽风罩。

6. 柔性接口指金属、非金属软接口及伸缩节。

7. 消声器包括片式消声器、矿棉管式消声器、聚脂泡沫管式消声器、卡普隆纤维管式消声器、弧形声流式消声器、阻抗复合式消声器、微穿孔板消声器、消声弯头。

8. 通风部件图纸要求制作安装、要求用成品部件只安装不制作，这类特征在项目特征中应明确描述。

9. 静压箱的面积计算：按设计图示尺寸，以展开面积计算，不扣除开口的面积。

4. 通风工程检测、调试

工程量清单项目设置、项目特征描述的内容、计量单位及工程量计算规则，应按表 2-3-9（见 GB 50856—2013 的表 G. 4）的规定执行。

表 2-3-9　通风工程检测、调试（编码：030704）

项目编码	项目名称	项目特征	计量单位	工程量计算规则	工作内容
030704001	通风工程检测、调试	系统形式	系统	按由通风设备、管道及部件等组成的通风系统计算	1. 风量测定 2. 风压测定 3. 温度测定 4. 各系统风口、阀门调整
030704002	风管漏光试验、漏风试验	漏光试验、漏风试验设计要求	m^2	按设计图纸或规范要求，以展开面积计算	1. 管道漏光测试 2. 管道漏风测试

5. 其他相关问题

(1)“通风空调工程”适用于通风（空调）设备及部件、通风管道及部件的制作安装工程。

(2) 冷冻机组站内的设备安装及通风机安装，应按 GB 50856—2013 附录 A 相关项目编码列项。

(3) 冷冻机组站内的管道安装，应按 GB 50856—2013 附录 H 相关项目编码列项。

(4) 冷冻站外墙皮以外通往通风空调设备的供热、供冷、供水等管道，应按 GB 50856—2013 附录 K 相关项目编码列项。

(5) 设备和支架的除锈、刷漆、保温及保护层安装，应按 GB 50856—2013 附录 M 相关项目编码列项。

二、通风空调工程工程量清单编制案例

【例 2-3-2】　图 2-3-1 所示某办公楼通风管路工程量清单的编制。

工程量清单应参照第一篇学习单元三工程量清单编制的相关内容及施工图纸和设计施工说明书编制。其编制使用的表格包括 GB 50500—2013《建设工程工程量清单计价规范》的封-1、扉-1、表-01、表-08、表-11、表-12（含表-12-1～表-12-5）、表-13、表-20、表-21。本例只列出其中主要的几个表格，见表 2-3-10～表 2-3-31。

1. 分部分项工程和单价措施项目清单表（GB 50500—2013 附录 F 表-08）

各项目工程量的计算，可参考表 2-3-3。

表 2-3-10　分部分项工程和单价措施项目清单表

工程名称：某办公楼通风管路　　　　第 1 页　共 1 页

序号	项目编码	项目名称	项目特征描述	计量单位	工程量
1	030701003001	空调器	新风机组，风量 $5000m^3/h$，质量 0.4t	台	1
2	030702001001	碳钢通风管道	镀锌钢板，矩形风管，200mm×120mm，咬口，$\delta=0.5mm$	m^2	14.66
3	030702001002	碳钢通风管道	镀锌钢板，矩形风管，320mm×250mm，咬口，$\delta=0.75mm$	m^2	7.64
4	030702001003	碳钢通风管道	镀锌钢板，矩形风管，630mm×250mm，咬口，$\delta=1.0mm$	m^2	19.71
5	030702001004	碳钢通风管道	镀锌钢板，矩形风管，1000mm×250mm，咬口，$\delta=1.0mm$	m^2	13.35

续表

序号	项目编码	项目名称	项目特征描述	计量单位	工程量
6	030702001005	碳钢通风管道	镀锌钢板，矩形风管，1000mm×200mm，咬口，δ=1.0mm	m^2	29.4
7	030703001001	碳钢阀门	风量调节阀，200mm×120mm	个	8
8	030703001002	碳钢阀门	密闭对开多叶调节阀，1000mm×250mm	个	1
9	030703011001	铝合金风口	铝合金百叶送风口，200mm×120mm	个	8
10	030703011002	铝合金风口	防雨百叶回风口（带过滤网），1000mm×2500mm	个	1
11	030703019001	柔性接口	帆布软管接口，200mm×120mm×200mm	m^2	1.02
12	030703019002	柔性接口	帆布软管接口，1000mm×250mm×300mm	m^2	1.5
13	030703020001	消声器	阻抗复合式消声器，3号	个	1
14	030704001001	通风工程检测调试		系统	1

2. 材料暂估单价表材料暂估单价表（GB 50500—2013 附录 G 表-12-2）

材料暂估单价表可参见表 2-3-2 中相关数据。

表 2-3-11　　材料暂估单价表

工程名称：某办公楼通风管路　　第 1 页 共 1 页

序号	材料（工程设备）名称、规格、型号	计量单位	数量		暂估（元）		确认（元）		差额±（元）		备注
			暂估	确认	单价	合价	单价	合价	单价	合价	
1	镀锌钢板 δ=0.5mm	m^2			60						
2	镀锌钢板 δ=0.75mm	m^2			70						
3	镀锌钢板 δ=1.0mm	m^2			80						
4	密闭对开多叶调节阀 1000mm×250mm	个			600						
5	风量调节阀 200mm×120mm	个			200						
6	铝合金百叶送风口 200mm×120mm	个			100						
7	铝合金百叶回风口 1000mm×250mm	个			500						
8	阻抗复合消声器 1760mm×800mm	个			3000						
合计											

注　1. 此表由招标人填写“暂估单价”，并在备注栏说明暂估价的材料、工程设备拟用在哪些清单项目上，投标人应将上述材料、工程设备暂估单价计入工程量清单综合单价报价中。

2. 总价措施项目清单、其他措施项目清单及规费、税金项目清单未作特别约定的，按规定计取。

任务三　通风空调工程工程量清单计价的编制

根据招标人或委托代理人编制的工程量清单及招标文件要求，投标人编制工程量清单计价文件。投标报价使用的表格包括 GB 50500—2013《建设工程工程量清单计价规范》的封-3、扉-3、表-01、表-02、表-03、表-04、表-08、表-09、表-11、表-12（含表-12-1～表-12-5）、表-13、招标文件提供的表-20 和表-21。

【例 2-3-3】 图 2-3-1、图 2-3-2 所示某办公楼通风管路工程工程量清单计价的编制。本例题只列出其中主要的几个表格，见表 2-3-12～表 2-3-31。

1. 总说明（GB 50500—2013 附录D表-01）

表2-3-12 **总 说 明**

工程名称：某办公楼通风管路 第1页 共1页

1. 工程概况：某办公楼建设面积为3000m²、四层砖混结构、通风工程安装计划工期45日历天、施工现场已做好“三通一平”、已具备开工条件。
2. 工程招标和专业工程发包范围：图纸范围内通风工程全部内容。
3. 工程量清单计价编制依据：工程量清单、GB 50500—2013《建设工程工程量清单计价规范》、GB 50856—2013《通用安装工程工程量计算规范》、施工图纸和设计施工说明书、工程所在地建设主管部门的相关规定等。
4. 工程质量、材料、施工等的特殊要求：质量达到合格标准；所有材料乙供；施工中做到安全文明施工。
5. 本工程管理费费率按55%，利润率按32%计取；规费费率及税金税率为不可竞争费，执行当地规定。人工单价按103元/工日执行（鲁建标字〔2017〕1号文规定）。有关主材价格按暂估价计入。

2. 单位工程投标报价汇总表（GB 50500—2013 附录E表-04）

表2-3-13 **单位工程投标报价汇总表**

工程名称：某办公楼通风管路工程 标段： 第1页 共1页

序号	汇总内容	金额（元）	其中：暂估价（元）
一	分部分项工程费	29 902.33	13 799.13
二	措施项目费	937.87	
1	单价措施项目费		
2	总价措施项目费	937.87	
2.1	夜间施工费	172.40	
2.2	二次搬运费	144.82	
2.3	冬雨季施工增加费	193.09	
2.4	已完工程及设备保护费	82.75	
2.5	脚手架搭拆费	344.80	
三	其他项目费		
1	暂列金额		
2	专业工程暂估价		
3	计日工		
4	总承包服务费		
四	规费	2217.41	
1	安全文明施工费	1545.09	
1.1	环境保护费	89.44	
1.2	文明施工费	181.96	
1.3	临时设施费	542.79	
1.4	安全施工费	730.91	
2	工程排污费	86.35	
3	社会保障费	468.77	
4	住房公积金	67.85	
5	建设项目工伤保险	49.34	
五	税金	650.22	
投标报价合计=一+二+三+四+五		33 707.83	13 799.13

3. 分部分项工程和单价措施项目清单计价表（GB 50500—2013 附录 F 表 - 08）

表 2 - 3 - 14　　**分部分项工程和单价措施项目清单计价表**

工程名称：某办公楼通风管路工程　　第 1 页　共 1 页

序号	项目编码	项目名称	项目特征描述	计量单位	工程量	金额（元）			
						综合单价	合价	其中：人工费	其中：暂估价
1	030701003001	空调器	新风机组，风量 5000m³/h，质量 0.4t	台	1	1612.42	1612.42	686.29	0.00
2	030702001001	碳钢通风管道	镀锌钢板，矩形风管，200mm×120mm，咬口，δ=0.5mm	m2	14.66	260.32	3816.30	1291.53	1003.72
3	030702001002	碳钢通风管道	镀锌钢板，矩形风管，320mm×250mm，咬口，δ=0.75mm	m2	7.64	224.39	1714.36	493.87	605.42
4	030702001003	碳钢通风管道	镀锌钢板，矩形风管，630mm×250mm，咬口，δ=1.0mm	m2	19.71	211.88	4176.16	1013.33	1793.49
5	030702001005	碳钢通风管道	镀锌钢板，矩形风管，1000mm×200mm，咬口，δ=1.0mm	m2	29.4	211.88	6229.27	1512.28	2676.58
6	030702001004	碳钢通风管道	镀锌钢板，矩形风管，1000mm×250mm，咬口，δ=1.0mm	m2	13.35	211.88	2828.60	689.27	1219.94
7	030703001001	碳钢阀门	风量调节阀，200mm×120mm	个	8	242.65	1941.21	169.76	1600.00
8	030703001002	碳钢阀门	密闭对开多叶调节阀，1000mm×250mm	个	1	696.97	696.97	45.32	600.00
9	030703011001	铝合金风口	铝合金百叶送风口，200mm×120mm	个	8	133.08	1064.68	130.16	800.00
10	030703011002	铝合金风口	防雨百页回风口（带过滤网），1000mm×2500mm	个	1	596.35	596.35	47.17	500.00
11	030703019001	柔性接口	帆布软管接口，200mm×120mm×200mm	m2	1.02	364.15	371.43	133.53	0.00
12	030703019002	柔性接口	帆布软管接口，1000mm×250mm×300mm	m2	1.5	364.15	546.23	196.37	0.00
13	030703020001	消声器	阻抗复合式消声器，1760mm×800mm	个	1	3693.70	3693.70	322.29	3000.00
14	030704001001	通风工程检测调试		系统	1	614.66	614.66	164.91	0.00
		合计					29 902.33	6896.07	13 799.13

4. 工程量清单综合单价分析表 GB 50500—2013 附录 F 表 - 09)

表 2-3-15 **工程量清单综合单价分析表（一）**

工程名称：某办公楼通风管路工程 标段： 第 1 页 共 14 页

项目编码		030701003001		项目名称		空调器				计量单位		台	
清单综合单价组成明细													
定额编号	定额名称	定额单位	数量	单价（元）					合价（元）				
				人工费	材料费	机械费	管理费	利润	人工费	材料费	机械费	管理费	利润
7-1-23	整体式空调机组（5000m^3/h）	台	1	686.29	193.82	135.24	377.46	219.61	686.29	193.82	135.24	377.46	219.61
人工单价		小计							686.29	193.82	135.24	377.46	219.61
103 元/工日		未计价材料费							0.00				
清单项目综合单价									1612.42				
材料费明细	主要材料名称、规格、型号					单位	数量		单价（元）	合价（元）	暂估单价（元）	暂估合价（元）	
	其他材料费												
	材料费小计											0.00	

表 2-3-16 **工程量清单综合单价分析表（二）**

工程名称：某办公楼通风管路工程 标段： 第 2 页 共 14 页

项目编码		030702001001		项目名称		碳钢通风管道				计量单位		m^2	
清单综合单价组成明细													
定额编号	定额名称	定额单位	数量	单价（元）					合价（元）				
				人工费	材料费	机械费	管理费	利润	人工费	材料费	机械费	管理费	利润
7-2-6	镀锌钢板矩形风管 200mm×120mm，δ-0.5mm	10m^2	1.47	878.59	232.61	44.83	483.22	281.15	1291.53	341.94	65.90	710.34	413.29
人工单价		小计							1291.53	341.94	65.90	710.34	413.29
103 元/工日		未计价材料费							1003.72				
清单项目综合单价									260.32				
材料费明细	主要材料名称、规格、型号					单位	数量		单价（元）	合价（元）	暂估单价（元）	暂估合价（元）	
	镀锌钢板 δ=0.5mm					m^2	16.73				60	1003.73	
	其他材料费												
	材料费小计											1003.72	

表 2-3-17

工程量清单综合单价分析表（三）

工程名称：某办公楼通风管路工程　　　　标段：　　　　第 3 页　共 14 页

项目编码		030702001002		项目名称		碳钢通风管道					计量单位	m²	
清单综合单价组成明细													
定额编号	定额名称	定额单位	数量	单价（元）					合价（元）				
				人工费	材料费	机械费	管理费	利润	人工费	材料费	机械费	管理费	利润
7-2-7	镀锌钢板矩形风管 320mm×250mm，δ=0.75mm	10m²	0.76	649.83	206.13	26.01	357.41	207.95	493.87	156.66	19.77	271.63	158.04
人工单价		小计							493.87	156.66	19.77	271.63	158.04
103 元/工日		未计价材料费							605.42				
清单项目综合单价									224.39				
材料费明细	主要材料名称、规格、型号					单位	数量		单价（元）	合价（元）	暂估单价（元）	暂估合价（元）	
	镀锌钢板 δ=0.75mm					m²	8.65				70	605.42	
	其他材料费												
	材料费小计											605.42	

表 2-3-18

工程量清单综合单价分析表（四）

工程名称：某办公楼通风管路工程　　　　标段：　　　　第 4 页　共 14 页

项目编码		030702001003		项目名称		碳钢通风管道					计量单位	m²	
清单综合单价组成明细													
定额编号	定额名称	定额单位	数量	单价（元）					合价（元）				
				人工费	材料费	机械费	管理费	利润	人工费	材料费	机械费	管理费	利润
7-2-8	镀锌钢板矩形风管 630mm×250mm，δ=1.0mm	10m²	1.97	514.38	231.41	15.1	282.91	164.60	1013.33	455.88	29.75	557.33	324.27
人工单价		小计							1013.33	455.88	29.75	557.33	324.27
103 元/工日		未计价材料费							1793.49				
清单项目综合单价									211.88				
材料费明细	主要材料名称、规格、型号					单位	数量		单价（元）	合价（元）	暂估单价（元）	暂估合价（元）	
	镀锌钢板 δ=1.0m					m²	22.42				80	1793.49	
	其他材料费												
	材料费小计											1793.49	

表 2-3-19

工程量清单综合单价分析表（五）

工程名称：某办公楼通风管路工程　　标段：　　第 5 页　共 14 页

项目编码		030702001004		项目名称		碳钢通风管道					计量单位	m^2	
清单综合单价组成明细													
定额编号	定额名称	定额单位	数量	单价（元）					合价（元）				
				人工费	材料费	机械费	管理费	利润	人工费	材料费	机械费	管理费	利润
7-2-8	镀锌钢板矩形风管 1000mm×200mm，δ=1.0mm	10m^2	2.94	514.38	231.41	15.1	282.91	164.60	1512.28	680.35	44.39	831.75	483.93
人工单价		小计							1512.28	680.35	44.39	831.75	483.93
103 元/工日		未计价材料费							2676.58				
清单项目综合单价									211.88				
材料费明细	主要材料名称、规格、型号					单位	数量		单价（元）	合价（元）	暂估单价（元）	暂估合价（元）	
	镀锌钢板 δ=1.0mm					m^2	33.46				80	2676.58	
	其他材料费												
	材料费小计											2676.58	

表 2-3-20

工程量清单综合单价分析表（六）

工程名称：某办公楼通风管路工程　　标段：　　第 6 页　共 14 页

项目编码		030702001005		项目名称		碳钢通风管道					计量单位	m^2	
清单综合单价组成明细													
定额编号	定额名称	定额单位	数量	单价（元）					合价（元）				
				人工费	材料费	机械费	管理费	利润	人工费	材料费	机械费	管理费	利润
7-2-8	镀锌钢板矩形风管 1000mm×250mm，δ=1.0mm	10m^2	1.34	514.38	231.41	15.1	282.91	164.60	689.27	310.09	20.23	379.10	220.57
人工单价		小计							689.27	310.09	20.23	379.10	220.57
103 元/工日		未计价材料费							1219.94				
清单项目综合单价									211.88				
材料费明细	主要材料名称、规格、型号					单位	数量		单价（元）	合价（元）	暂估单价（元）	暂估合价（元）	
	镀锌钢板 δ=1.0m					m^2	15.25				80	1219.94	
	其他材料费												
	材料费小计											1219.94	

表 2-3-21

工程量清单综合单价分析表（七）

工程名称：某办公楼通风管路工程　　　　标段：　　　　第 7 页　共 14 页

项目编码		030703001001		项目名称		碳钢阀门					计量单位	个	
清单综合单价组成明细													
定额编号	定额名称	定额单位	数量	单价（元）					合价（元）				
				人工费	材料费	机械费	管理费	利润	人工费	材料费	机械费	管理费	利润
7-3-7	风量调节阀 200mm×120mm	个	8	21.22	2.84	0.13	11.67	6.79	169.76	22.72	1.04	93.37	54.32
人工单价		小计							169.76	22.72	1.04	93.37	54.32
103 元/工日		未计价材料费							1600.00				
清单项目综合单价									242.65				
材料费明细	主要材料名称、规格、型号					单位	数量		单价（元）	合价（元）	暂估单价（元）	暂估合价（元）	
	风量调节阀 200mm×120mm					个	8.00				200	1600.00	
	其他材料费												
	材料费小计											1600.00	

表 2-3-22

工程量清单综合单价分析表（八）

工程名称：某办公楼通风管路工程　　　　标段：　　　　第 8 页　共 14 页

项目编码		030703001002		项目名称		碳钢阀门					计量单位	个	
清单综合单价组成明细													
定额编号	定额名称	定额单位	数量	单价（元）					合价（元）				
				人工费	材料费	机械费	管理费	利润	人工费	材料费	机械费	管理费	利润
7-3-19	密闭对开多叶调节阀 1000mm×250mm	个	1	45.32	6.63	5.59	24.93	14.50	45.32	6.63	5.59	24.93	14.50
人工单价		小计							45.32	6.63	5.59	24.93	14.50
103 元/工日		未计价材料费							600.00				
清单项目综合单价									696.97				
材料费明细	主要材料名称、规格、型号					单位	数量		单价（元）	合价（元）	暂估单价（元）	暂估合价（元）	
	密闭对开多叶调节阀 1000mm×250mm					个	1.00				600	600.00	
	其他材料费												
	材料费小计											600.00	

表 2-3-23

工程量清单综合单价分析表（九）

工程名称：某办公楼通风管路工程　　标段：　　第 9 页　共 14 页

项目编码		030703011001		项目名称		铝合金风口					计量单位	个	
清单综合单价组成明细													
定额编号	定额名称	定额单位	数量	单价（元）					合价（元）				
				人工费	材料费	机械费	管理费	利润	人工费	材料费	机械费	管理费	利润
7-3-38	铝合金百叶送风口 200mm×120mm	个	8	16.27	2.53	0.13	8.95	5.21	130.16	20.24	1.04	71.59	41.65
人工单价		小计							130.16	20.24	1.04	71.59	41.65
103 元/工日		未计价材料费							800.00				
清单项目综合单价									133.08				
材料费明细	主要材料名称、规格、型号					单位	数量		单价（元）	合价（元）	暂估单价（元）	暂估合价（元）	
	铝合金百叶送风口 200mm×120mm					个	8.00				100	800.00	
	其他材料费												
	材料费小计											800.00	

表 2-3-24

工程量清单综合单价分析表（十）

工程名称：某办公楼通风管路工程　　标段：　　第 10 页　共 14 页

项目编码		030703011002		项目名称		铝合金风口					计量单位	个	
清单综合单价组成明细													
定额编号	定额名称	定额单位	数量	单价（元）					合价（元）				
				人工费	材料费	机械费	管理费	利润	人工费	材料费	机械费	管理费	利润
7-3-41	防雨百页回风口（带过滤网） 1000mm×2500mm	个	1	47.17	8.01	0.13	25.94	15.09	47.17	8.01	0.13	25.94	15.09
人工单价		小计							47.17	8.01	0.13	25.94	15.09
103 元/工日		未计价材料费							500.00				
清单项目综合单价									596.35				
材料费明细	主要材料名称、规格、型号					单位	数量		单价（元）	合价（元）	暂估单价（元）	暂估合价（元）	
	防雨百页回风口（带过滤网）1000m×2500mm					个	1.00				500	500.00	
	其他材料费												
	材料费小计											500.00	

表 2-3-25

工程量清单综合单价分析表（十一）

工程名称：某办公楼通风管路工程　　　　标段：　　　　第 11 页　共 14 页

项目编码		030703019001		项目名称		柔性接口					计量单位	m²	
清单综合单价组成明细													
定额编号	定额名称	定额单位	数量	单价（元）					合价（元）				
				人工费	材料费	机械费	管理费	利润	人工费	材料费	机械费	管理费	利润
7-2-139	帆布软管接口 200mm×120mm×200mm	m²	1.02	130.91	117.58	1.77	72.00	41.89	133.53	119.93	1.81	73.44	42.73
人工单价		小计							133.53	119.93	1.81	73.44	42.73
103 元/工日		未计价材料费							0.00				
清单项目综合单价									364.15				
材料费明细	主要材料名称、规格、型号					单位	数量		单价（元）	合价（元）	暂估单价（元）	暂估合价（元）	
	其他材料费												
	材料费小计											0.00	

表 2-3-26

工程量清单综合单价分析表（十二）

工程名称：某办公楼通风管路工程　　　　标段：　　　　第 12 页　共 14 页

项目编码		030703019002		项目名称		柔性接口					计量单位	m²	
清单综合单价组成明细													
定额编号	定额名称	定额单位	数量	单价（元）					合价（元）				
				人工费	材料费	机械费	管理费	利润	人工费	材料费	机械费	管理费	利润
7-2-139	帆布软管接口 1000mm×250mm×300mm	m²	1.5	130.91	117.58	1.77	72.00	41.89	196.37	176.37	2.66	108.00	62.84
人工单价		小计							196.37	176.37	2.66	108.00	62.84
103 元/工日		未计价材料费							0.00				
清单项目综合单价									364.15				
材料费明细	主要材料名称、规格、型号					单位	数量		单价（元）	合价（元）	暂估单价（元）	暂估合价（元）	
	其他材料费												
	材料费小计											0.00	

表 2-3-27 **工程量清单综合单价分析表（十三）**

工程名称：某办公楼通风管路工程　　标段：　　第 13 页　共 14 页

项目编码		030703020001		项目名称	消声器					计量单位		个	
清单综合单价组成明细													
定额编号	定额名称	定额单位	数量	单价（元）					合价（元）				
				人工费	材料费	机械费	管理费	利润	人工费	材料费	机械费	管理费	利润
7-3-190	阻抗复合式消声器 1760mm×800mm	个	1	322.29	87.04	3.98	177.26	103.13	322.29	87.04	3.98	177.26	103.13
人工单价		小计							322.29	87.04	3.98	177.26	103.13
103 元/工日		未计价材料费							3000.00				
清单项目综合单价									3693.70				
材料费明细	主要材料名称、规格、型号				单位	数量			单价（元）	合价（元）	暂估单价（元）	暂估合价（元）	
	阻抗复合式消声器 1760mm×800mm				个	1.0					3000	3000.00	
	其他材料费												
	材料费小计											3000.00	

表 2-3-28 **工程量清单综合单价分析表（十四）**

工程名称：某办公楼通风管路工程　　标段：　　第 14 页　共 14 页

项目编码		030704001001		项目名称	通风工程检测调试					计量单位		系统	
清单综合单价组成明细													
定额编号	定额名称	定额单位	数量	单价（元）					合价（元）				
				人工费	材料费	机械费	管理费	利润	人工费	材料费	机械费	管理费	利润
	通风工程检测调试	系统	1	164.91	306.27		90.70	52.77	164.91	306.27	0.00	90.70	52.77
人工单价		小计							164.91	306.27	0.00	90.70	52.77
103 元/工日		未计价材料费							0.00				
清单项目综合单价									614.66				
材料费明细	主要材料名称、规格、型号				单位	数量			单价（元）	合价（元）	暂估单价（元）	暂估合价（元）	
	其他材料费												
	材料费小计											0.00	

注 SD 02-31—2016《山东省安装工程消耗量定额》第七册规定通风工程检测调试按系统人工费（表 2-3-15～表 2-3-27 人工费之和）的 7%计算，其中人工费占 35%，其他 65%按材料费计入。

5. 总价措施项目清单与计价表（GB 50500—2013 附录 F 表 - 11）

表 2-3-29 总价措施项目清单与计价表

工程名称：某办公楼通风管路工程　　标段：　　第 1 页 共 1 页

序号	项目编码	项目名称	计算基础（元）	费率（%）	金额（元）	调整费率（%）	调整后金额（元）	备注
1	031302002	夜间施工费	6896.07	2.50	172.40			
2	031302004	二次搬运费	6896.07	2.10	144.82			
3	031302005	冬雨季施工增加费	6896.07	2.80	193.09			
4	031302006	已完工程及设备保护费	6896.07	1.20	82.75			
5	031301017	脚手架搭拆费	6896.07	5.00	344.80			
合计					937.87			

编制人（造价人员）：××　　复核人（造价工程师）：××

注 计算基础为人工费。

6. 其他项目清单计价汇总表（GB 50500—2013 附录 G 表 - 12）

表 2-3-30 其他项目清单计价汇总表

工程名称：某办公楼通风管路工程　　标段：　　第 1 页 共 1 页

序号	项目名称	金额（元）	结算金额（元）	备注
1	暂列金额			
2	暂估价	13 799.13		
2.1	材料暂估价	13 799.13		
2.2	专业工程暂估价			
3	计日工			
4	总承包服务费			
合计				

注 材料（工程设备）暂估单价计入清单项目综合单价，此处不汇总。

7. 规费、税金项目清单计价表（GB 50500—2013 附录 H 表 - 13）

表 2-3-31 规费、税金项目清单计价表

工程名称：某办公楼通风管路工程　　标段：　　第 1 页 共 1 页

序号	项目名称	计算基础	计算基数（元）	计算费率（%）	金额（元）
1	规费	1.1+1.2+1.3+1.4+1.5	1545.09+86.35+468.77+67.85+49.34		2217.41
1.1	安全文明施工费	1.1.1+1.1.2+1.1.3+1.1.4	89.44+181.96+542.79+730.91		1545.09

续表

序号	项目名称	计算基础	计算基数（元）	计算费率（%）	金额（元）
1.1.1	环境保护费	分部分项和单价措施费＋总价措施费＋其他项目费	29 902.33＋937.87	0.29	89.44
1.1.2	文明施工费		29 902.33＋937.87	0.59	181.96
1.1.3	临时设施费		29 902.33＋937.87	1.76	542.79
1.1.4	安全施工费		29 902.33＋937.87	2.37	730.91
1.2	工程排污费		29 902.33＋937.87	0.28	86.35
1.3	社会保险费		29 902.33＋937.87	1.52	468.77
1.4	住房公积金		29 902.33＋937.87	0.22	67.85
1.5	建设项目工伤保险		29 902.33＋937.87	0.16	49.34
2	税金	分部分项和单价措施费＋总价措施费＋其他项目费＋规费	29 902.33＋937.87＋2217.41	11	650.22
合计					2867.63

编制人（造价人员）：××　　　　复核人（造价工程师）：××

项目四　工业管道工程计量与计价

任务一　工业管道工程定额计价的编制

一、工业管道工程工程量计算规则

与工业管道工程施工图预算编制有关的规定主要是 SD 02 - 31—2016《山东省安装工程消耗量定额》的第八册《工业管道工程》[《山东省安装工程价目表》(2017 年)第八册] 和第十二册《刷油、防腐蚀、绝热工程》[《山东省安装工程价目表》(2017 年)第十二册]。

第八册《工业管道工程》(以下简称本册定额)适用于厂区范围内的车间、装置、站、罐区及其相互之间各种生产用介质输送管道,厂区第一个连接点以内的生产用(包括生产与生活共用)给水、排水、蒸汽、燃气等输送管道的安装工程。其中给水以入口水表井为界;排水以厂区围墙外第一个污水井为界;蒸汽和燃气以入口第一个计量表(阀门)为界;锅炉房、水泵房以墙皮为界。本册定额共分七章。每章节编码对应 GB 50856—2013《通用安装工程工程量计算规范》附录 H 工业管道工程。

(一)管道安装(030801)

1. 章说明

(1)本章包括低压管道、中压管道、高压管道的安装。

(2)衬里钢管预制安装,管件按成品,管件两端按接短管焊法兰考虑,定额中包括直管、管件、法兰的全部安装工作内容(二次安装、一次拆除),但不包括衬里及场外运输。

(3)本章不包括以下工作内容,应执行本册相应定额。

1)管件连接;

2)阀门安装;

3)法兰安装;

4)管道压力试验、吹扫与清洗;

5)焊口无损检测、预热及后热、热处理、硬度测定、光谱分析;

6)管道支吊架制作与安装。

2. 工程量计算规则

(1)管道安装按不同压力、材质、连接形式,以“10m”为计量单位。

(2)各种管道安装工程量,按设计管道中心线,以“延长米”长度计算,不扣除阀门及各种管件所占长度。

(3)加热套管安装按内、外管分别计算工程量,执行相应定额。

(4)金属软管安装按不同连接形式,以“根”为计量单位。

(5)钢套钢预制直埋保温管管径以介质管道(内管)管径为准。其管道主材耗用量以管道安装工程量扣除管件、附件、阀门实际所占长度后,另加 4%损耗计算。

（二）管件连接（030802）

1. 章说明

（1）本章与“管道安装”配套使用。

（2）钢套钢预制直埋保温管附件是指固定支架、滑动支架以及补偿器，所有管件、附件等均按成品件考虑。套用定额时，管件、附件均以介质管道（内管）管径为准，外套管接口以外管管径为准。

（3）钢套钢预制直埋保温管管件接头处的除锈、刷油（防腐）、绝热补口工作，按发生数量套用 SD 02 - 31—2016 第十二册相应定额项目，其中刷油（防腐）、绝热定额人工、机械乘以系数 2.0，材料乘以系数 1.20。

（4）有关说明：

1）在管道上安装的仪表一次部件，执行本章管件连接相应项目定额乘以系数 0.7。

2）仪表的温度计扩大管制作与安装，执行本章管件连接相应项目定额乘以系数 1.5。

3）焊接盲板执行本章管件连接相应项目定额乘以系数 0.6。

4）焊接管帽（椭圆形管封头）直接套用管件连接定额项目，不需调整。

2. 工程量计算规则

（1）各种管件连接均按不同压力、材质、连接形式，不分种类，以“10 个”为计量单位。

（2）各种管道在主管上挖眼接管三通、摔制异径管，应按不同压力、材质、规格执行管件连接相应项目，不另计制作费和主材费。

（3）挖眼接管三通支线管径小于或等于主管径的 1/2 时，按支线管径计算管件工程量，支线管径大于主管径的 1/2 时，按主管径计算管件工程量；在主管上挖眼焊接管接头、凸台等配件，按配件管径计算管件工程量；摔制异径管按大口径计算管件工程量。

（4）定额中已综合考虑了弯头、三通、异径管、管帽、管接头等管件含量的差异，使用定额时按设计用量，不分种类，执行同一定额。

（5）成品四通的安装可按相应管件连接定额乘以 1.40 的系数计算。

（6）全加热套管的外套管件安装，定额按两半管件考虑的，包括两道纵缝和两道环缝。全加热套管的外套两半封闭短管执行加热外套碳钢管件（两半，电弧焊）、加热外套不锈钢管件（两半，电弧焊）项目。

（7）半加热外套管摔口后焊在内套管上，每个焊口按一个管件计算。当外套碳钢管焊在不锈钢管内套管上时，焊口间需加不锈钢短管衬垫，每处焊口按两个管件计算，衬垫短管按设计长度计算。当设计无规定时，按 50mm 长度计算其价值。

（三）阀门安装（030703）

1. 章说明

（1）本章内容包括低压阀门、中压阀门、高压阀门等安装及安全阀调试。

（2）本章各种阀门安装（调节阀门除外）均包括壳体压力试验和密封试验工作内容。

（3）本章各种阀门安装不包括阀体磁粉检测和阀杆密封填料更换工作内容。

（4）有关说明：

1）阀门安装综合考虑了壳体压力试验（包括强度试验和严密性试验），执行本章项目时不因现场情况不同而调整。

2）仪表流量计安装，执行阀门安装相应项目定额乘以系数0.6。

3）限流孔板、八字盲板安装，执行阀门安装相应项目定额乘以系数0.4。

4）法兰阀门安装包括一个垫片和一副法兰用螺栓的安装。

5）焊接阀门是按碳钢焊接编制的，设计为其他材质，焊材可替换，消耗量不变。

6）阀门壳体压力试验和密封试验是按水考虑的，如设计要求其他介质，可按实计算。

7）法兰阀门安装使用的垫片是按石棉橡胶板考虑的，实际施工与定额不同时，可替换。

8）齿轮、液压传动、电动阀门安装已包括齿轮、液压传动、电动机安装，检查接线执行其他册相应定额。

2. 工程量计算规则

（1）各种阀门按不同压力、连接形式，以“个”为计量单位。

（2）各种法兰阀门安装与配套法兰的安装，分别计算工程量。

（3）阀门安装中螺栓材料量按施工图设计用量加规定的损耗量计算。

（4）减压阀安装按高压侧直径执行相应项目。

（四）法兰安装（030804）

1. 章说明

（1）本章内容包括低压法兰、中压法兰、高压法兰等各种法兰安装。

（2）本章不包括法兰冷紧、热紧。

（3）有关说明：

1）全加热套管法兰安装，按内套管法兰直径执行相应项目，定额乘以系数2.0。

2）单片法兰安装，执行法兰安装相应项目，定额乘以系数0.61。

3）中压螺纹法兰、平焊法兰安装，执行低压相应项目，定额乘以系数1.2。

4）节流装置安装，执行法兰安装相应项目，定额乘以系数0.7。

5）焊环活动法兰安装，执行翻边活动法兰安装相应项目，翻边短管更换为焊环。

6）法兰安装包括一个垫片和一副法兰用的螺栓安装。

7）法兰安装使用垫片是按石棉橡胶板考虑的，实际施工与定额不同时，可替换。

2. 工程量计算规则

（1）各种法兰安装按不同压力、材质、连接形式和种类，以“副”为计量单位。

（2）法兰安装中螺栓材料量按施工图设计用量加规定的损耗量计算。

（五）管道压力试验、吹扫与清洗（030805）

1. 章说明

（1）本章内容包括管道压力试验、管道系统吹扫、管道系统清洗、管道脱脂、管道油清洗。

（2）本章包括临时用空压机和泵作动力进行试压、吹扫及清洗，管道连接的管线、盲板、阀门、螺栓等所用的材料摊销量，不包括管道之间的临时串通管和临时排放管线。水源地至试压泵前水箱及管道排放口至排放点的临时管线安装与拆除，按施工方案另行计算。

（3）管道油清洗项目按系统循环清洗考虑，包括油冲洗、系统连接和滤油机用橡胶管的摊销。但不包括管道内除锈，发生时另行计算。

（4）管道液压试验是按普通水编制的，如设计要求其他介质，可按实计算。

2. 工程量计算规则

本章管道压力试验、泄漏性试验、吹扫与清洗按不同压力、规格，以“100m”为计量单位。

（六）无损检测与焊口热处理（030806）

1. 章说明

（1）本章内容包括管材表面无损检测、焊缝无损检测、焊口预热及后热、焊口热处理、硬度测定、光谱分析。

（2）本章不包括以下工作内容：

1）固定射线检测仪器使用的各种支架制作。

2）超声波检测对比试块的制作。

3）γ源的全程往返运输、监护、监管、回收等措施费用。

（3）电加热片、电阻丝、电感应预热及后热项目，如设计要求焊后立即进行热处理，预热及后热项目定额乘以系数0.87。

（4）电加热片是按履带式考虑的，实际与定额不同时可替换。

2. 工程量计算规则

（1）X射线、γ射线无损检测，按管材的双壁厚执行定额相应项目。

（2）管材表面无损检测按规格，以“10m”为计量单位。

（3）焊缝射线检测按管道壁厚、胶片规格，以“10张”为计量单位。

（4）焊缝超声波、磁粉和渗透检测按规格，以“10口”为计量单位。

（5）焊口预热及后热和焊口热处理按不同材质、规格，以“10口”为计量单位。

（七）其他（030807）

1. 章说明

（1）本章内容包括管道支吊架制作与安装，焊口充氩保护，冷排管制作安装，钢带退火、加氨，蒸汽分汽缸、集气罐、空气分气筒制作安装等。

（2）冷排管制作与安装定额已包括钢带的轧绞、绕片工作内容。

（3）本章不包括以下工作内容：

1）分汽缸、集气罐和空气分气筒的附件安装。

2）冷排管制作与安装定额中的钢带退火和冲、套翅片。

（4）有关说明：

1）一般管架、木垫式管架、弹簧式管架的制作均执行管架制作定额。

2）木垫式管架制作与安装不包括木垫重量，但包括木垫的安装，木垫主材费另计。

3）弹簧式管架的制作不包括弹簧重量，安装重量包括弹簧重量。

4）不锈钢管、有色金属管、非金属管的管架制作与安装，按一般管架定额乘以系数1.1。

5）采用成型钢管焊接的异形管架制作与安装，按一般管架定额乘以系数1.3，如材质不同时，电焊条可以替换，消耗量不变。

6）煨弯按90°考虑，煨180°时，定额乘以系数1.5。

2. 工程量计算规则

（1）管架制作与安装以“100kg”为计量单位。

（2）套管制作与安装按工作管道的不同规格，以“个”为计量单位。

（3）焊口充氩保护按管道不同规格，以“10 口”为计量单位。

（4）冷排管制作与安装以“100m”为计量单位。

（八）本册定额有关问题的说明

（1）本册定额管道压力等级的划分如下：

低压：$0<p\leqslant1.6$MPa。

中压：$1.6<p\leqslant10$MPa。

高压：10MPa$<p\leqslant$42MPa。

蒸汽管道 $p\geqslant$9MPa、工作温度$\geqslant$500℃时为高压。

（2）本册定额不包括下列内容：

1）单体试运转所需的水、电、蒸汽、气体、油（油脂）、燃气等。

2）配合联动试车费。

3）管道安装后的充氮、防冻保护。

（3）下列费用可按系数分别计取：

1）整体封闭式地沟的管道施工，其人工和机械消耗量乘以系数 1.2。

2）脚手架搭拆费按定额人工费的 10%计算，其费用中人工费占 35%；单独承担的埋地管道工程不计脚手架搭拆费。

3）操作高度增加费：以设计标高正负零平面为基准，安装高度超过 20m 时，超过部分的工程量按定额人工、机械乘以表 2-4-1 中系数。

表 2-4-1　操作高度增加费系数表

操作物高度（m）	≤30	≤50	>50
系数	1.2	1.5	按施工方案确定

（4）有关说明：

1）生产、生活共用的给水、排水、蒸汽、煤气等输送管道，执行本册定额；生活用的各种管道执行 SD 02-31—2016 第十册《给排水、采暖、燃气工程》相应项目。

2）随设备供应预制成型的设备本体管道，其安装费包括在设备安装定额内；按材料或半成品供应的执行本册定额。

3）预应力混凝土管道、管件安装执行《市政工程消耗量定额》相应项目。

4）管道预制钢平台的搭拆执行 SD 02-31—2016 第三册《静置设备与工艺金属结构制作安装工程》相应项目。

5）地下管道的管沟、土石方及砌筑工程执行相关定额。

6）刷油、绝热、防腐蚀、衬里工程执行 SD 02-31—2016 第十二册相应项目。

7）管道安装按设计压力执行相应定额；管件、阀门、法兰安装按公称压力执行相应定额。

8）方型补偿器安装：直管执行本册定额第一章相应项目，弯头执行本册定额第二章相应项目。方形补偿器的预拉或预压未包括。

9）厂区外 1～10km 以内的管道安装项目，其人工和机械乘以系数 1.1。

10）超低碳不锈钢管道、管件、法兰安装执行不锈钢管道、管件、法兰安装项目，其人工和机械乘以系数1.15，焊材可以替换，消耗量不变。

11）高合金钢管道、管件、法兰执行合金钢管道、管件、法兰安装项目，其人工和机械乘以系数1.15，焊材可以替换，消耗量不变。

12）本定额各种材质管道施工使用特殊焊材时，焊材可以替换，消耗量不变。

二、工业管道工程定额计价编制案例

【例2-4-1】 某厂区生产装置内工业管道施工图（见图2-4-1）预算编制。

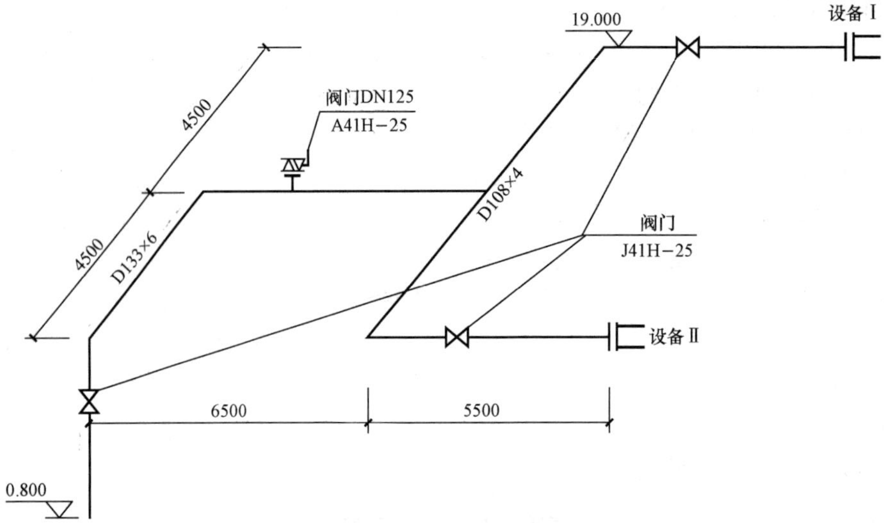

图2-4-1 某厂区生产装置内工业管道系统图

（一）施工图设计说明

（1）图中尺寸标高以米计，其余均以毫米计。工作介质压力2.0MPa。

（2）管道材质均为20号无缝钢管，弯头采用成品压制弯头，三通为现场挖眼，异径管现场摔制，法兰采用对焊法兰。

（3）管道表面人工除轻锈后，刷红丹防锈漆一遍、银粉两遍。

（4）所有焊缝采用电弧焊，不做无损探伤。安装完毕，做水压试验。

（5）未计价主要材料（主材）价格按表2-4-2执行。

表2-4-2 主要材料（主材）价格

序号	名称	单位	单价	序号	名称	单位	单价
1	无缝管D108×4（DN100）	元/m	25.00	6	阀门DN125	元/个	260.00
2	无缝管D133×6（DN125）	元/m	30.00	7	安全阀DN125	元/个	400.00
3	法兰DN100	元/片	30.00	8	弯头DN100	元/个	80.00
4	法兰DN125	元/片	40.00	9	弯头DN125	元/个	100.00
5	阀门DN100	元/个	240.00				

（二）工程量计算

根据图纸，结合 SD 02 - 31—2016《山东省安装工程消耗量定额》的第八册《工业管道工程》和第十二册《刷油、防腐蚀、绝热工程》工程量计算规则进行计算。序号按定额章节顺序排列，规格按由大到小的顺序排列，见表 2 - 4 - 3。

表 2 - 4 - 3 工程量计算书

序号	项目名称	单位	计算公式	数量
1	中压无缝钢管电弧焊 D133×6	m	19－0.8＋4.5＋6.5	29.2
2	中压无缝钢管电弧焊 D108×4	m	4.5＋4.5＋5.5＋5.5	20
3	中压弯头 DN125	个		2
4	中压弯头 DN100	个		2
5	中压三通 DN125×125	个		2
6	中压异径管 DN125×100	个		2
7	中压阀门 DN125	个		1
8	中压阀门 DN100	个		2
9	中压安全阀 DN125	个		1
10	中压法兰 DN100	副		2
11	中压法兰 DN100	片		2
12	中压法兰 DN125	副		1
13	中压法兰 DN125	片		1
14	管道除轻锈	m^2	（20×33.91＋41.78×29.2）/100	18.98
15	管道刷防锈漆	m^2	（20×33.91＋41.78×29.2）/100	18.98
16	管道刷银粉	m^2	（20×33.91＋41.78×29.2）/100	18.98
17	水压试验	m	29.2＋20	49.2

注 除锈、刷油数量计算参照本书附录 B。

（三）计算分部分项工程费

根据以上工程量，套用《山东省安装工程价目表》（2017 年）第八册、第十二册以及主要材料的价格，列表计算此单位工程分部分项工程费，见表 2 - 4 - 4。

（四）计算安装工程费用（造价）

依据第一篇学习单元二相关内容计取各类费用，见表 2 - 4 - 5。

表 2-4-4 **安装工程预（结）算书**

工程名称：某厂区生产装置内工业管道　　共　页　第　页　　元

序号	定额编号	项目名称	单位	数量	增值税（一般计税）			合计		
					单价	人工费	主材费	合价	人工费	主材费
1	8-1-630	中压无缝管电弧焊 DN125	10m	2.92	308.24	167.27	282.30	900.06	488.43	824.32
2	8-1-629	中压无缝管电弧焊 DN100	10m	2.00	272.28	165.83	239.25	544.56	331.66	478.50
3	8-2-607	弯头 DN125	10 个	0.20	1267.13	842.85	1000.00	253.43	168.57	200.00
4	8-2-606	弯头 DN100	10 个	0.20	991.32	652.71	800.00	198.26	130.54	160.00
5	8-2-607	三通 DN125×125	10 个	0.20	1267.13	842.85		253.43	168.57	0.00
6	8-3-607	异径管 DN125×100	10 个	0.20	1267.13	842.85		253.43	168.57	0.00
7	8-3-189	法兰阀 DN125	个	1.00	175.59	84.36	260.00	175.59	84.36	260.00
8	8-3-188	法兰阀 DN100	个	2.00	157.8	69.32	240.00	315.60	138.64	480.00
9	8-3-250	安全阀 DN125	个	1.00	324.56	213.42	400.00	324.56	213.42	400.00
10	8-4-358	法兰 DN125	副	1.00	128.92	80.96	80.00	128.92	80.96	80.00
11	8-4-358×0.61	法兰 DN125	片	1.00	78.64	49.39	40.00	78.64	49.39	40.00
12	8-4-357	法兰 DN100	副	2.00	104.11	66.13	60.00	208.22	132.26	120.00
13	8-4-357×0.61	法兰 DN100	片	2.00	63.51	40.34	30.00	127.01	80.68	60.00
14	8-5-3	管道水压试验 DN200 以内	100m	0.20	706.98	582.98	0.00	141.40	116.60	0.00
15		第八册小计						3903.10	2352.64	3102.82
16	12-1-1	无缝管人工除轻锈	$10m^2$	1.90	34.26	31.21	0.00	65.09	59.30	0.00
17	12-2-1	无缝管刷红丹防锈漆一遍	$10m^2$	1.90	18.72	17.82	0.00	35.57	33.86	0.00
18	12-2-22	无缝管刷银粉漆第一遍	$10m^2$	1.90	22.85	21.53	0.00	43.42	40.91	0.00
19	12-2-23	无缝管刷银粉漆第一遍	$10m^2$	1.90	21.58	20.7	0.00	41.00	39.33	0.00
20		第十二册小计						144.08	134.06	0.00
21		分部分项工程费			3903.10+3102.82+144.08=7150.00；2352.64+134.06=2486.7			7150.00	2486.70	

注　主材费=主材定额损耗×主材单价。例如无缝钢管 DN125，主材费为 9.41×30=282.30（元）。

表 2-4-5　工业管道工程定额计价的计算程序

项目名称：某厂区生产装置内工业管道

序号	费用名称	计算方法	金额（元）
一	分部分项工程费	见表 2-4-4 合价	7150.00
	计费基础 JD1	见表 2-4-4 合计人工费	2486.70
二	措施项目费	2.1+2.2	532.15
	2.1 单价措施费		248.67
	脚手架搭拆费	2486.70×10%	248.67
	其中：人工费	248.67×35%	87.03
	2.2 总价措施费	1+2+3+4	283.48
	1. 夜间施工费	2486.70×3.10%	77.09
	2. 二次搬运费	2486.70×2.70%	67.14
	3. 冬雨季施工增加费	2486.70×3.90%	96.98
	4. 已完工程及设备保护费	2486.70×1.70%	42.27
	计费基础 JD2	87.03+77.09×50%+67.14×40%+96.98×40%+42.27×25%	201.79
三	其他项目费	3.1+3.3+…+3.8	
	3.1 暂列金额	按相应规定计算	
	3.2 专业工程暂估价		
	3.3 特殊项目暂估价		
	3.4 计日工		
	3.5 采购保管费		
	3.6 其他检验试验费		
	3.7 总承包服务费		
	3.8 其他		
四	企业管理费	（2486.70+201.79）×51%	1371.13
五	利润	（2486.70+201.79）×32%	860.32
六	规费	4.1+4.2+4.3+4.4+4.5	593.83
	6.1 安全文明施工费	（7150.00+532.15+1371.13+860.32）×3.81%	377.71
	6.2 社会保险费	（7150.00+532.15+1371.13+860.32）×1.52%	150.69
	6.3 住房公积金	（7150.00+532.15+1371.13+860.32）×0.22%	21.81
	6.4 工程排污费	（7150.00+532.15+1371.13+860.32）×0.28%	27.76
	6.5 建设项目工伤保险	（7150.00+532.15+1371.13+860.32）×0.16%	15.86
七	设备费	Σ（设备单价×设备工程量）	
八	税金	（7150.00+532.15+1371.13+860.32+593.83）×11%	1155.82
九	工程费用合计	7150.00+532.15+1371.13+860.32+593.83+1155.82	11663.25

任务二　工业管道工程工程量清单的编制

一、工业管道工程工程量计算规范

与工业管道工程工程量清单编制有关的规定是 GB 50500—2013《建筑工程工程量清单计价规范》及 GB 50856—2013《通用安装工程工程量计算规范》附录 H 工业管道工程，附录M刷油、防腐蚀、绝热工程，附录N措施项目。常用的项目包括以下内容。

1. 中压管道

工程量清单项目设置、项目特征描述的内容、计量单位及工程量计算规则，应按表2-4-6（见GB 50856—2013的表H.2）的规定执行。

表2-4-6　中压管道（编码：030802）

项目编码	项目名称	项目特征	计量单位	工程量计算规则	工作内容
030802001	中压碳钢管	1. 材质 2. 规格 3. 连接形式、焊接方法 4. 套管形式 5. 压力试验、吹扫与清洗设计要求 6. 脱脂设计要求	m	按设计图示管道中心线，以长度计算	1. 管道安装 2. 套管制作安装 3. 压力试验 4. 吹扫、清洗 5. 脱脂
030802002	中压螺旋卷管				
030802003	中压不锈钢管	1. 材质 2. 规格 3. 焊接方法 4. 充氩保护方式 5. 套管形式 6. 压力试验、吹扫与清洗设计要求 7. 脱脂设计要求			1. 管道安装 2. 管口焊接管内、外充氩保护 3. 套管制作安装 4. 压力试验 5. 吹扫、清洗 6. 脱脂
030802004	中压合金钢管				
030802005	中压铜及铜合金管	1. 材质 2. 规格 3. 焊接方法 4. 套管形式 5. 压力试验、吹扫与清洗设计要求 6. 脱脂设计要求			1. 管道安装 2. 套管制作安装 3. 压力试验 4. 吹扫、清洗 5. 脱脂
030802006	中压钛及钛合金管	1. 材质 2. 规格 3. 焊接方法 4. 充氩保护方式 5. 套管形式 6. 压力试验、吹扫与清洗设计要求 7. 脱脂设计要求			1. 管道安装 2. 管口焊接管内、外充氩保护 3. 套管制作安装 4. 压力试验 5. 吹扫、清洗 6. 脱脂
030802007	中压锆及锆合金管				
030802008	中压镍及镍合金管				

注　1. 管道工程量计算不扣除阀门、管件所占长度；方形补偿器以其所占长度列入管道安装工程量。

2. 套管制作安装，包括防水（火）套管、穿楼板、隔墙的填料套管，按照设计要求描述套管形式。

3. 压力试验按设计要求描述试验方法，如水压试验、气压试验、泄漏性试验、真空试验等。

4. 吹扫与清洗按设计要求描述吹扫与清洗方法和介质，如水冲洗、空气吹扫、蒸汽吹扫、化学清洗、油清洗等。

5. 脱脂按设计要求描述脱脂介质种类，如二氯乙烷、三氯乙烯、四氯化碳、动力苯、丙酮或酒精等。

2. 中压管件

工程量清单项目设置、项目特征描述的内容、计量单位及工程量计算规则，应按表 2-4-7（见 GB 50856—2013 的表 H.5）的规定执行。

表 2-4-7　　中压管件（编码：030805）

<table>
<tr><th>项目编码</th><th>项目名称</th><th>项目特征</th><th>计量单位</th><th>工程量计算规则</th><th>工作内容</th></tr>
<tr><td>030805001</td><td>中压
碳钢管件</td><td rowspan="2">1. 材质
2. 规格
3. 焊接方法
4. 补强圈材质、规格</td><td rowspan="8">个</td><td rowspan="8">按设计图示数量计算</td><td rowspan="2">1. 安装
2. 三通补强圈制作安装</td></tr>
<tr><td>030805002</td><td>中压
螺旋卷管件</td></tr>
<tr><td>030805003</td><td>中压
不锈钢管件</td><td>1. 材质
2. 规格
3. 焊接方法
4. 充氩保护方式</td><td>1. 安装
2. 管口焊接管内、外充氩保护</td></tr>
<tr><td>030805004</td><td>中压
合金钢管件</td><td>1. 材质
2. 规格
3. 焊接方法
4. 充氩保护方式
5. 补强圈材质、规格</td><td>1. 安装
2. 管口焊接管内、外充氩保护
3. 三通补强圈制作安装</td></tr>
<tr><td>030805005</td><td>中压铜及
铜合金管件</td><td>1. 材质
2. 规格
3. 焊接方法</td><td>安装</td></tr>
<tr><td>030805006</td><td>中压钛及
钛合金管件</td><td rowspan="3">1. 材质
2. 规格
3. 焊接方法
4. 充氩保护方式</td><td rowspan="3">1. 安装
2. 管口焊接管内、外充氩保护</td></tr>
<tr><td>030805007</td><td>中压锆及
锆合金管件</td></tr>
<tr><td>030805008</td><td>中压镍及
镍合金管件</td></tr>
</table>

注　1. 管件包括弯头、三通、四通、异径管、管接头、管帽、方形补偿器弯头、管道上仪表一次部件、仪表温度计扩大管制作安装等。

2. 管件压力试验、吹扫、清洗、脱脂均包括在管道安装中。

3. 在主管上挖眼接管的三通和摔制异径管，均以主管径按管件安装工程量计算，不另计制作费和主材费；挖眼接管的三通支线管径小于主管径 1/2 时，不计算管件安装工程量；在主管上挖眼接管的焊接接头、凸台等配件，按配件管径计算管件工程量。

4. 三通、四通、异径管均按大管径计算。

5. 管件用法兰连接时执行法兰安装项目，管件本身不再计算安装。

6. 半加热外套管摔口后焊接在内套管上，每处焊口按一个管件计算；外套碳钢管如焊接在不锈钢内套管上时，焊口间需加不锈钢短管衬垫，每处焊口按两个管件计算。

3. 中压阀门

工程量清单项目设置、项目特征描述的内容、计量单位及工程量计算规则，应按表 2-4-8（见 GB 50856—2013 的表 H.8）的规定执行。

表 2-4-8 中压阀门（编码：030808）

项目编码	项目名称	项目特征	计量单位	工程量计算规则	工作内容
030808001	中压 螺纹阀门	1. 名称 2. 材质 3. 型号、规格 4. 连接形式 5. 焊接方法 6. 压力试验、解体研磨及调试设计要求	个	按设计图示数量计算	1. 安装 2. 操纵装置安装 3. 压力试验、解体检查及研磨 4. 调试
030808002	中压 焊接阀门				
030808003	中压 法兰阀门				
030808004	中压齿轮、 液压传动、 电动阀门	1. 名称 2. 材质 3. 型号、规格 4. 连接形式 5. 焊接方法 6. 压力试验、解体研磨及调试设计要求		按设计图示数量计算	1. 安装 2. 操纵装置安装 3. 压力试验、解体检查及研磨 4. 调试
030808005	中压 调节阀门	1. 名称 2. 型号、规格 3. 材质 4. 连接形式 5. 压力试验、解体研磨及调试设计要求			1. 安装 2. 临时短管装拆 3. 压力试验、解体检查及研磨 4. 调试

注 1. 减压阀直径按高压侧计算。
2. 电动阀门包括电动机安装。
3. 操纵装置安装按规范或设计技术要求计算。

4. 中压法兰

工程量清单项目设置、项目特征描述的内容、计量单位及工程量计算规则，应按表 2-4-9（见 GB 50856—2013 的表 H.11）的规定执行。

表 2-4-9 中压法兰（编码：030811）

项目编码	项目名称	项目特征	计量单位	工程量计算规则	工作内容
030811001	中压碳钢 螺纹法兰	1. 材质 2. 结构形式 3. 型号、规格	副（片）	按设计图示数量计算	1. 安装 2. 翻边活动法兰短管制作

续表

项目编码	项目名称	项目特征	计量单位	工程量计算规则	工作内容
030811002	中压碳钢焊接法兰	1. 材质 2. 结构形式 3. 型号、规格 4. 连接形式 5. 焊接方法	副（片）	按设计图示数量计算	1. 安装 2. 翻边活动法兰短管制作
030811003	中压铜及铜合金法兰				
030811004	中压不锈钢法兰	1. 材质 2. 结构形式 3. 型号、规格 4. 连接形式 5. 焊接方法 6. 充氩保护方式			1. 安装 2. 管口焊接管内、外充氩保护 3. 翻边活动法兰短管制作
030811005	中压合金钢法兰				
030811006	中压钛及钛合金法兰				
030811007	中压锆及锆合金法兰				
030811008	中压镍及镍合金法兰				

注 1. 法兰焊接时，要在项目特征中描述法兰的连接形式（平焊法兰、对焊法兰等），不同连接形式应分别列项。
2. 配法兰的盲板不计安装工程量。
3. 焊接盲板（封头）按管件连接计算工程量。

5. 管件制作

工程量清单项目设置、项目特征描述的内容、计量单位及工程量计算规则，应按表 2-4-10（见 GB 50856—2013 的表 H.14）的规定执行。

表 2-4-10　　管件制作（编码：030814）

项目编码	项目名称	项目特征	计量单位	工程量计算规则	工作内容
030814001	碳钢板件制作	1. 材质 2. 规格管 3. 焊接方法	t	按设计图示质量计算	1. 制作 2. 卷筒式板材开卷及平直
030814002	不锈钢板管件制作	1. 材质 2. 规格 3. 焊接方法 4. 充氩保护方式			1. 制作 2. 管口焊接管内、外充氩保护
030814003	铝及铝合金板管件制作	1. 材质 2. 规格 3. 焊接方法			制作

续表

项目编码	项目名称	项目特征	计量单位	工程量计算规则	工作内容
030814004	碳钢管虾体弯制作	1. 材质 2. 规格 3. 焊接方法	个	按设计图示数量计算	制作
030814005	中压螺旋卷管虾体弯制作				
030814006	不锈钢管虾体弯制作	1. 材质 2. 规格 3. 焊接方法 4. 充氩保护方式		按设计图示数量计算	1. 制作 2. 管口焊接管内、外充氩保护
030814008	铜及铜合金管虾体弯制作	1. 规格 2. 焊接方法			制作
030814009	管道机械煨弯	1. 压力 2. 材质 3. 型号、规格			煨弯
030814010	管道中频煨弯				
030814011	塑料管煨弯	1. 材质 2. 型号、规格			

注 管件包括弯头、三通、异径管；异径管按大头口径计算，三通按主管口径计算。

6. 管架制作安装

工程量清单项目设置、项目特征描述的内容、计量单位及工程量计算规则，应按表 2-4-11（见 GB 50856—2013 的表 H.15）的规定执行。

表 2-4-11　　管架制作安装（编码：030815）

项目编码	项目名称	项目特征	计量单位	工程量计算规则	工作内容
030815001	管架制作安装	1. 单件支架质量 2. 材质 3. 管架形式 4. 支架衬垫材质 5. 减振器形式及做法	kg	按设计图示质量计算	1. 制作安装 2. 弹簧管架全压缩变形试验 3. 弹簧管架工作荷载试验

注 1. 单件支架质量有 100kg 以下和 100kg 以上时，应分别列项。
2. 支架衬垫需注明采用何种衬垫，如防腐木垫、不锈钢衬垫、铝衬垫等。
3. 采用弹簧减振器时，需注明是否做相应试验。

7. 无损探伤与热处理

工程量清单项目设置、项目特征描述的内容、计量单位及工程量计算规则，应按表 2-4-12（见 GB 50856—2013 的表 H.16）的规定执行。

表 2-4-12　　无损探伤与热处理（编码：030816）

项目编码	项目名称	项目特征	计量单位	工程量计算规则	工作内容
030816001	管材表面超声波探伤	1. 名称 2. 规格	1. m 2. m^2	1. 按管材无损探伤长度计算。 2. 按管材表面探伤检测面积计算	探伤
030816002	管材表面磁粉探伤				
030816003	焊缝X射线探伤	1. 名称 2. 底片规格 3. 管壁厚度	张（口）	按规范或设计技术要求计算	
030816004	焊缝γ射线探伤				
030816005	焊缝超声波探伤	1. 名称 2. 管道规格 3. 对比试块设计要求	口		1. 探伤 2. 对比试块的制作
030816006	焊缝磁粉探伤	1. 名称 2. 管道规格			探伤
030816007	焊缝渗透探伤				
030816008	焊前预热、后热处理	1. 材质 2. 规格及管壁厚 3. 压力等级 4. 热处理方法 5. 硬度测定设计要求			1. 热处理 2. 硬度测定
030816009	焊口热处理				

注　探伤项目包括固定探伤仪支架的制作安装。

8. 其他相关问题

（1）“工业管道工程”适用于厂区范围内的车间、装置、站、罐区及其相互之间各种生产用介质输送管道和厂区第一个连接点以内生产、生活共用的输送给水、排水、蒸汽、燃气的管道安装工程。

（2）与其他专业的界线划分：给水应以入口水表井为界；排水应以厂区围墙外第一个污水井为界；蒸汽和燃气应以入口第一个计量表（阀门）为界；锅炉房、水泵房应以墙皮为界。

（3）工业管道压力等级划分：

低压：$0<p\leqslant1.6$MPa。

中压：$1.6<p\leqslant10$MPa。

高压：$10<p\leqslant42$MPa。

蒸汽管道：$p\geqslant9$MPa；工作温度≥500℃。

（4）各类管道适用材质范围：

1）碳钢管适用于焊接钢管、无缝钢管、16Mn 钢管等；

2）不锈钢管适用于各种材质不锈钢管；

3）碳钢板卷管适用于低压螺旋钢管、16Mn 钢板卷管；

4）铜管适用于紫铜、黄铜、青铜管；

5）合金钢管适用于各种材质合金钢管；

6）塑料管适用于各种材质的塑料及塑料复合管；

7）铸铁管适用于各种材质的铸铁管；

8）管件、阀门、法兰适用范围参照管道材质。

（5）凡涉及管沟及井类的土石方开挖、垫层、基础、砌筑、抹灰、地沟盖板预制安装、回填、运输，路面开挖及修复、管道支墩、大口径管道排水等，应按 GB 50854—2013《房屋建筑与装饰工程工程量计算规范》、GB 50857—2013《市政工程工程量计算规范》相关项目编码列项。

（6）仪表流量计，应按 GB 50856—2013 附录 F 自动化控制仪表安装工程相关项目编码列项。

（7）凡涉及管道、设备和支架除锈、刷油及保温、阀门绝热、保温盒制作安装等内容，除注明者外，均应按 GB 50856—2013 附录 M 刷油、防腐蚀、绝热工程相关项目编码列项。

（8）组装平台搭拆、管道防冻和焊接保护、特殊管道充气保护、高压管道检验、地下管道穿越建筑物保护等措施项目，应按本规范附录 N 措施项目相关项目编码列项。

二、工业管道工程工程量清单编制案例

【例 2-4-2】 图 2-4-1 所示工业管道工程工程量清单的编制。

工程量清单应参照第一篇学习单元三工程量清单编制的相关内容及施工图纸和设计施工说明书编制。其编制使用的表格包括 GB 50500—2013《建设工程工程量清单计价规范》的封-1、扉-1、表-01、表-08、表-11、表-12（含表-12-1～表-12-5）、表-13、表-20、表-21。本例只列出其中主要的几个表格，见表 2-4-13、表 2-4-14。

1. 分部分项工程和单价措施项目清单表

各分部分项工程的项目编码、项目名称、项目特征描述、单位及工程量可根据 GB 50856—2013《通用安装工程工程量计算规范》的规定及工程量计算规则确定。各项目工程量计算也可参考表 2-4-3 计算。

表 2-4-13　　分部分项工程和单价措施项目清单表

工程名称：某厂区生产装置内工业管道　　第 1 页　共 1 页

序号	项目编码	项目名称	项目特征描述	计量单位	工程量
1	030802001001	中压碳钢管	20 号无缝钢管 D133×6，电弧焊连接，水压试验	m	29.2
2	030802001002	中压碳钢管	20 号无缝钢管 D108×4，电弧焊连接，水压试验	m	20
3	030805001001	中压碳钢管件	压制弯头，DN125，电弧焊连接	个	2
4	030805001002	中压碳钢管件	压制弯头，DN100，电弧焊连接	个	2
5	030805001003	中压碳钢管件	现场挖眼三通，DN125×125	个	2
6	030805001004	中压碳钢管件	现场摔制异径管，DN125×100	个	2
7	030808003001	中压法兰阀门	法兰阀门，DN125，法兰连接	个	1
8	030808003002	中压法兰阀门	法兰阀门，DN100，法兰连接	个	2

续表

序号	项目编码	项目名称	项目特征描述	计量单位	工程量
9	030808005001	中压安全阀	安全阀，DN125，法兰连接	个	1
10	030811002001	中压碳钢法兰	平焊钢法兰，DN125	副	1
11	030811002002	中压碳钢法兰	平焊钢法兰，DN125	片	1
12	030811002003	中压碳钢法兰	平焊钢法兰，DN100	副	2
13	030811002004	中压碳钢法兰	平焊钢法兰，DN100	片	2
14	031201001001	管道刷油	人工除轻锈，刷红丹防锈漆一遍、银粉两遍	m^2	18.93

2. 材料（工程设备）暂估单价及调整表

材料暂估单价可参考表 2-4-2 填写。

表 2-4-14　　材料（工程设备）暂估单价及调整表

工程名称：某厂区生产装置内工业管道　　标段：　　第 1 页　共 1 页

序号	材料（工程设备）名称、规格、型号	计量单位	数量		暂估（元）		确认（元）		差额±（元）		备注
			暂估	确认	单价	合价	单价	合价	单价	合价	
1	20 号无缝钢管 DN100	元/m			25.00						
2	20 号无缝钢管 DN125	元/m			30.00						
3	法兰 DN100	元/片			30.00						
4	法兰 DN125	元/片			40.00						
5	阀门 DN00	元/个			240.00						
6	阀门 DN125	元/个			260.00						
7	安全阀 DN125	元/个			400.00						
8	弯头 DN100	元/个			80.00						
9	弯头 DN125	元/个			100.00						
合计											

注　此表由招标人填写“暂估单价”，并在备注栏说明暂估价的材料、工程设备拟用在哪些清单项目上，投标人应将上述材料、工程设备暂估单价计入工程量清单综合单价报价中。

任务三　工业管道工程工程量清单计价的编制

根据招标人或委托代理人编制的工程量清单及招标文件要求，投标人编制工程量清单计价文件。投标报价使用的表格包括 GB 50500—2013《建设工程工程量清单计价规范》的封-3、扉-3、表-01、表-02、表-03、表-04、表-08、表-09、表-11、表-12（含表-12-1～表-12-5）、表-13、招标文件提供的表-20 和表-21。

【例 2-4-3】　图 2-4-1 所示工业管道工程工程量清单计价的编制。本例只列出其中主要的几个表格，见表 2-4-15～表 2-4-34。

1. 总说明

表 2-4-15　　　　总　说　明

工程名称：某厂区生产装置内工业管道　　　　第 1 页　共 1 页

1. 工程概况：某厂区生产装置内工业管道安装工程，计划工期 15 日历天、施工现场已做好“三通一平”、已具备开工条件。

2. 工程招标和专业工程发包范围：图纸范围内工业管道工程内容。

3. 工程量清单报价编制依据：工程量清单、GB 50500—2013《建设工程工程量清单计价规范》、GB 50856—2013《通用安装工程工程量计算规范》、施工图纸和设计施工说明书、工程所在地建设主管部门的相关规定等。

4. 工程质量、材料、施工等的特殊要求：质量达到合格标准；所有材料乙供；施工中做到安全文明施工。

5. 本工程管理费费率按 51%，利润率按 32%计取；规费费率及税金税率为不可竞争费，执行当地规定。人工单价按 103 元/工日执行（鲁建标字〔2017〕1 号文规定）。有关主材价格按暂估价计入。

2. 单位工程投标报价汇总表

表 2-4-16　　　　单位工程投标报价汇总表

工程名称：某厂区生产装置内工业管道　　　　标段：　　　　第 1 页　共 1 页

序号	汇总内容	金额（元）	其中：暂估价（元）
一	分部分项工程费	9174.16	3024.62
二	措施项目费	535.10	
1	单价措施项目费		
2	总价措施项目费	535.10	
2.1	夜间施工费	77.52	
2.2	二次搬运费	67.51	
2.3	冬雨季施工增加费	97.52	
2.4	已完工程及设备保护费	42.51	
2.5	脚手架搭拆费	250.05	
三	其他项目费		
1	暂列金额		
2	专业工程暂估价		
3	计日工		
4	总承包服务费		
四	规费	636.93	
1	安全文明施工费	425.27	
1.1	环境保护费	28.16	
1.2	文明施工费	57.28	
1.3	临时设施费	170.88	
1.4	安全施工费	168.94	
2	工程排污费	27.19	
3	社会保障费	147.58	
4	住房公积金	21.36	
5	建设项目工伤保险	15.53	
五	税金	118.24	
投标报价合计=一+二+三+四+五		10 464.43	3024.62

3. 分部分项工程和单价措施项目清单计价表

表 2-4-17　　分部分项工程和单价措施项目清单计价表

工程名称：某厂区生产装置内工业管道　　第1页　共1页

序号	项目编码	项目名称	项目特征描述	计量单位	工程量	金额（元）			
						综合单价	合价	其中：人工费	其中：暂估价
1	030802001001	中压碳钢管	20号无缝钢管 D133×6，电弧焊连接，水压试验	m	29.2	83.07	2425.63	657.49	774.82
2	030802001002	中压碳钢管	20号无缝钢管 D108×4，电弧焊连接，水压试验	m	20	72.81	1456.20	427.04	449.80
3	030805001001	中压碳钢管件	压制弯头，DN125，电弧焊连接	个	2	296.67	593.34	168.57	200.00
4	030805001002	中压碳钢管件	压制弯头，DN100，电弧焊连接	个	2	233.31	466.61	130.54	160.00
5	030805001003	中压碳钢管件	现场挖眼三通，DN125×125	个	2	196.67	393.34	168.57	0.00
6	030805001004	中压碳钢管件	现场摔制异径管，DN125×100	个	2	196.67	393.34	168.57	0.00
7	030808003001	中压法兰阀门	法兰阀门，DN125，法兰连接	个	1	505.61	505.61	84.36	260.00
8	030808003002	中压法兰阀门	法兰阀门，DN100，法兰连接	个	2	455.34	910.67	138.64	480.00
9	030808005001	中压安全阀	安全阀，DN125，法兰连接	个	1	901.70	901.70	213.42	400.00
10	030811002001	中压碳钢法兰	平焊钢法兰，DN125	副	1	276.12	276.12	80.96	80.00
11	030811002002	中压碳钢法兰	平焊钢法兰，DN125	片	1	159.63	159.63	49.39	40.00
12	030811002003	中压碳钢法兰	平焊钢法兰，DN100	副	2	219.00	438.00	132.26	120.00
13	030811002004	中压碳钢法兰	平焊钢法兰，DN100	片	2	126.99	253.98	80.68	60.00
14	031201001001	管道刷油	人工除轻锈，刷红丹防锈漆一遍、银粉两遍	m^2	18.93	20.35	385.14	172.48	57.27
		合计					9174.16	2500.49	3024.62

4. 工程量清单综合单价分析表

表 2-4-18

工程量清单综合单价分析表（一）

工程名称：某厂区生产装置内工业管道　　标段：　　第 1 页　共 14 页

项目编码		030802001001		项目名称		中压碳钢管				计量单位		m	
清单综合单价组成明细													
定额编号	定额名称	定额单位	数量	单价（元）					合价（元）				
				人工费	材料费	机械费	管理费	利润	人工费	材料费	机械费	管理费	利润
8-1-630	中压无缝钢管电弧焊 DN125	10m	2.92	167.27	15.56	125.41	85.31	53.53	488.43	45.44	366.20	249.10	156.30
8-5-3	管道水压试验 DN125	100m	0.29	582.98	111.24	12.76	297.32	186.55	169.06	32.26	3.70	86.22	54.10
人工单价		小计							657.49	77.69	369.90	335.32	210.40
103 元/工日		未计价材料费							774.82				
清单项目综合单价									83.07				
材料费明细	主要材料名称、规格、型号					单位	数量		单价（元）	合价（元）	暂估单价（元）	暂估合价（元）	
	无缝钢管 D133×6					m	25.83				30	774.82	
	其他材料费											0.00	
	材料费小计											774.82	

注　1. 管理费为 167.27×51%=85.31（元），利润为 167.27×32%=53.53（元）。

2. 综合单价为（657.49+77.69+369.90+335.32+210.40+774.82）/29.2=83.07（元）。

表 2-4-19

工程量清单综合单价分析表（二）

工程名称：某厂区生产装置内工业管道　　　　标段：　　　　第 2 页　共 14 页

项目编码		030802001002		项目名称		中压碳钢管					计量单位	m	
清单综合单价组成明细													
定额编号	定额名称	定额单位	数量	单价（元）					合价（元）				
				人工费	材料费	机械费	管理费	利润	人工费	材料费	机械费	管理费	利润
8-1-629	中压无缝钢管电弧焊 DN100	10m	2.0	165.83	11.73	94.72	84.57	53.07	331.66	23.46	189.44	169.15	106.13
8-5-2	管道水压试验 DN100	100m	0.2	476.89	49.99	10.13	243.21	152.60	95.38	10.00	2.03	48.64	30.52
人工单价		小计							427.04	33.46	191.47	217.79	136.65
103 元/工日		未计价材料费							449.80				
清单项目综合单价									72.81				
材料费明细	主要材料名称、规格、型号					单位	数量		单价（元）	合价（元）	暂估单价（元）	暂估合价（元）	
	无缝钢管 D108×4					m	17.99				25	449.80	
	其他材料费											0.00	
	材料费小计											449.80	

表 2-4-20

工程量清单综合单价分析表（三）

工程名称：某厂区生产装置内工业管道　　　　标段：　　　　第 3 页　共 14 页

项目编码		030805001001		项目名称		中压碳钢管件					计量单位	个	
清单综合单价组成明细													
定额编号	定额名称	定额单位	数量	单价（元）					合价（元）				
				人工费	材料费	机械费	管理费	利润	人工费	材料费	机械费	管理费	利润
8-2-607	中压弯头电弧焊 DN125	10 个	0.2	842.85	173.93	250.35	429.85	269.71	168.57	34.79	50.07	85.97	53.94
人工单价		小计							168.57	34.79	50.07	85.97	53.94
103 元/工日		未计价材料费							200.00				
清单项目综合单价									296.67				
材料费明细	主要材料名称、规格、型号					单位	数量		单价（元）	合价（元）	暂估单价（元）	暂估合价（元）	
	中压弯头 DN125					个	2.00				100	200.00	
	其他材料费											0.00	
	材料费小计											200.00	

表 2-4-21

工程量清单综合单价分析表（四）

工程名称：某厂区生产装置内工业管道　　　　标段：　　　　第 4 页　共 14 页

项目编码		030805001002		项目名称		中压碳钢管件					计量单位	个	
清单综合单价组成明细													
定额编号	定额名称	定额单位	数量	单价（元）					合价（元）				
				人工费	材料费	机械费	管理费	利润	人工费	材料费	机械费	管理费	利润
8-2-606	中压弯头电弧焊 DN100	10 个	0.2	652.71	122.91	215.7	332.88	208.87	130.54	24.58	43.14	66.58	41.77
人工单价		小计							130.54	24.58	43.14	66.58	41.77
103 元/工日		未计价材料费							160.00				
清单项目综合单价									233.31				
材料费明细	主要材料名称、规格、型号					单位	数量		单价（元）	合价（元）	暂估单价（元）	暂估合价（元）	
	中压弯头 DN100					个	2.00				80	160.00	
	其他材料费											0.00	
	材料费小计											160.00	

表 2-4-22

工程量清单综合单价分析表（五）

工程名称：某厂区生产装置内工业管道　　　　标段：　　　　第 5 页　共 14 页

项目编码		030805001003		项目名称		中压碳钢管件					计量单位	个	
清单综合单价组成明细													
定额编号	定额名称	定额单位	数量	单价（元）					合价（元）				
				人工费	材料费	机械费	管理费	利润	人工费	材料费	机械费	管理费	利润
8-2-607	中压挖眼三通 DN125	10 个	0.2	842.85	173.93	250.35	429.85	269.71	168.57	34.79	50.07	85.97	53.94
人工单价		小计							168.57	34.79	50.07	85.97	53.94
103 元/工日		未计价材料费							0.00				
清单项目综合单价									196.67				
材料费明细	主要材料名称、规格、型号					单位	数量		单价（元）	合价（元）	暂估单价（元）	暂估合价（元）	
	其他材料费												
	材料费小计											0.00	

表 2-4-23 **工程量清单综合单价分析表（六）**

工程名称：某厂区生产装置内工业管道 标段： 第 6 页 共 14 页

项目编码		030805001004		项目名称		中压碳钢管件					计量单位	个	
清单综合单价组成明细													
定额编号	定额名称	定额单位	数量	单价（元）					合价（元）				
				人工费	材料费	机械费	管理费	利润	人工费	材料费	机械费	管理费	利润
8-2-607	中压摔制异径管 DN125	10 个	0.2	842.85	173.93	250.35	429.85	269.71	168.57	34.79	50.07	85.97	53.94
人工单价		小计							168.57	34.79	50.07	85.97	53.94
103 元/工日		未计价材料费							0.00				
清单项目综合单价									196.67				
材料费明细	主要材料名称、规格、型号					单位	数量		单价（元）	合价（元）	暂估单价（元）	暂估合价（元）	
	其他材料费												
	材料费小计											0.00	

表 2-4-24 **工程量清单综合单价分析表（七）**

工程名称：某厂区生产装置内工业管道 标段： 第 7 页 共 14 页

项目编码		030808003001		项目名称		中压法兰阀门					计量单位	个	
清单综合单价组成明细													
定额编号	定额名称	定额单位	数量	单价（元）					合价（元）				
				人工费	材料费	机械费	管理费	利润	人工费	材料费	机械费	管理费	利润
8-3-189	中压法兰阀门 DN125	个	1.0	84.36	11.33	79.9	43.02	27.00	84.36	11.33	79.90	43.02	27.00
人工单价		小计							84.36	11.33	79.90	43.02	27.00
103 元/工日		未计价材料费							260.00				
清单项目综合单价									505.61				
材料费明细	主要材料名称、规格、型号					单位	数量		单价（元）	合价（元）	暂估单价（元）	暂估合价（元）	
	中压法兰阀门 DN125					个	1.00				260	260.00	
	其他材料费											0.00	
	材料费小计											260.00	

表 2-4-25 **工程量清单综合单价分析表（八）**

工程名称：某厂区生产装置内工业管道　　标段：　　第 8 页　共 14 页

项目编码		030808003002		项目名称		中压法兰阀门				计量单位		个	
清单综合单价组成明细													
定额编号	定额名称	定额单位	数量	单价（元）					合价（元）				
				人工费	材料费	机械费	管理费	利润	人工费	材料费	机械费	管理费	利润
8-3-188	中压法兰阀门 DN100	个	2.0	69.32	9.81	78.67	35.35	22.18	138.64	19.62	157.34	70.71	44.36
人工单价		小计							138.64	19.62	157.34	70.71	44.36
103 元/工日		未计价材料费							480.00				
清单项目综合单价									455.34				
材料费明细	主要材料名称、规格、型号					单位	数量		单价（元）	合价（元）	暂估单价（元）	暂估合价（元）	
	中压法兰阀门 DN100					个	2.00				240	480.00	
	其他材料费											0.00	
	材料费小计											480.00	

表 2-4-26 **工程量清单综合单价分析表（九）**

工程名称：某厂区生产装置内工业管道　　标段：　　第 9 页　共 14 页

项目编码		030808005001		项目名称		中压安全阀门				计量单位		个	
清单综合单价组成明细													
定额编号	定额名称	定额单位	数量	单价（元）					合价（元）				
				人工费	材料费	机械费	管理费	利润	人工费	材料费	机械费	管理费	利润
8-3-250	中压安全阀门 DN125	个	1.0	213.42	20.55	90.59	108.84	68.29	213.42	20.55	90.59	108.84	68.29
人工单价		小计							213.42	20.55	90.59	108.84	68.29
103 元/工日		未计价材料费							400.00				
清单项目综合单价									901.70				
材料费明细	主要材料名称、规格、型号					单位	数量		单价（元）	合价（元）	暂估单价（元）	暂估合价（元）	
	中压安全阀门 DN125					个	1.00				400	400.00	
	其他材料费											0.00	
	材料费小计											400.00	

表 2-4-27

工程量清单综合单价分析表（十）

工程名称：某厂区生产装置内工业管道　　标段：　　第 10 页　共 14 页

项目编码		030811002001		项目名称		中压碳钢法兰					计量单位	副	
清单综合单价组成明细													
定额编号	定额名称	定额单位	数量	单价（元）					合价（元）				
				人工费	材料费	机械费	管理费	利润	人工费	材料费	机械费	管理费	利润
8-4-358	中压碳钢法兰 DN125	副	1.0	80.96	22.12	25.84	41.29	25.91	80.96	22.12	25.84	41.29	25.91
人工单价		小计							80.96	22.12	25.84	41.29	25.91
103 元/工日		未计价材料费							80.00				
清单项目综合单价									276.12				
材料费明细	主要材料名称、规格、型号					单位	数量		单价（元）	合价（元）	暂估单价（元）	暂估合价（元）	
	中压碳钢法兰 DN125					片	2.00				40	80.00	
	其他材料费											0.00	
	材料费小计											80.00	

表 2-4-28

工程量清单综合单价分析表（十一）

工程名称：某厂区生产装置内工业管道　　标段：　　第 11 页　共 14 页

项目编码		030811002002		项目名称		中压碳钢法兰					计量单位	片	
清单综合单价组成明细													
定额编号	定额名称	定额单位	数量	单价（元）					合价（元）				
				人工费	材料费	机械费	管理费	利润	人工费	材料费	机械费	管理费	利润
8-4-358×0.61	中压碳钢法兰 DN125	片	1.0	49.39	13.49	15.76	25.19	15.80	49.39	13.49	15.76	25.19	15.80
人工单价		小计							49.39	13.49	15.76	25.19	15.80
103 元/工日		未计价材料费							40.00				
清单项目综合单价									159.63				
材料费明细	主要材料名称、规格、型号					单位	数量		单价（元）	合价（元）	暂估单价（元）	暂估合价（元）	
	中压碳钢法兰 DN125					片	1.00				40	40.00	
	其他材料费											0.00	
	材料费小计											40.00	

表 2-4-29

工程量清单综合单价分析表（十二）

工程名称：某厂区生产装置内工业管道　　　　标段：　　　　第 12 页　共 14 页

项目编码		030811002003		项目名称		中压碳钢法兰					计量单位		副
清单综合单价组成明细													
定额编号	定额名称	定额单位	数量	单价（元）					合价（元）				
				人工费	材料费	机械费	管理费	利润	人工费	材料费	机械费	管理费	利润
8-4-357	中压碳钢法兰 DN100	副	2.0	66.13	15.78	22.2	33.73	21.16	132.26	31.56	44.40	67.45	42.32
人工单价		小计							132.26	31.56	44.40	67.45	42.32
103 元/工日		未计价材料费							120.00				
清单项目综合单价									219.00				
材料费明细	主要材料名称、规格、型号						单位	数量	单价（元）	合价（元）	暂估单价（元）	暂估合价（元）	
	中压碳钢法兰 DN100						片	4.00			30	120.00	
	其他材料费											0.00	
	材料费小计											120.00	

表 2-4-30

工程量清单综合单价分析表（十三）

工程名称：某厂区生产装置内工业管道　　　　标段：　　　　第 13 页　共 14 页

项目编码		030811002004		项目名称		中压碳钢法兰					计量单位		副
清单综合单价组成明细													
定额编号	定额名称	定额单位	数量	单价（元）					合价（元）				
				人工费	材料费	机械费	管理费	利润	人工费	材料费	机械费	管理费	利润
8-4-357×0.61	中压碳钢法兰 DN100	片	2.0	40.34	9.63	13.54	20.57	12.91	80.68	19.25	27.08	41.15	25.82
人工单价		小计							80.68	19.25	27.08	41.15	25.82
103 元/工日		未计价材料费							60.00				
清单项目综合单价									126.99				
材料费明细	主要材料名称、规格、型号						单位	数量	单价（元）	合价（元）	暂估单价（元）	暂估合价（元）	
	中压碳钢法兰 DN100						片	2.00			30	60.00	
	其他材料费											0.00	
	材料费小计											60.00	

表 2-4-31　　**工程量清单综合单价分析表（十四）**

工程名称：某厂区生产装置内工业管道　　标段：　　第 14 页　共 14 页

项目编码		031201001001		项目名称	刷油						计量单位		m^2
清单综合单价组成明细													
定额编号	定额名称	定额单位	数量	单价（元）					合价（元）				
				人工费	材料费	机械费	管理费	利润	人工费	材料费	机械费	管理费	利润
12-1-1	管道除轻锈	$10m^2$	1.89	31.21	3.05		15.92	9.99	58.99	5.76	0.00	30.08	18.88
12-2-1	管道刷防锈漆一遍	$10m^2$	1.89	17.82	0.9		9.09	5.70	33.68	1.70	0.00	17.18	10.78
12-2-22	管道刷银粉漆第一遍	$10m^2$	1.89	21.53	1.32		10.98	6.89	40.69	2.49	0.00	20.75	13.02
12-2-23	管道刷银粉漆增加一遍	$10m^2$	1.89	20.7	0.88		10.56	6.62	39.12	1.66	0.00	19.95	12.52
人工单价		小计							172.48	11.62	0.00	87.97	55.19
103 元/工日		未计价材料费							57.27				
清单项目综合单价									20.35				
材料费明细	主要材料名称、规格、型号						单位	数量	单价（元）	合价（元）	暂估单价（元）	暂估合价（元）	
	醇酸防锈漆						kg	2.78			10	27.78	
	银粉漆						kg	1.27			12	15.20	
	银粉漆						kg	1.19			12	14.29	
	其他材料费											0.00	
	材料费小计											57.27	

5. 总价措施项目清单与计价表

表 2-4-32 **总价措施项目清单与计价表**

序号	项目编码	项目名称	计算基础（元）	费率（%）	金额（元）	调整费率（%）	调整后金额（元）	备注
1	031302002	夜间施工费	2500.49	3.10%	77.52			
2	031302004	二次搬运费	2500.49	2.70%	67.51			
3	031302005	冬雨季施工增加费	2500.49	3.90%	97.52			
4	031302006	已完工程及设备保护费	2500.49	1.70%	42.51			
5	031301017	脚手架搭拆费	2500.49	10.00%	250.05			
合计					535.10			

编制人（造价人员）：××　　　　复核人（造价工程师）：××

注 计算基础为人工费。

6. 其他项目清单计价汇总表

表 2-4-33 **其他项目清单计价汇总表**

工程名称：某厂区生产装置内工业管道　　　　标段：　　　　第 1 页　共 1 页

序号	项目名称	金额（元）	结算金额（元）	备注
1	暂列金额			
2	暂估价	3024.62		
2.1	材料暂估价	3024.62		
2.2	专业工程暂估价			
3	计日工			
4	总承包服务费			
合计				

注：材料（工程设备）暂估单价计入清单项目综合单价，此处不汇总。

7. 规费、税金项目清单计价表

表 2-4-34 **规费、税金项目清单计价表**

工程名称：某厂区生产装置内工业管道　　　　标段：　　　　第 1 页　共 1 页

序号	项目名称	计算基础	计算基数（元）	计算费率（%）	金额（元）
1	规费	1.1+1.2+1.3+1.4+1.5	425.27+27.19+147.58+21.36+15.53		636.93
1.1	安全文明施工费	1.1.1+1.1.2+1.1.3+1.1.4	28.16+57.28+170.88+168.94		425.27
1.1.1	环境保护费	分部分项和单价措施费+总价措施费+其他项目费	9174.16+535.10	0.29	28.16
1.1.2	文明施工费		9174.16+535.10	0.59	57.28
1.1.3	临时设施费		9174.16+535.10	1.76	170.88
1.1.4	安全施工费		9174.16+535.10	1.74	168.94
1.2	工程排污费		9174.16+535.10	0.28	27.19
1.3	社会保险费		9174.16+535.10	1.52	147.58
1.4	住房公积金		9174.16+535.10	0.22	21.36
1.5	建设项目工伤保险		9174.16+535.10	0.16	15.53
2	税金	分部分项和单价措施费+总价措施费+其他项目费+规费	9174.16+535.10+636.93	11	118.24
合计					755.17

编制人（造价人员）：××　　　　复核人（造价工程师）：××

项目五　消防工程计量与计价

任务一　消防工程定额计价的编制

一、消防工程工程量计算规则

与消防工程施工图预算编制有关的规定主要是SD 02-31—2016《山东省安装工程消耗量定额》的第九册《消防工程》和第十二册《刷油、防腐蚀、绝热工程》。

第九册《消防工程》(以下简称本册定额)适用于工业与民用建筑的消防工程。本册定额共分五章。每章节编码对应GB 50856—2013《通用安装工程工程量计算规范》附录J消防工程。

(一)水灭火系统(030901)

1. 章说明

(1)本章内容包括水喷淋钢管、消火栓钢管、水喷淋(雾)喷头、报警装置、水流指示器、温感式水幕装置安装，减压孔板、末端试水装置、集热罩安装，消火栓、消防水泵结合器、灭火器、消防水炮等安装。

(2)本章适用于工业和民用建(构)筑物设置的水灭火系统的管道、各种组件、消火栓、消防水炮等安装。

(3)管道安装相关规定：

1)管道安装项目中，均包括相应管件安装、水压试验及水冲洗工作内容。各种管件数量是综合取定的，执行定额时，成品管件数量可依据设计文件及施工方案或参照本册定额附录“管道管件数量取定表”计算，定额中其他消耗量均不做调整。

2)若设计或规范要求钢管需要镀锌，其镀锌及场外运输另行计算。

3)消火栓管道(沟槽连接)公称直径大于200mm时，执行水喷淋钢管(沟槽连接)相关项目。

(4)有关说明：

1)阀门安装执行SD 02-31—2016第十册《给排水、采暖、燃气工程》相应项目。

2)报警装置安装项目，定额中已包括装配管、泄放试验管及水力警铃出水管安装，水力警铃进水管按图示尺寸执行管道安装相应项目；其他报警装置适用于雨淋、干湿两用及预作用报警装置。

3)喷头、报警装置及水流指示器安装定额均按管网系统试压、冲洗合格后安装考虑，定额中已包括丝堵、临时短管的安装、拆除及摊销。

4)温感式水幕装置安装定额中已包括给水三通至喷头、阀门间的管道、管件、阀门、喷头等全部安装内容，但管道的主材数量按设计管道中心长度另加损耗计算；喷头数量按设计数量另加损耗计算。

5)落地组合式消防柜安装，执行室内消火栓(明装)定额项目。

6)室外消火栓、消防水泵接合器安装，定额中包括法兰接管及弯管底座(消火栓三通)

的安装，其本身价格另行计算。

7）消防水炮及模拟末端装置项目，定额中仅包括本体安装，不包括型钢底座制作安装和混凝土基础砌筑。

2. 工程量计算规则

（1）管道安装按设计图示管道中心线长度，以“10m”为计量单位。不扣除阀门、管件及各种组件所占长度。

（2）喷头、水流指示器、减压孔板、集热罩按设计图示数量计算，按安装部位、方式，分规格以“个”为计量单位。

（3）报警装置、室内消火栓、室外消火栓、消防水泵接合器均按设计图示数量计算。报警装置、室内外消火栓、消防水泵接合器分形式，按成套装置及附件以“组”“套”为计量单位。

（4）末端试水装置按设计图示数量计算，分规格以“组”为计量单位。

（5）温感式水幕装置安装以“组”为计量单位。

（6）灭火器按设计图示数量计算，分形式以“具”“组”“套”为计量单位。

（7）消防水炮按设计图示数量计算，分规格以“台”为计量单位。

（二）气体灭火系统（030902）

1. 章说明

（1）本章内容包括无缝钢管、气体驱动装置管道、选择阀、气体喷头、贮存装置、称重检漏装置、无管网气体灭火装置、管网系统试验等安装工程。

（2）本章适用于工业和民用建筑中设置的七氟丙烷、IG541、二氧化碳灭火系统中的管道、系统装置及组件等的安装。

（3）定额中的无缝钢管、选择阀安装及系统组件试验等适用于七氟丙烷、IG541灭火系统；高压二氧化碳灭火系统执行本章定额，人工、机械乘以系数1.20。

（4）管道安装定额：

1）管道安装项目中，均包括相应管件安装、水压试验及水冲洗工作内容。各种管件数量是综合取定的，执行定额时，成品管件数量可依据设计文件及施工方案或参照本册定额附录“管道管件数量取定表”计算，定额中其他消耗量均不做调整。

2）若设计或规范要求钢管需要镀锌，其镀锌及场外运输另行计算。

（5）有关说明：

1）气体灭火系统管道若采用不锈钢管、铜管时，管道及管件安装执行SD 02-31—2016第八册《工业管道工程》相应项目。

2）贮存装置安装定额，包括灭火剂贮存容器和驱动瓶的安装固定支框架、系统组件（集流管，容器阀，气、液单向阀，高压软管）、安全阀等贮存装置和驱动装置的安装及氮气增压。二氧化碳贮存装置安装不需增压，执行定额时应扣除高纯氮气，其余不变。称重装置价格含在贮存装置设备价格中。

3）二氧化碳称重检漏装置包括泄漏报警开关、配重及支架。

4）管网系统包括管道、选择阀、气液单向阀、高压软管等组件。管网系统试验工作内容包括充氮气，但氮气消耗量另行计算。

5）气体灭火系统装置调试费执行本册定额第五章相应子目。

6）本章阀门安装分压力执行 SD 02-31—2016 第八册相应项目。

2. 工程量计算规则

（1）管道安装按设计图示管道中心线长度，以“10m”为计量单位。不扣除阀门、管件及各种组件所占长度。

（2）气体驱动装置管道按设计图示管道中心线长度计算，以“10m”为计量单位。

（3）选择阀、喷头安装按设计图示数量计算，分规格、连接方式，以“个”为计量单位。

（4）贮存装置、称重检漏装置、无管网气体灭火装置安装按设计图示数量计算，以“套”为计量单位。

（5）管网系统试验按贮存装置数量，以“套”为计量单位。

（三）泡沫灭火系统（030903）

1. 章说明

（1）本章内容包括泡沫发生器、泡沫比例混合器等安装工程。

（2）有关说明：

1）本章定额适用于高、中、低倍数固定式或半固定式泡沫灭火系统的发生器及泡沫比例混合器安装。

2）泡沫发生器及泡沫比例混合器安装中包括整体安装、焊法兰、单体调试及配合管道试压时隔离本体所消耗的人工和材料。

3）本章设备安装工作内容中不包括支架的制作安装和二次灌浆，上述工作另行计算。

4）泡沫灭火系统的管道、管件、法兰、阀门、管道支架等的安装及管道系统试压和冲（吹）洗，执行 SD 02-31—2016 第八册相应项目。

5）泡沫发生器、泡沫比例混合器安装定额中不包括泡沫液充装，泡沫液充装另行计算。

6）泡沫灭火系统的调试另行计算。

2. 工程量计算规则

泡沫发生器、泡沫比例混合器安装按设计图示数量计算，均按不同型号以“台”为计量单位。

（四）火灾自动报警系统（030904）

1. 章说明

（1）本章内容包括点型探测器、线型探测器、按钮、消防警铃、声光报警器、放气指示灯、空气采样型探测器、消防报警电话插孔（电话）、消防广播（扬声器）、消防专用模块（模块箱）、区域报警控制箱、联动控制箱、远程控制箱（柜）、多线制手动控制盘、家庭火灾报警控制箱（器）、区域显示器、火灾报警系统控制主机、联动控制主机、消防广播及电话主机（柜）、火灾报警控制微机、备用电源及电池主机柜、报警联动控制一体机、智能消防灯具、应急照明分配电装置、消防应急灯具专用应急电源、应急照明控制主机等安装工程。

（2）本章适用于工业和民用建（构）筑物设置的火灾自动报警系统的安装。

（3）本章定额中均包括以下工作内容：

1）施工技术准备、施工机械准备、标准仪器准备、施工安全防护措施、安装位置的清理。

2）设备和箱、机及元件的搬运，开箱检查，清点，杂物回收，安装就位，接地，密封，箱、机内的校线、接线、压接端头（挂锡）、编码，测试、清洗，记录整理等。

3）本体调试。

（4）本章不包括以下工作内容：

1）设备支架、底座、基础的制作安装。

2）构件加工、制作。

3）消防系统应用软件开发内容。

4）火警 119 直播外线电话。

（5）有关说明：

1）点型防爆探测器安装，执行点型探测器安装，定额人工乘以系数 1.2。

2）光束探测器包括红外光探测器和紫外光探测器。

3）安装定额中箱、机是以成套装置编制的；柜式及琴台式均执行落地式安装相应项目。

4）闪灯执行声光报警器。

5）消防广播模块执行输出模块安装子目；双切换模块执行输入输出模块。

6）电气火灾监控系统：

a. 报警控制器按点数执行火灾自动报警控制器安装。

b. 探测器模块按输入回路数量执行多输入模块安装。

c. 剩余电流互感器执行相关电气安装定额。

d. 温度传感器执行线性探测器安装定额。

7）应急照明集中电源柜执行 SD 02 - 31—2016 第四册《电气设备安装工程》相关定额子目。

2. 工程量计算规则

（1）点型探测器按设计图示数量计算，不分规格、型号、安装方式与位置，以“个”为计量单位。探测器安装包括了探头及底座的安装和本体调试。光束探测器以“对”为计量单位（光束探测器是成对使用的，在计算时一对为两只）。定额中包括了探头支架安装和探测器的调试以及对中的安装。

（2）线型探测器的安装方式按环绕、正弦、直线综合考虑，不分线制及保护形式，以“10m”为计量单位。

（3）线性探测器信号转换装置，以“台”为计量单位。

（4）光纤感温火灾探测信号处理器，以“台”为计量单位。

（5）线型探测器终端（中间）盒，以“个”为计量单位。

（6）按钮包括火灾报警按钮、带电话插孔报警按钮、消火栓报警按钮、紧急启停按钮，以“个”为计量单位。定额按照在轻质墙体和硬质墙体上安装方式综合考虑。

（7）报警器包括消防警铃、声光报警器、放气指示灯，以“个”为计量单位。定额已包括其接线盒的安装，并按照在轻质墙体和硬质墙体上安装方式综合考虑。

（8）空气采样型探测器包括空气采样管、极早期空气采样报警器，空气采样管依据图示设计长度，以“m”为计量单位，极早期空气采样报警器依据探测回路数，按设计图示计算，以“台”为计量单位。

（9）消防报警电话包括电话分机、无线电话分机、电话插孔，不分安装方式，以“个”

为计量单位。

（10）消防广播（扬声器）区分吸顶式、壁挂式及嵌入式三种安装方式，以“个”为计量单位。

（11）消防模块包括单输入（输出）、多输入（输出）、单输入单输出及多输入多输出，不分安装方式，以“个”为计量单位。

（12）模块箱、端子箱的安装，以“台”为计量单位，并按照在轻质墙体和硬质墙体上安装方式综合考虑。

（13）区域报警控制箱不分线制，按其安装方式不同分为壁挂式和落地式，按照“点”数的不同划分子目，以“台”为计量单位。“点”是指区域报警控制箱内报警控制器所带的有地址编码的报警器件（火灾探测器、各种报警按钮和模块等）的数量，如果一个模块带数个探测器，则只能计为一点。

（14）联动控制箱不分线制，按其安装方式不同分为壁挂式和落地式。按照“点”数的不同划分子目，以“台”为计量单位。“点”是指联动控制箱设备型号的点数。

（15）远程控制箱按其控制回路数，以“台”为计量单位。

（16）家庭火灾报警控制箱（器）不分线制，不分规格、型号、安装方式，以“台”为计量单位。

（17）重复显示器（楼层显示器）不分线制，不分规格、型号、安装方式，以“台”为计量单位。

（18）多线制手动控制盘（柜）按照回路数的不同划分子目，以“台”为计量单位。

（19）火灾报警系统控制主机不分线制，按其安装方式不同分为壁挂式和落地式。按照“点”数的不同划分子目，以“台”为计量单位。“点”是指设备主机型号的点数。

（20）联动控制主机安装不分线制，按照“点”数的不同划分子目，以“台”为计量单位。“点”是指设备型号的点数。

（21）消防广播控制柜是指安装成套广播设备的成品机柜，不分规格、型号以“台”为计量单位。

（22）广播功率放大器、广播录放盘、矩阵及广播分配器的安装，不分规格、型号以“台”为计量单位。

（23）消防电话主机按其控制回路数，以“台”为计量单位。

（五）消防系统调试（030905）

1. 章说明

（1）本章内容包括自动报警系统调试、水灭火控制装置调试、防火控制装置联动调试、气体灭火系统装置调试、消防应急疏散指示系统调试等工程。

（2）本章适用于工业与民用建筑项目中的消防工程系统调试。

（3）有关说明：

1）系统调试是指消防报警、灭火系统、防火控制装置及智能消防应急疏散指示系统安装完毕且联通，并达到国家有关消防施工验收规范、标准，进行的全系统检测、调整和试验。

2）定额中不包括气体灭火系统调试试验时采取的安全措施，应另行计算。

3）自动报警系统装置包括各种探测器、手动报警按钮和报警控制器；灭火系统控制装置包括消火栓、自动喷水、七氟丙烷、二氧化碳等固定灭火系统的控制装置；智能消防应急疏散指示系统装置包括智能疏散应急灯具、应急照明分配电装置、专用应急电源及应急照明控制器。

4）切断非消防电源的点数以执行切除非消防电源的模块数量进行确定。

2. 工程量计算规则

（1）自动报警系统调试区别不同点数，根据集中报警器台数按系统计算，以“系统”为计量单位。

自动报警系统包括各种探测器、报警器、报警按钮、报警控制器组成的报警系统，其点数按具有地址编码的器件数量计算。火灾事故广播、消防通信系统调试按消防广播喇叭、音箱、电话插孔数量，分别以“10只”计算。消防通信的电话分机以“部”计算。

（2）自动喷水灭火系统调试按水流指示器数量，以“点”为计量单位；消火栓灭火系统按消火栓启泵按钮数量，以“点”为计量单位；消防水炮控制装置系统调试按水炮数量，以“点”为计量单位。

（3）防火控制装置调试按设计图示数量计算。

（4）气体灭火系统装置调试按调试、检验和验收所消耗的试验容器总数计算，以“点”为计量单位。

（5）电气火灾监控系统调试按模块点数执行自动报警系统调试相应子目。

（6）消防应急疏散指示系统由应急照明控制器（监管主机）、消防应急灯具专用应急电源、应急照明分配电装置、各类型智能消防灯具等组成。其调试区别不同点数，根据应急照明控制器台数，按系统计算，以“系统”为计量单位。其点数按各类型带有地址编码的智能消防灯具数量计算。

（六）本册有关问题的说明

（1）本册定额不包括下列内容：

1）稳压装置安装，消防水箱、套管、支架制作安装（注明者除外），剔槽打洞及恢复，执行SD 02 - 31—2016第十册相应项目。

2）各种消防泵安装，执行SD 02 - 31—2016第一册《机械设备安装工程》相应项目。

3）不锈钢管、铜管管道安装，执行SD 02 - 31—2016第八册相应项目。

4）刷油、防腐蚀、绝热工程，执行SD 02 - 31—2016第十二册相应项目。

5）电缆敷设、桥架安装、配管配线、接线盒、电动机检查接线、防雷接地装置、液位显示装置、应急照明集中电源柜等安装，执行SD 02 - 31—2016第四册相应项目。

6）各种仪表的安装及带电信号的阀门、报警终端电阻、压力开关、驱动装置及泄漏报警开关的接线、校线等执行SD 02 - 31—2016第五册《建筑智能化工程》相应项目。

7）凡涉及管沟、基坑及井类的土方开挖、回填、运输、垫层、基础、砌筑、地沟盖板预制安装、路面开挖及修复、管道混凝土支墩的项目，执行相关定额项目。

（2）下列费用可按系数分别计取：

1）脚手架搭拆费：按定额人工费的5%计算，其费用中人工费占35%。

2）建筑物超高增加费：在建筑物层数大于6层或建筑物高度大于20m以上的工业与民用建筑上进行安装时，按表2-1-2计算建筑物超高增加的费用，其费用中人工费占65%。

3）操作高度增加费：SD 02 - 31—2016操作物高度是按距楼面或地面5m考虑的，当操作物高度超过5m时，超过部分工程量其定额人工、机械乘以表2-1-3中系数。

4）在已封闭的管道间（井）、地沟、吊顶内安装的项目，人工、机械乘以系数 1.20。

（3）界限划分：消防系统室内外管道以建筑物外墙皮 1.5m 为界，入口处设阀门者以阀门为界；室外给水消防管道执行 SD 02－31—2016 第十册中室外给水管道安装相应项目。

二、消防工程定额计价编制案例

【例 2－5－1】　某餐厅火灾自动报警工程施工图预算编制。

（一）施工图设计说明

（1）如图 2－5－1、图 2－5－2 所示，大厅层高 4m，吊顶高 3m，其余房间高度均为 3m。

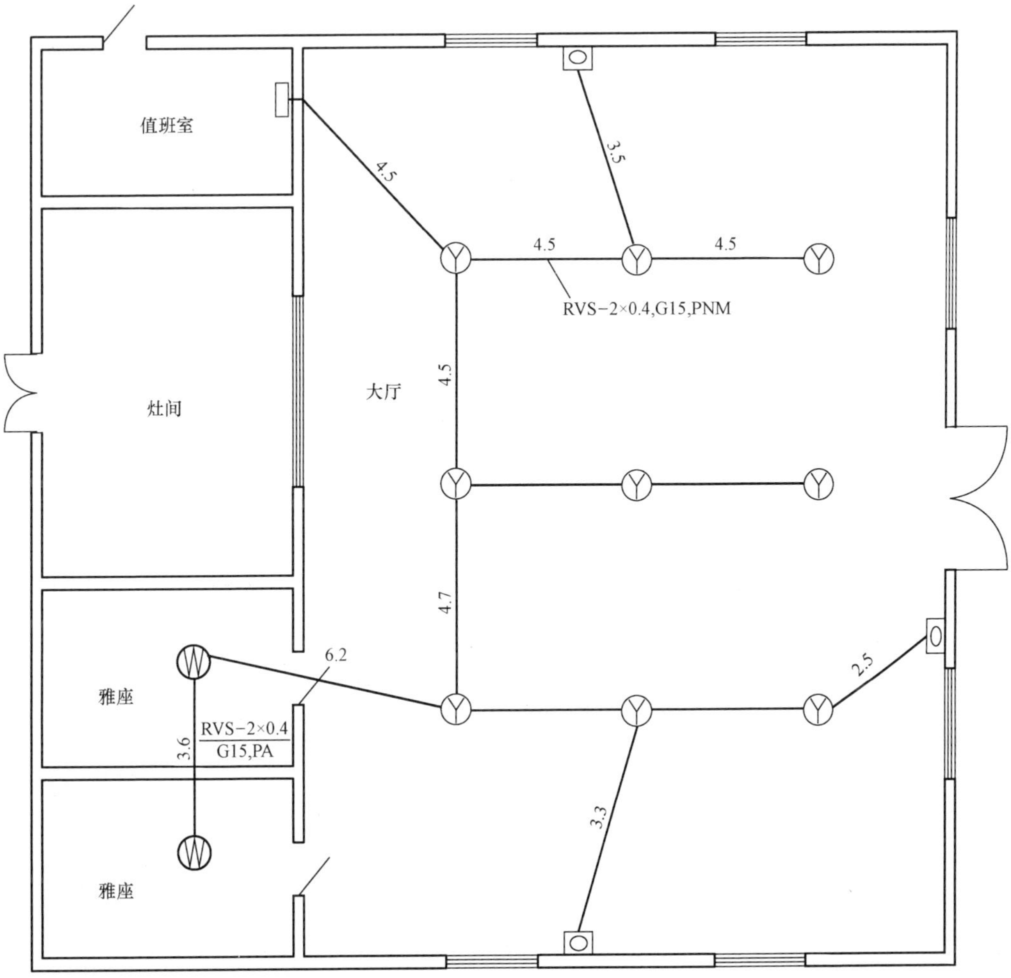

图例

符号	名称	型号规格	安装高度
Ⓨ	感烟探头	LD3000　BD	吸顶
Ⓦ	感温探头	LD3300　BD	吸顶
[○]	手动报警按钮	LD2000　B	1.4m
□	区域报警器	LD128K(L)	1.4m

图 2－5－1　某餐厅火灾自动报警工程平面图

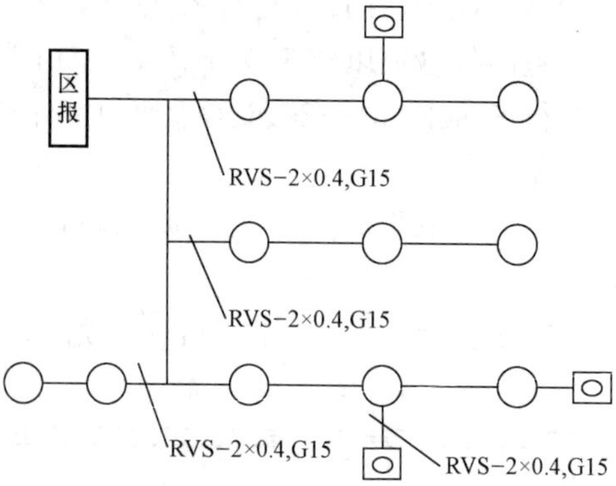

图 2-5-2 某餐厅火灾自动报警工程系统图

（2）火灾自动报警采用二总线制，导线选用 RVS-2×0.4，穿焊接钢管保护，大厅部分沿吊顶内敷设，雅座间沿顶棚内暗设。

（3）未计价材料价格（主要材料）价格按表 2-5-1 执行。

表 2-5-1　　主要材料（主材）价格

序号	名称	单位	单价（元）
1	区域报警控制箱（宽×高：500mm×300mm）	台	500.00
2	感烟探头	个	100.00
3	感温探头	个	100.00
4	手动报警按钮	个	40.00
5	焊接钢管 DN15	m	3.00
6	RVS-2×0.4	m	2.00
7	86 型钢制接线盒	个	2.00

（二）工程量计算

该餐厅火灾自动报警工程工程量计算书见表 2-5-2。

表 2-5-2　　工程量计算书

工程名称：某餐厅火灾自动报警

序号	项目名称	单位	计算公式	数量
1	报警控制器	台		1
2	感烟探头	个		9
3	感温探头	个		2
4	手动报警按钮	个		3
5	自动报警调试	系统		1
6	钢管 DN15（A）	m	2.8+3.6+<u>(3−1.4)×4</u>	12.8
7	钢管 DN15（M）	m	2.5+4.5+3.3+（4.5+4.2）×3+4.5+4.7+3.5+3.4	52.5
8	接线盒	个	9+2+3	14
9	管内穿 RVS-2×0.4	m	12.8+52.5+（0.5+0.3）	66.1
10	墙体剔槽 20mm 以内	m	（3−1.4）×4	6.4

注　下划横线者为需墙体剔槽的管道。

（三）计算分部分项工程费

该餐厅火灾自动报警系统安装工程预（结）算书见表 2-5-3。

表 2-5-3　　安装工程预（结）算书

工程名称：某餐厅火灾自动报警　　共 1 页　第 1 页　　元

序号	定额编号	项目名称	单位	数量	增值税（一般计税）			合计		
					单价	人工费	主材费	合价	人工费	主材费
1	9-4-43	报警控制器	台	1	450.76	399.64	500.00	450.76	399.64	500.00
2	9-4-1	感烟探头	个	9	31.15	29.36	100.00	280.35	264.24	900.00
3	9-4-2	感温探头	个	2	31.15	29.36	100.00	62.30	58.72	200.00
4	9-4-14	手动报警按钮	个	3	34.51	30.9	40.00	103.53	92.70	120.00
5	9-5-1	自动报警调试	系统	1	1871.36	1557.36		1871.36	1557.36	0.00
6		第九册小计						2768.30	2372.66	1720.00
7	9-12-71	钢管敷设 G15（A）	100m	0.13	527.38	457.94	412.00	68.56	59.53	53.56
8	4-12-60	钢管敷设 G15（M）	100m	0.53	1183.15	926.18	412.00	627.07	490.88	218.36
9	4-12-232	接线盒	10 个	1.40	40.35	31.52	20.40	56.49	44.13	28.56
10	4-12-241	墙体剔槽 20mm 内	10m	0.64	42.69	27.19	0.00	27.32	17.40	0.00
11	4-13-38	管内穿 RVS-2×0.4	100m	0.66	70.92	55.62	216.00	46.81	36.71	142.56
12		第四册小计						826.25	648.65	443.04
13		分部分项工程费			2768.30+1720.00+826.25+443.04			5757.59	3021.31	

（四）计算安装工程费用（造价）

根据第一篇学习单元二有关程序和费率计取各类费用，见表 2-5-4。

表 2-5-4　　定额计价的计算程序

项目名称：某餐厅火灾自动报警

序号	费用名称	计算方法	金额（元）
一	分部分项工程费	见表 2-5-3 中合价	5757.59
	计费基础 JD1	见表 2-5-3 中合计人工费	3021.31
二	措施项目费	2.1+2.2	410.90
	2.1 单价措施费		151.07
	1. 脚手架搭拆费	3021.31×5%	151.07
	其中：人工费	151.07×35%	52.87
	2.2 总价措施费	1+2+3+4	259.83
	1. 夜间施工费	3021.31×2.50%	75.53
	2. 二次搬运费	3021.31×2.10%	63.45
	3. 冬雨季施工增加费	3021.31×2.80%	84.60
	4. 已完工程及设备保护费	3021.31×1.20%	36.26
	计费基础 JD2	52.78+75.53×50%+63.45×40%+84.60×40%+36.26×25%	158.92

续表

序号	费用名称	计算方法	金额（元）
三	其他项目费	3.1+3.3+…+3.8	
	3.1 暂列金额	按相应规定计算	
	3.2 专业工程暂估价		
	3.3 特殊项目暂估价		
	3.4 计日工		
	3.5 采购保管费		
	3.6 其他检验试验费		
	3.7 总承包服务费		
	3.8 其他		
四	企业管理费	（3021.31+158.92）×55%	1749.13
五	利润	（3021.31+158.92）×32%	1017.67
六	规费	4.1+4.2+4.3+4.4+4.5	650.49
	6.1 安全文明施工费	（5757.59+410.90+1749.13+1017.67）×5.01%	455.70
	6.2 社会保险费	（5757.59+410.90+1749.13+1017.67）×1.52%	135.82
	6.3 住房公积金	（5757.59+410.90+1749.13+1017.67）×0.22%	19.66
	6.4 工程排污费	（5757.59+410.90+1749.13+1017.67）×0.28%	25.02
	6.5 建设项目工伤保险	（5757.59+410.90+1749.13+1017.67）×0.16%	14.30
七	设备费	Σ（设备单价×设备工程量）	
八	税金	（5757.59+410.90+1749.13+1017.67+650.49）×11%	1054.44
九	工程费用合计	5757.59+410.90+1749.13+1017.67+650.49+1054.44	10 640.21

任务二 消防工程工程量清单的编制

一、消防工程工程量计算规范

与消防工程工程量清单编制有关的规定是 GB 50500—2013《建筑工程工程量清单计价规范》及 GB 50856—2013《通用安装工程工程量计算规范》附录 J 消防工程，附录 M 刷油、防腐蚀、绝热工程，附录 N 措施项目。常用的项目包括以下内容。

1. 水灭火系统

工程量清单项目设置、项目特征描述的内容、计量单位及工程量计算规则，应按表 2-4-5（见 GB 50856—2013 的表 J.1）的规定执行。

表 2-5-5　　水灭火系统（编码：030901）

项目编码	项目名称	项目特征	计量单位	工程量计算规则	工作内容
030901001	水喷淋钢管	1. 安装部位 2. 材质、规格 3. 连接形式 4. 钢管镀锌设计要求 5. 压力试验及冲洗设计要求 6. 管道标识设计要求	m	按设计图示管道中心线以长度计算	1. 管道及管件安装 2. 钢管镀锌及二次安装 3. 压力试验 4. 冲洗 5. 管道标识
030901002	消火栓钢管				
030901003	水喷淋（雾）喷头	1. 安装部位 2. 材质、型号、规格 3. 连接形式 4. 装饰盘材质、型号	个	按设计图示数量计算	1. 安装 2. 装饰盘安装 3. 严密性试验
030901004	报警装置	1. 名称 2. 型号、规格	组		安装
030901005	温感式水幕装置	1. 型号、规格 2. 连接形式	组		安装
030901006	水流指示器	1. 规格、型号 2. 连接形式	个		
030901007	减压孔板	1. 材质、规格 2. 连接形式			
030901008	末端试水装置	1. 规格 2. 组装形式	组		
030901009	集热板	1. 材质 2. 支架形式	个		1. 集热板制作安装 2. 支架制作安装
030901010	室内消火栓	1. 安装方式 2. 型号、规格 3. 附件材质、规格	套		1. 箱体及消火栓安装 2. 配件安装
030901011	室外消火栓				1. 箱体安装 2. 配件安装
030901012	消防水泵接合器	1. 安装部位 2. 型号、规格 3. 附件材质、规格			1. 安装 2. 附件安装
030901013	灭火器	1. 形式 2. 规格、型号	具（组）		设置

续表

项目编码	项目名称	项目特征	计量单位	工程量计算规则	工作内容
030901014	消防水炮	1. 水炮类型 2. 压力等级 3. 保护半径	台	按设计图示数量计算	1. 本体安装 2. 调试

注 1. 水灭火管道工程量计算不扣除阀门、管件及各种组件所占长度以延长米计算。
2. 水喷淋（雾）喷头安装部位应区分有吊顶、无吊顶。
3. 报警装置适用于湿式报警装置、电动雨淋报警装置、预制作用报警装置等安装。报警装置安装包括装配管（除水力警铃进水管）的安装，水力警铃进水管并入消防管道工程量。其中：湿式报警装置包括湿式阀、蝶阀、装配管、供水压力表、装置压力表、试验阀、泄放试验阀、泄放试验管、试验管流量计、过滤器、延时器、水力警铃、报警截止阀、漏斗、压力开关等；干湿两用报警装置包括两用阀、蝶阀、装配管、加速器、加速器压力表、供水压力表、试验阀、泄放试验阀（湿式、干式）、挠性接头、泄放试验管、试验管流量计、排气阀、截止阀、漏斗、过滤器、延时器、水力警铃、压力开关等；电动雨淋报警装置包括雨淋阀、蝶阀、装配管、压力表、泄放试验阀、流量表、截止阀、注水阀、止回阀、电磁阀、排水阀、手动应急球阀、报警试验阀、漏斗、压力开关、过滤器、水力警铃等；预作用报警装置包括报警阀、控制蝶阀、压力表、流量表、截止阀、排放阀、注水阀、止回阀、泄放阀、报警试验阀、液压切断阀、装配管、供水检验管、气压开关、试压电磁阀、空压机、应急手动试压器、漏斗、过滤器、水力警铃等。
4. 温感式水幕装置包括给水三通至喷头、阀门间的管道、管件、阀门、喷头等。
5. 末端试水装置包括压力表、控制阀等附件。末端试水装置安装中不含连接管及排水管安装，其工程量并入消防管道。
6. 室内消火栓包括消火栓箱、消火栓、水枪、水龙头、水龙带接扣、自救卷盘、挂架、消防按钮；落地消火栓箱包括箱内手提灭火器。
7. 室外消火栓安装方式分地上式、地下式。地上式消火栓安装包括地上式消火栓、法兰接管、弯管底座安装；地下式消火栓安装包括地下式消火栓、法兰接管、弯管底座或消火栓三通安装。
8. 消防水泵接合器安装包括法兰接管及弯头安装，接合器井内阀门、弯管底座、标牌等附件安装。
9. 减压孔板若在法兰盘内安装，其法兰计入组价中。
10. 消防水炮分为普通手动水炮、智能控制水炮。

2. 火灾自动报警系统

工程量清单项目设置、项目特征描述的内容、计量单位及工程量计算规则，应按表 2-5-6（见 GB 50856—2013 的表 J.4）的规定执行。

表 2-5-6　　火灾自动报警系统（编码：030904）

项目编码	项目名称	项目特征	计量单位	工程量计算规则	工作内容
030904001	点型探测器	1. 名称 2. 规格 3. 线制 4. 类型	个	按设计图示数量计算	1. 探头安装 2. 底座安装 3. 校接线 4. 编码 5. 探测器调试
030904002	线型探测器	1. 名称 2. 规格 3. 安装方式	m		1. 探测器安装 2. 接口模块安装 3. 报警终端安装 4. 校接线 5. 调试

续表

<table>
<tr><th>项目编码</th><th>项目名称</th><th>项目特征</th><th>计量单位</th><th>工程量计算规则</th><th>工作内容</th></tr>
<tr><td>030904003</td><td>按钮</td><td rowspan="3">1. 名称
2. 规格</td><td rowspan="3">个</td><td rowspan="13">按设计图示数量计</td><td rowspan="5">1. 安装
2. 校接线
3. 编码
4. 调试</td></tr>
<tr><td>030904004</td><td>消防警铃</td></tr>
<tr><td>030904005</td><td>声光报警器</td></tr>
<tr><td>030904006</td><td>消防报警电话插孔（电话）</td><td>1. 名称
2. 规格
3 安装方式</td><td>个（部）</td></tr>
<tr><td>030904007</td><td>消防广播（扬声器）</td><td>1. 名称
2. 功率
3. 安装方式</td><td>个</td></tr>
<tr><td>030904008</td><td>模块（模块箱）</td><td>1. 名称
2. 规格
3. 类型
4. 输出形式</td><td>个（台）</td><td>1. 安装
2. 校接线
3. 编码
4. 调试</td></tr>
<tr><td>030904009</td><td>区域报警控制箱</td><td rowspan="2">1. 多线制
2. 总线制
3. 安装方式
4. 控制点数量
5. 显示器类型</td><td rowspan="7">台</td><td rowspan="3">1. 本体安装
2. 校接线、摇测绝缘电阻
3. 排线、绑扎、导线标识
4. 显示器安装
5. 调试</td></tr>
<tr><td>030904010</td><td>联动控制箱</td></tr>
<tr><td>030904011</td><td>远程控制箱（柜）</td><td>1. 规格
2. 控制回路</td></tr>
<tr><td>030904012</td><td>火灾报警系统控制主机</td><td rowspan="3">1. 规格、线制
2. 控制回路
3. 安装方式</td><td rowspan="4">1. 安装
2. 校接线
3. 调试</td></tr>
<tr><td>030904013</td><td>联动控制主机</td></tr>
<tr><td>030904014</td><td>消防广播及对讲电话主机（柜）</td></tr>
<tr><td>030904015</td><td>火灾报警控制微机（CRT）</td><td>1. 规格
2. 安装方式</td></tr>
<tr><td>030904016</td><td>备用电源及电池主机（柜）</td><td>1. 名称
2. 容量
3. 安装方式</td><td>套</td><td>按设计图示数量计算</td><td>1. 安装
2. 调试</td></tr>
</table>

注　1. 消防报警系统配管、配线、接线盒均应按 GB 50856—2013 附录 D 电气设备安装工程相关项目编码列项。

2. 消防广播及对讲电话主机包括功放、录音机、分配器、控制柜等设备。

3. 报警联动一体机按消防报警系统控制主机计算。

4. 点型探测器包括火焰、烟感、温感、红外光束、可燃气体探测器等。

3. 消防系统调试

工程量清单项目设置、项目特征描述的内容、计量单位及工程量计算规则，应按表 2-5-7（见 GB 50856—2013 的表 J.5）的规定执行。

表 2-5-7　　消防系统调试（编码：030905）

<table>
<tr><th>项目编码</th><th>项目名称</th><th>项目特征</th><th>计量单位</th><th>工程量计算规则</th><th>工作内容</th></tr>
<tr><td>030905001</td><td>自动报警系统装置调试</td><td rowspan="2">点数线制</td><td rowspan="2">系统</td><td rowspan="3">按设计图示数量计算</td><td rowspan="2">系统装置调试</td></tr>
<tr><td>030905002</td><td>水灭火系统控制装置调试</td></tr>
<tr><td>030905003</td><td>防火控制装置联动调试</td><td>1. 名称
2. 类型</td><td>个</td><td>调试</td></tr>
<tr><td>030905004</td><td>气体灭火系统装置调试</td><td>1. 试验容器规格
2. 气体试喷、二次充药剂设计要求</td><td>组</td><td>按调试、检验和验收所消耗的试验容器总数计算</td><td>1. 模拟喷气试验
2. 备用灭火器贮存容器切换操作试验
3. 气体试喷
4. 二次充药剂</td></tr>
</table>

注 1. 自动报警系统包括各种探测器、报警按钮、报警控制器组成的报警系统；按不同点数以系统计算。
2. 水灭火系统控制装置是由消火栓、自动喷水灭火设备等组成的灭火系统装置；按不同点数以系统计算。
3. 气体灭火系统装置是由七氟丙烷、IG541、二氧化碳等组成的灭火系统装置；按气体灭火系统装置的瓶组计算。
4. 防火控制装置包括电动防火门、防火卷帘门、正压送风阀、排烟阀、防火控制阀等防火控制装置。

4. 其他相关问题

（1）管道界限的划分：

1）喷淋系统水灭火管道：室内外界限应以建筑物外墙皮 1.5m 为界，入口处设阀门者应以阀门为界；设在高层建筑物内消防泵间管道应以泵间外墙皮为界。

2）消火栓管道：给水管道室内外界限划分应以外墙皮 1.5m 为界，入口处设阀门者应以阀门为界。

3）与市政给水管道的界限：以水表井为界；无水表井的，以与市政给水管道碰头点为界。

（2）凡涉及管沟及井类的土石方开挖、垫层、基础、砌筑、抹灰、地井盖板预制安装、回填、运输，路面开挖及修复、管道支墩等，应按 GB 50854—2013《房屋建筑与装饰工程工程量计算规范》、GB 50857—2013《市政工程工程量计算规范》相关项目编码列项。

（3）消防水泵房内的管道，应按 GB 50856—2013 附录 H 工业管道工程相关项目编码列项；消防管道如需进行探伤，应按 GB 50856—2013 附录 H 工业管道工程相关项目编码列项。

（4）消防管道上的阀门、管道及设备支架、套管制作安装，应按 GB 50856—2013 附录 K 给排水、采暖、燃气工程相关项目编码列项。

（5）本章管道及设备除锈、刷油、保温除注明者外，均应按 GB 50856—2013 附录 M 刷油、防腐蚀、绝热工程相关项目编码列项。

（6）消防工程措施项目，应按 GB 50856—2013 附录 N 措施项目相关项目编码列项。

二、消防工程工程量清单编制案例

【例 2-5-2】 图 2-5-1、图 2-5-2 所示某餐厅火灾自动报警工程工程量清单的编制。

工程量清单应参照第一篇学习单元三工程量清单编制的相关内容及施工图纸和设计施工说明书编制。其编制使用的表格包括 GB 50500—2013《建设工程工程量清单计价规范》的封-1、扉-1、表-01、表-08、表-11、表-12（含表-12-1～表-12-5）、表-13、表-20、表-21。本例只列出其中主要的几个表格，见表 2-5-8、表 2-5-9。

1. 分部分项工程和单价措施项目清单表

各项目工程量计算可参见表 2-5-2 计算。

表 2-5-8　分部分项工程和单价措施项目清单表

工程名称：某餐厅火灾自动报警工程

序号	项目编码	项目名称	项目特征描述	计量单位	工程量
1	030904001001	点型探测器	感烟探头，LD3000BD，二线制，吸顶式安装	个	9
2	030904001002	点型探测器	感温探头，LD3300BD，二线制，吸顶式安装	个	2
3	030904003001	按钮	手动报警按钮，LD2000，壁装 1.4m	个	3
4	030904009001	区域报警控制器	二总线制，壁挂式安装 1.4m	台	1
5	030905001001	自动报警装置调试	二总线制，15 点内	系统	1
6	030411001001	配管	钢管，DN15，墙内暗配	m	13
7	030411001002	配管	钢管，DN15，吊顶内明配	m	53
8	030411004001	配线	钢管内穿线，RV-2×0.4mm^2	m	66
9	030411006002	接线盒	接线盒，86 系列，顶棚内暗装	个	14
10	030413002001	凿（压）槽	墙埋管开槽及恢复 DN20 内	m	6.4
		合计			

2. 材料（工程设备）暂估单价及调整表

材料暂估单价可参见表 2-5-1 填写。

表 2-5-9　材料（工程设备）暂估单价及调整表

工程名称：某餐厅火灾自动报警工程　　标段：　　第 1 页　共 1 页

序号	材料（工程设备）名称、规格、型号	计量单位	数量		暂估（元）		确认（元）		差额±（元）		备注
			暂估	确认	单价	合价	单价	合价	单价	合价	
1	区域报警控制箱（宽×高：500mm×300mm）	台			500						
2	感烟探头	个			100						
3	感温探头	个			100						
4	手动报警按钮	个			40						
5	焊接钢管 DN15	m			3						
6	RVS-2×0.4mm^2	m			2						
7	86 型钢制接线盒	个			2						
合计											

3. 其他

总价措施项目清单、其他措施项目清单及规费、税金项目清单未作特别约定，按规定表格形式和内容填写。

任务三　消防工程工程量清单计价的编制

根据招标人或委托代理人编制的工程量清单及招标文件要求，投标人编制工程量清单计价文件。投标报价使用的表格包括 GB 50500—2013《建设工程工程量清单计价规范》的封-3、扉-3、表-01、表-02、表-03、表-04、表-08、表-09、表-11、表-12（含表-12-1～表-12-5）、表-13、招标文件提供的表-20 和表-21。

【例 2-5-3】 图 2-5-1、图 2-5-2 所示某餐厅火灾自动报警工程工程量清单计价的编制。本例只列出其中主要的几个表格，见表 2-5-10～表 2-5-25。

1. 总说明

表 2-5-10 **总 说 明**

工程名称：某餐厅火灾自动报警工程 第1页 共1页

1. 工程概况：建设面积为 300m²、单层砖混结构，火灾自动报警工程计划工期 30 日历天，施工现场已做好“三通一平”，本餐厅位置在某单位院内已具备开工条件。

2. 工程招标和专业工程发包范围：图纸范围内火灾自动报警工程内容。

3. 工程量清单报价编制依据：工程量清单、GB 50500—2013《建设工程工程量清单计价规范》、GB 50856—2013《通用安装工程工程量计算规范》、施工图纸和设计施工说明书、工程所在地建设主管部门的相关规定等。

4. 工程质量、材料、施工等的特殊要求：质量达到合格标准；所有材料乙供；施工中做到安全文明施工。

5. 本工程管理费费率按 55%，利润率按 32%计取；规费费率及税金税率为不可竞争费，执行当地规定。人工单价按 103 元/工日执行（鲁建标字〔2017〕1 号文规定）。有关主材价格按暂估价计入。

2. 单位工程投标报价汇总表

表 2-5-11 **单位工程投标报价汇总表**

工程名称：某餐厅火灾自动报警工程 标段： 第1页 共1页

序号	汇总内容	金额（元）	其中：暂估价（元）
一	分部分项工程费	8259.77	2095.84
二	措施项目费	410.90	
1	单价措施项目费		
2	总价措施项目费	410.90	
2.1	夜间施工费	75.53	
2.2	二次搬运费	63.45	
2.3	冬雨季施工增加费	84.60	
2.4	已完工程及设备保护费	36.26	
2.5	脚手架搭拆费	151.07	
三	其他项目费		
1	暂列金额		
2	专业工程暂估价		
3	计日工		
4	总承包服务费		
四	规费	623.42	
1	安全文明施工费	434.40	
1.1	环境保护费	25.14	
1.2	文明施工费	51.16	
1.3	临时设施费	152.60	
1.4	安全施工费	205.49	
2	工程排污费	24.28	
3	社会保障费	131.79	
4	住房公积金	19.08	
5	建设项目工伤保险	13.87	
五	税金	1022.35	
投标报价合计=一+二+三+四+五		10 316.44	2095.84

注 本表适用于单位工程招标控制价或投标报价的汇总，如无单位工程划分，单项工程也使用本表汇总。

3. 分部分项工程和单价措施项目清单计价表

表 2-5-12 **分部分项工程和单价措施项目清单计价表**

工程名称：某餐厅火灾自动报警工程　　　　第 1 页　共 1 页

序号	项目编码	项目名称	项目特征描述	计量单位	工程量	金额（元）			
						综合单价	合价	其中：人工费	其中：暂估价
1	030904001001	点型探测器	感烟探头，LD3000BD，二线制，吸顶式安装	个	9	0.00	1404.99	264.24	900.00
2	030904001002	点型探测器	感温探头，LD3300BD，二线制，吸顶式安装	个	2	156.11	312.22	58.72	200.00
3	030904003001	按钮	手动报警按钮，LD2000，壁装 1.4m	个	3	100.78	302.33	92.7	120
4	030904009001	区域报警控制器	二总线制，壁挂式安装 1.4m	台	1	1290.45	1290.45	399.64	500
5	030905001001	自动报警装置调试	二总线制，15 点内	系统	1	3195.116	3195.12	1557.36	
6	030411001001	配管	钢管，DN15，墙内暗配	m	13	12.32	160.11	59.53	40.95
7	030411001002	配管	钢管，DN15，吊顶内明配	m	53	22.79	1208.08	490.88	163.77
8	030411004001	配线	钢管内穿线，RV-2×0.4mm^2	m	66	3.34	220.57	36.71	142.56
9	030411006001	接线盒	接线盒，86 系列，顶棚内暗装	个	14	8.82	123.44	44.13	28.56
10	030413002001	凿（压）槽	墙埋管开槽及恢复 DN20 以内	m	6.4	6.63	42.46	17.40	
		合计					8259.77	3021.31	2095.84

4. 工程量清单综合单价分析表

表 2-5-13

工程量清单综合单价分析表（一）

工程名称：某餐厅火灾自动报警工程　　标段：　　第 1 页　共 10 页

项目编码		030904001001		项目名称		点型探测器				计量单位		个	
清单综合单价组成明细													
定额编号	定额名称	定额单位	数量	单价（元）					合价（元）				
				人工费	材料费	机械费	管理费	利润	人工费	材料费	机械费	管理费	利润
9-4-1	感烟探头安装	个	9	29.36	1.63	0.16	15.56	9.40	264.24	14.67	1.44	140.05	84.56
人工单价		小计							264.24	14.67	1.44	140.05	84.56
103 元/工日		未计价材料费							900				
清单项目综合单价									156.11				
材料费明细	主要材料名称、规格、型号					单位	数量		单价（元）	合价（元）	暂估单价（元）	暂估合价（元）	
	感烟探头					个	9				100	900.00	
	其他材料费											0.00	
	材料费小计											900.00	

注　1. 管理费为 29.36×53%=15.56（元），利润为 29.36×32%=9.4（元）。

2. 综合单价为（264.24+14.67+1.44+140.05+84.56+900）/9=156.11（元）。

表 2-5-14

工程量清单综合单价分析表（二）

工程名称：某餐厅火灾自动报警工程　　标段：　　第 2 页　共 10 页

项目编码		030904001002		项目名称		点型探测器				计量单位		个	
清单综合单价组成明细													
定额编号	定额名称	定额单位	数量	单价（元）					合价（元）				
				人工费	材料费	机械费	管理费	利润	人工费	材料费	机械费	管理费	利润
9-4-2	感温探头安装	个	2	29.36	1.63	0.16	15.56	9.40	58.72	3.26	0.32	31.12	18.79
人工单价		小计							58.72	3.26	0.32	31.12	18.79
103 元/工日		未计价材料费							200				
清单项目综合单价									156.11				
材料费明细	主要材料名称、规格、型号					单位	数量		单价（元）	合价（元）	暂估单价（元）	暂估合价（元）	
	感温探头					个	2				100	200.00	
	其他材料费											0.00	
	材料费小计											200.00	

表 2-5-15

工程量清单综合单价分析表（三）

工程名称：某餐厅火灾自动报警工程　　　　标段：　　　　第 3 页　共 10 页

项目编码	030904003001	项目名称	按钮								计量单位	个	
清单综合单价组成明细													
定额编号	定额名称	定额单位	数量	单价（元）					合价（元）				
				人工费	材料费	机械费	管理费	利润	人工费	材料费	机械费	管理费	利润
9-4-14	手动报警按钮	个	3	30.9	3.57	0.04	16.38	9.89	92.7	10.71	0.12	49.13	29.66
人工单价		小计							92.7	10.71	0.12	49.13	29.66
103 元/工日		未计价材料费							120				
清单项目综合单价									100.78				
材料费明细	主要材料名称、规格、型号					单位	数量		单价（元）	合价（元）	暂估单价（元）	暂估合价（元）	
	手动报警按钮					个	3				40	120.00	
	其他材料费											0.00	
	材料费小计											120.00	

表 2-5-16

工程量清单综合单价分析表（四）

工程名称：某餐厅火灾自动报警工程　　　　标段：　　　　第 4 页　共 10 页

项目编码	030904009001	项目名称	区域报警控制器								计量单位	台	
清单综合单价组成明细													
定额编号	定额名称	定额单位	数量	单价（元）					合价（元）				
				人工费	材料费	机械费	管理费	利润	人工费	材料费	机械费	管理费	利润
9-4-43	报警控制器	台	1	399.64	32.05	19.07	211.81	127.88	399.64	32.05	19.07	211.81	127.88
人工单价		小计							399.64	32.05	19.07	211.81	127.88
103 元/工日		未计价材料费							500				
清单项目综合单价									1290.45				
材料费明细	主要材料名称、规格、型号					单位	数量		单价（元）	合价（元）	暂估单价（元）	暂估合价（元）	
	报警控制器					台	1				500	500.00	
	其他材料费											0.00	
	材料费小计											500.00	

表 2-5-17

工程量清单综合单价分析表（五）

工程名称：某餐厅火灾自动报警工程　　标段：　　第 5 页　共 10 页

项目编码	030905001001	项目名称	自动报警装置调式							计量单位		系统	
清单综合单价组成明细													
定额编号	定额名称	定额单位	数量	单价（元）					合价（元）				
				人工费	材料费	机械费	管理费	利润	人工费	材料费	机械费	管理费	利润
9-5-1	自动报警装置调式	系统	1	1557.36	151.29	162.71	825.40	498.36	1557.36	151.29	162.71	825.40	498.36
人工单价		小计							1557.36	151.29	162.71	825.40	498.36
103 元/工日		未计价材料费							0				
清单项目综合单价									3195.12				
材料费明细	主要材料名称、规格、型号						单位	数量	单价（元）	合价（元）	暂估单价（元）	暂估合价（元）	
	其他材料费												
	材料费小计												

表 2-5-18

工程量清单综合单价分析表（六）

工程名称：某餐厅火灾自动报警工程　　标段：　　第 6 页　共 10 页

项目编码	030411001001	项目名称	配管							计量单位		m	
清单综合单价组成明细													
定额编号	定额名称	定额单位	数量	单价（元）					合价（元）				
				人工费	材料费	机械费	管理费	利润	人工费	材料费	机械费	管理费	利润
4-12-71	钢管暗配 DN15	100m	0.13	457.94	47.88	21.56	242.71	146.54	59.53	6.22	2.80	31.55	19.05
人工单价		小计							59.53	6.22	2.80	31.55	19.05
103 元/工日		未计价材料费							40.95				
清单项目综合单价									12.32				
材料费明细	主要材料名称、规格、型号						单位	数量	单价（元）	合价（元）	暂估单价（元）	暂估合价（元）	
	焊接钢管 DN15						m	13.65			3	40.95	
	其他材料费											0.00	
	材料费小计											40.95	

表 2-5-19 **工程量清单综合单价分析表（七）**

工程名称：某餐厅火灾自动报警工程 标段： 第 7 页 共 10 页

<table>
<tr><td colspan="2">项目编码</td><td colspan="2">030411001002</td><td colspan="2">项目名称</td><td colspan="5">配管</td><td>计量单位</td><td colspan="2">m</td></tr>
<tr><td colspan="14">清 单 综 合 单 价 组 成 明 细</td></tr>
<tr><td rowspan="2">定额编号</td><td rowspan="2">定额名称</td><td rowspan="2">定额单位</td><td rowspan="2">数量</td><td colspan="5">单价（元）</td><td colspan="5">合价（元）</td></tr>
<tr><td>人工费</td><td>材料费</td><td>机械费</td><td>管理费</td><td>利润</td><td>人工费</td><td>材料费</td><td>机械费</td><td>管理费</td><td>利润</td></tr>
<tr><td>4-12-60</td><td>钢管明配 DN15</td><td>100m</td><td>0.53</td><td>926.18</td><td>232.67</td><td>24.3</td><td>490.88</td><td>296.38</td><td>490.88</td><td>123.32</td><td>12.88</td><td>260.16</td><td>157.08</td></tr>
<tr><td colspan="2">人工单价</td><td colspan="7">小计</td><td>490.88</td><td>123.32</td><td>12.88</td><td>260.16</td><td>157.08</td></tr>
<tr><td colspan="2">103 元/工日</td><td colspan="7">未计价材料费</td><td colspan="5">163.77</td></tr>
<tr><td colspan="9">清单项目综合单价</td><td colspan="5">22.79</td></tr>
<tr><td rowspan="4">材料费明细</td><td colspan="5">主要材料名称、规格、型号</td><td>单位</td><td colspan="2">数量</td><td>单价（元）</td><td>合价（元）</td><td>暂估单价（元）</td><td colspan="2">暂估合价（元）</td></tr>
<tr><td colspan="5">焊接钢管 DN15</td><td>m</td><td colspan="2">54.59</td><td></td><td></td><td>3</td><td colspan="2">163.77</td></tr>
<tr><td colspan="8">其他材料费</td><td></td><td></td><td></td><td colspan="2">0.00</td></tr>
<tr><td colspan="8">材料费小计</td><td></td><td></td><td></td><td colspan="2">163.77</td></tr>
</table>

表 2-5-20 **工程量清单综合单价分析表（八）**

工程名称：某餐厅火灾自动报警工程 标段： 第 8 页 共 10 页

<table>
<tr><td colspan="2">项目编码</td><td colspan="2">030411004001</td><td colspan="2">项目名称</td><td colspan="5">配管</td><td>计量单位</td><td colspan="2">m</td></tr>
<tr><td colspan="14">清 单 综 合 单 价 组 成 明 细</td></tr>
<tr><td rowspan="2">定额编号</td><td rowspan="2">定额名称</td><td rowspan="2">定额单位</td><td rowspan="2">数量</td><td colspan="5">单价（元）</td><td colspan="5">合价（元）</td></tr>
<tr><td>人工费</td><td>材料费</td><td>机械费</td><td>管理费</td><td>利润</td><td>人工费</td><td>材料费</td><td>机械费</td><td>管理费</td><td>利润</td></tr>
<tr><td>4-13-38</td><td>穿线 RV-2×0.4mm²</td><td>100m</td><td>0.66</td><td>55.62</td><td>15.3</td><td></td><td>29.48</td><td>17.80</td><td>36.71</td><td>10.10</td><td>0.0C</td><td>19.46</td><td>11.75</td></tr>
<tr><td colspan="2">人工单价</td><td colspan="7">小计</td><td>36.71</td><td>10.10</td><td>0.00</td><td>19.46</td><td>11.75</td></tr>
<tr><td colspan="2">103 元/工日</td><td colspan="7">未计价材料费</td><td colspan="5">142.56</td></tr>
<tr><td colspan="9">清单项目综合单价</td><td colspan="5">3.34</td></tr>
<tr><td rowspan="4">材料费明细</td><td colspan="5">主要材料名称、规格、型号</td><td>单位</td><td colspan="2">数量</td><td>单价（元）</td><td>合价（元）</td><td>暂估单价（元）</td><td colspan="2">暂估合价（元）</td></tr>
<tr><td colspan="5">RV-2×0.4mm²</td><td>m</td><td colspan="2">71.28</td><td></td><td></td><td>2</td><td colspan="2">142.56</td></tr>
<tr><td colspan="8">其他材料费</td><td></td><td></td><td></td><td colspan="2">0.00</td></tr>
<tr><td colspan="8">材料费小计</td><td></td><td></td><td></td><td colspan="2">142.56</td></tr>
</table>

表 2-5-21

工程量清单综合单价分析表（九）

工程名称：某餐厅电气照明工程　　　　标段：　　　　第 9 页　共 10 页

项目编码		030411006001		项目名称	接线盒						计量单位	个	
清单综合单价组成明细													
定额编号	定额名称	定额单位	数量	单价（元）					合价（元）				
				人工费	材料费	机械费	管理费	利润	人工费	材料费	机械费	管理费	利润
4-12-232	接线盒	10m	1.4	31.52	8.83		17.34	10.09	44.13	12.36	0.00	24.27	14.12
人工单价		小计							44.13	12.36	0.00	24.27	14.12
103 元/工日		未计价材料费							28.56				
清单项目综合单价									8.82				
材料费明细	主要材料名称、规格、型号					单位	数量		单价（元）	合价（元）	暂估单价（元）	暂估合价（元）	
	接线盒					个	14.28				2	28.56	
	其他材料费											0.00	
	材料费小计											28.56	

表 2-5-22

工程量清单综合单价分析表（十）

工程名称：某餐厅电气照明工程　　　　标段：　　　　第 10 页　共 10 页

项目编码		030413002001		项目名称	凿（压）槽						计量单位	m	
清单综合单价组成明细													
定额编号	定额名称	定额单位	数量	单价（元）					合价（元）				
				人工费	材料费	机械费	管理费	利润	人工费	材料费	机械费	管理费	利润
4-12-241	开槽及恢复 DN20 内	10m	0.64	27.19	11.02	4.48	14.95	8.70	17.40	7.05	2.87	9.57	5.57
人工单价		小计							17.40	7.05	2.87	9.57	5.57
103 元/工日		未计价材料费							0.00				
清单项目综合单价									6.63				
材料费明细	主要材料名称、规格、型号					单位	数量		单价（元）	合价（元）	暂估单价（元）	暂估合价（元）	
												0.00	
	其他材料费											0.00	
	材料费小计											0.00	

5. 总价措施项目清单与计价表

表 2-5-23　总价措施项目清单与计价表

工程名称：某餐厅火灾自动报警工程　　标段：　　第 1 页　共 1 页

序号	项目编码	项目名称	计算基础（元）	费率（%）	金额（元）	调整费率（%）	调整后金额（元）	备注
1	031302002	夜间施工费	3021.31	2.50	75.53			
2	031302004	二次搬运费	3021.31	2.10	63.45			
3	031302005	冬雨季施工增加费	3021.31	2.80	84.60			
4	031302006	已完工程及设备保护费	3021.31	1.20	36.26			
5	031301017	脚手架搭拆费	3021.31	5.00	151.07			
合计					410.90			

编制人（造价人员）：××　　复核人（造价工程师）：××

注　计算基础为分部分项工程和单价措施项目清单计价表中的合计人工费。

6. 其他项目清单计价汇总表

表 2-5-24　其他项目清单计价汇总表

工程名称：某餐厅火灾自动报警工程　　标段：　　第 1 页　共 1 页

序号	项目名称	金额（元）	结算金额（元）	备注
1	暂列金额			
2	暂估价	2095.84		
2.1	材料暂估价	2095.84		分部分项工程和单价措施项目清单计价表
2.2	专业工程暂估价			
3	计日工			
4	总承包服务费			
合计				

注　材料（工程设备）暂估单价计入清单项目综合单价，此处不汇总。

7. 规费、税金项目清单计价表

表 2-5-25　规费、税金项目清单计价表

工程名称：某餐厅火灾自动报警工程　　标段：　　第 1 页　共 1 页

序号	项目名称	计算基础	计算基数（元）	计算费率（%）	金额（元）
1	规费	1.1+1.2+1.3+1.4+1.5	434.40+24.28+131.79+19.08+13.87		623.42
1.1	安全文明施工费	1.1.1+1.1.2+1.1.3+1.1.4	25.14+51.16+152.60+205.49		434.40
1.1.1	环境保护费	分部分项和单价措施费+总价措施费+其他项目费	8259.77+410.90	0.29	25.14
1.1.2	文明施工费		8259.77+410.90	0.59	51.16
1.1.3	临时设施费		8259.77+410.90	1.76	152.60
1.1.4	安全施工费		8259.77+410.90	2.37	205.49
1.2	工程排污费		8259.77+410.90	0.28	24.28
1.3	社会保险费		8259.77+410.90	1.52	131.79
1.4	住房公积金		8259.77+410.90	0.22	19.08
1.5	建设项目工伤保险		8259.77+410.90	0.16	13.87

续表

序号	项目名称	计算基础	计算基数（元）	计算费率（%）	金额（元）
2	税金	分部分项和单价措施费＋总价措施费＋其他项目费＋规费	8259.77＋410.90＋623.42	11	1022.35
合计					1645.77

编制人（造价人员）：××　　　　复核人（造价工程师）：××

项目六　给排水、采暖工程计量与计价

任务一　给排水、采暖工程定额计价的编制

一、给排水、采暖工程工程量计算规则

与给排水、采暖工程施工图预算编制有关的规定主要是 SD 02 - 31—2016《山东省安装工程消耗量定额》的第十册《给排水、采暖、燃气工程》和第十二册《刷油、防腐蚀、绝热工程》。

第十册《给排水、采暖、燃气工程》(以下简称本册定额)适用于工业与民用建筑的生活用给排水、采暖、空调水、燃气系统中的管道、附件、器具及附属设备等安装工程,共分十一章。每章节编码对应 GB 50856—2013《通用安装工程工程量计算规范》附录K 给排水、采暖、燃气工程。

(一) 给排水管道 (031001)

1. 章说明

(1) 本章适用于室内外生活用给排水管道的安装,包括镀锌钢管、钢管、不锈钢管、铜管、铸铁管、塑料管、复合管等不同材质的管道安装及室外管道碰头等项目。

(2) 管道的界限划分:

1) 室内外给水管道以建筑物外墙皮 1.5m 为界,建筑物入口处设阀门者以阀门为界。

2) 室内外排水管道以出户第一个排水检查井为界。

3) 与工业管道的界线以与工业管道碰头点为界。

4) 与设在建筑物内的水泵房(间)管道以泵房(间)外墙皮为界。

(3) 室外管道安装不分地上与地下,均执行同一子目。

(4) 管道的适用范围:

1) 给水管道安装适用于生活饮用水、热水、中水及压力排水等管道的安装。

2) 塑料管安装适用于 UPVC、PVC、PP - C、PP - R、PE、PB 管等塑料管道的安装。

3) 镀锌钢管(螺纹连接)项目也适用于焊接钢管的螺纹连接。

4) 钢塑复合管安装适用于内涂塑、内外涂塑、内衬塑、外覆塑内衬塑复合管道的安装。

5) 钢管沟槽连接适用于镀锌钢管、焊接钢管及无缝钢管等沟槽连接的管道安装。不锈钢管、铜管、复合管的沟槽连接,可参照执行。

(5) 有关说明:

1) 管道安装项目中,均包括相应管件安装、水压试验及水冲洗工作内容。各种管件数量是综合取定,执行定额时,成品管件数量可依据设计文件及施工方案或参照本册定额附录“管道管件数量取定表”计算,定额中其他消耗量均不做调整。本册定额管件含量中不含与螺纹阀门配套的活接、对丝,其用量含在螺纹阀门安装项目中。

2) 钢管焊接安装项目中均综合考虑了成品管件和现场煨制弯管、摔制大小头、挖眼三通。

3）管道安装项目中，除室内直埋塑料给水管项目中已包括管卡安装外，均不包括管道支架、管卡、托钩等制作安装以及管道穿墙、楼板套管制作安装、预留孔洞、堵洞、打洞、凿槽等工作内容，发生时，应按本册定额第十一章相应项目另行计算。

4）管道安装定额中，包括水压试验及水冲洗内容，管道的消毒冲洗应按本册定额第十一章相应项目另行计算。排（雨）水管道包括灌水（闭水）及通球试验工作内容；排水管道不包括止水环、透气帽本体材料，发生时按实际数量另计材料费。

5）室内柔性铸铁排水管（机械接口）按带法兰承口的承插式管材考虑。

6）雨水管系统中的雨水斗安装执行本册定额第六章相应项目。

7）塑料管热熔连接公称外径 dn125 及以上管径按热熔对接连接考虑。

8）室内直埋塑料管道是指敷设于室内地坪下或墙内的塑料给水管段，包括充压隐蔽、水压试验、水冲洗以及地面划线标示等工作内容。

9）安装带保温层的管道时，可执行相应材质及连接形式的管道安装项目，其人工乘以系数 1.10；管道接头保温执行 SD 02 - 31—2016 第十二册相应项目，其人工、机械乘以系数 2.0，材料消耗量乘以系数 1.2。

10）室外管道碰头项目适用于新建管道与已有水源管道的碰头连接，如已有水源管道已做预留接口，则不执行相应安装项目。

2. 工程量计算规则

（1）各类管道安装按室内外、材质、连接形式、规格分别列项，以“10m”为计量单位。定额中铜管、塑料管、复合管（除钢塑复合管外）按公称外径表示，其他管道均按公称直径表示。

（2）各类管道安装工程量，均按设计管道中心线长度，以“10m”为计量单位，不扣除阀门、管件、附件（包括器具组成）及井类所占长度。

3. 室内给排水管道与卫生器具连接的分界线

（1）给水管道工程量计算至卫生器具（含附件）前与管道系统连接的第一个连接件（角阀、三通、弯头、管箍等）止。

（2）排水管道工程量自卫生器具出口处的地面或墙面的设计尺寸算起；与地漏连接的排水管道自地面设计尺寸算起，不扣除地漏所占长度。

（二）采暖管道（031001）

1. 章说明

（1）本章适用于室内外采暖管道的安装，包括镀锌钢管、钢管、塑料管、直埋式预制保温管以及室外管道碰头等项目。

（2）管道的界限划分：

1）室内外管道以建筑物外墙皮 1.5m 为界；建筑物入口处设阀门者以阀门为界，室外设有采暖入口装置者以入口装置循环管三通为界。

2）与工业管道界限以锅炉房或热力站外墙皮 1.5m 为界。

3）与设在建筑物内的换热站管道以站房外墙皮为界。

（3）室外管道安装不分地上与地下，均执行同一子目。

（4）有关说明：

1）管道安装项目中，均包括相应管件安装、水压试验及水冲洗工作内容。各种管件数量是综合取定，执行定额时，成品管件数量可依据设计文件及施工方案或参照本册定额附录“管道管件数量取定表”计算，定额中其他消耗量均不做调整。

2）钢管焊接安装项目中均综合考虑了成品管件和现场煨制弯管、摔制大小头、挖眼三通。

3）管道安装项目中，除室内直埋塑料管道中已包括管卡安装外，其他管道项目均不包括管道支架、管卡、托钩等制作安装以及管道穿墙、楼板套管制作安装、预留孔洞、堵洞、打洞、凿槽等工作内容，发生时，应按本册定额第十一章相应项目另行计算。

4）镀锌钢管（螺纹连接）项目也适用于焊接钢管的螺纹连接。

5）采暖室内直埋塑料管道是指敷设于室内地坪下或墙内，由采暖分集水器连接散热器及管井内立管的塑料采暖管段。直埋塑料管分别设置了热熔管件连接和无接口敷设两项定额项目，不适用于地板辐射采暖系统管道。地板辐射采暖系统管道执行本册定额第七章相应项目。

6）室内直埋塑料管包括充压隐蔽、水压试验、水冲洗以及地面划线标示工作内容。

7）室内外采暖管道在过路口或跨绕梁、柱等障碍时，如发生类似于方形补偿器的管道安装形式，执行方形补偿器制作安装项目。

8）采暖塑铝稳态复合管道安装按相应塑料管道安装项目人工乘以系数1.1，其他不变。

9）塑套钢预制直埋保温管安装项目是按照CK 114—2000《高密度聚乙烯外护管聚氨酯预制直埋保温管》要求供应的成品保温管道、管件编制的。

10）塑套钢预制直埋保温管安装项目中已包括管件安装，但不包括接口保温，发生时应另行套用接口保温安装项目。

11）安装带保温层的管道时，可执行相应材质及连接形式的管道安装项目，其人工乘以系数1.1；管道接头保温执行SD 02-31—2016第十二册相应项目，其人工、机械乘以系数2.0，材料消耗量乘以系数1.2。

12）安装钢套钢预制直埋保温管时，执行SD 02-31—2016第八册《工业管道工程》相应项目。

13）室外管道碰头项目适用于新建管道与已有热源管道的碰头连接，如已有热源管道已做预留接口，则不执行相应安装项目。

14）与原有管道碰头安装项目不包括与供热部门的配合协调工作以及通水试验的用水量，发生时应另行计算。

2. 工程量计算规则

（1）各类管道安装按室内外、材质、连接形式、规格分别列项，以“10m”为计量单位。定额中塑料管按公称外径表示，其他管道均按公称直径表示。

（2）各类管道安装工程量，均按设计管道中心线长度，以“10m”为计量单位，不扣除阀门、管件、附件所占长度。

（3）方形补偿器所占长度计入管道安装工程量。方形补偿器制作安装应执行本册定额第五章相应项目。

（4）与分集水器进出口连接的管道工程量，应计算至分集水器中心线位置。

（5）直埋保温管保温层补口分管径，以“个”为计量单位。

（6）与原有采暖热源钢管碰头，区分带介质、不带介质两种情况，按新接支管公称管径列项，以“处”为计量单位。每处含有供、回水两条管道碰头连接。

（三）空调水管道（031001）

1. 章说明

（1）本章适用于室内空调水管道安装，包括镀锌钢管、钢管、塑料管等项目。

（2）管道的界限划分：

1）室内外管道以建筑物外墙皮1.5m为界；建筑物入口处设阀门者以阀门为界。

2）与设在建筑物内的空调机房管道以机房外墙皮为界。

（3）室外管道执行本册定额第二章采暖室外管道安装相应项目。

（4）有关说明：

1）管道安装项目中，均包括相应管件安装、水压试验及水冲洗工作内容。各种管件数量系综合取定，执行定额时，成品管件数量可依据设计文件及施工方案或参照本册定额附录“管道管件数量取定表”计算，定额中其他消耗量均不做调整。

2）钢管焊接安装项目中均综合考虑了成品管件和现场煨制弯管、摔制大小头、挖眼三通。

3）管道安装项目中，均不包括管道支架、管卡、托钩等制作安装以及管道穿墙、楼板套管制作安装、预留孔洞、堵洞、打洞、凿槽等工作内容，发生时，应按本册定额第十一章相应项目另行计算。

4）镀锌钢管（螺纹连接）安装项目也适用于空调水系统中采用螺纹连接的焊接钢管、钢塑复合管的安装项目。

5）空调冷热水镀锌钢管（沟槽连接）安装项目也适用于空调冷热水系统中采用沟槽连接的DN150以下焊接钢管的安装。

6）室内空调机房与空调冷却塔之间的冷却水管道执行空调冷热水管道。

7）空调凝结水管道安装项目是按集中空调系统编制的，并适用于户用单体空调设备的凝结水管道系统的安装。

8）室内空调水管道在过路口或跨绕梁、柱等障碍时，如发生类似于方形补偿器的管道安装形式，执行方形补偿器制作安装项目。

9）安装带保温层的管道时，可执行相应材质及连接形式的管道安装项目，其人工乘以系数1.1；管道接头保温执行SD 02-31—2016第十二册相应项目，其人工、机械乘以系数2.0，材料消耗量乘以系数1.2。

2. 工程量计算规则

（1）各类管道安装按室内外、材质、连接形式、规格分别列项，以“10m”为计量单位。定额中塑料管按公称外径表示，其他管道均按公称直径表示。

（2）各类管道安装工程量，均按设计管道中心线长度，以“10m”为计量单位，不扣除阀门、管件、附件所占长度。

（3）方形补偿器所占长度计入管道安装工程量。方形补偿器制作安装应执行本册定额第五章相应项目。

（四）燃气管道（031001）

1. 章说明

（1）本章适用于室内外燃气管道的安装，包括镀锌钢管、钢管、不锈钢管、铜管、铸铁管、塑料管、复合管等管道安装，室外管道碰头、氮气置换及警示带、示踪线、地面警示标志桩安装等项目。

（2）管道的界限划分：

1）地下引入室内的管道以室内第一个阀门为界。

2）地上引入室内的管道以墙外三通为界。

（3）燃气管道安装项目适用于工作压力小于或等于 0.4MPa（中压 A）的燃气系统。如铸铁管道工作压力大于 0.2MPa 时，安装人工乘以系数 1.3。

（4）室外管道安装不分地上与地下，均执行同一子目。

（5）有关说明：

1）管道安装项目中，均包括管道及管件安装、强度试验、严密性试验、空气吹扫等内容。各种管件均按成品管件安装考虑，其数量是综合取定，执行定额时，管件数量可依据设计文件及施工方案或参照本册定额附录“管道管件数量取定表”计算，定额中其他消耗量均不做调整。

2）管道安装项目中，均不包括管道支架、管卡、托钩等制作安装以及管道穿墙、楼板套管制作安装、预留孔洞、堵洞、打洞、凿槽等工作内容，发生时，应按本册定额第十一章相应项目另行计算。

3）已验收合格未及时投入使用的管道，使用前需做强度试验、严密性试验、空气吹扫的，执行 SD 02 - 31—2016 第八册相应项目。

4）燃气检漏管安装执行相应材质的管道安装项目。

5）成品防腐管道需做电火花检测的，可另行计算。

6）室外管道碰头项目适用于新建管道与已有气源管道的碰头连接，如已有气源管道已做预留接口，则不执行相应安装项目。

7）与已有管道碰头项目中，不包含氮气置换、连接后的单独试压以及带气施工措施费，应根据施工方案另行计算。

2. 工程量计算规则

（1）各类管道安装按室内外、材质、连接形式、规格分别列项，以“10m”为计量单位。定额中铜管、塑料管、复合管按公称外径表示，其他管道均按公称直径表示。

（2）各类管道安装工程量，均按设计管道中心线长度，以“10m”为计量单位，不扣除阀门、管件、附件及井类所占长度。

（3）与已有管道碰头项目除钢管带介质碰头、塑料管带介质碰头以支管管径外，其他项目均按主管管径，以“处”为计量单位。

（4）氮气置换区分管径，以“100m”为计量单位。

（5）警示带、示踪线安装，以“100m”为计量单位。

（6）地面警示标志桩安装，以“10 个”为计量单位。

（五）管道附件（031003）

1. 章说明

（1）本章包括螺纹阀门、法兰阀门、塑料阀门、沟槽阀门、法兰、减压器、疏水器、除污器、水表、热量表倒流防止器、水锤消除器、补偿器、软接头（软管）、塑料排水管消声器、浮标液面计、浮标水位标尺等安装。

(2) 阀门安装均综合考虑了标准规范要求的强度及严密性试验工作内容。当采用气压试验时，除定额人工外，其他相关消耗量可进行调整。

(3) 安全阀安装后进行压力调整的，其人工乘以系数 2.0。螺纹三通阀安装按螺纹阀门安装项目乘以系数 1.3。

(4) 电磁阀、温控阀安装项目均包括了配合调试工作内容，不再重复计算；电磁阀检查接线、调试执行 SD 02 - 31—2016 第五册《建筑智能化工程》。

(5) 对夹式蝶阀安装已含双头螺栓用量，在套用与其连接的法兰安装项目时，应将法兰安装项目中的螺栓用量扣除。浮球阀安装已包括了联杆及浮球的安装。

(6) 与螺纹阀门配套的连接件，当设计与定额中材质不同时，可按设计进行调整。

(7) 法兰阀门、法兰式附件安装项目均不包括法兰安装，应另行套用相应法兰安装项目。

(8) 每副法兰和法兰式附件安装项目中，均包括一个垫片和一副法兰螺栓的材料用量。各种法兰连接用垫片均按石棉橡胶板考虑，如工程要求采用其他材质，可按实调整。

(9) 减压器、疏水器安装均按组成安装考虑，分别依据《国家建筑标准设计图集》OISS105 和 05R407 编制。疏水器组成安装未包括止回阀安装，若安装止回阀，则执行阀门安装相应项目。单独安装减压器、疏水器时，执行阀门安装相应项目。

(10) 除污器组成安装依据《国家建筑标准设计图集》03R402 编制，适用于立式、卧式和旋流式除污器组成安装。单个过滤器安装执行阀门安装相应项目，其人工乘以系数 1.2。

(11) 普通水表、IC 卡水表安装不包括水表前的阀门安装。水表安装定额是按与钢管连接编制的，当与塑料管连接时，其人工乘以系数 0.6，材料、机械消耗量可按实调整。

(12) 水表组成安装是依据《国家建筑标准设计图集》05S502 编制的。法兰水表（带旁通管）组成安装中三通、弯头均按成品管件考虑。

(13) 热量表组成安装是依据《国家建筑标准设计图集》10K509、10R504 编制的。如实际组成与此不同时，可按法兰、阀门等附件安装相应项目计算或调整。

(14) 倒流防止器组成安装是根据《国家建筑标准设计图集》12S108 - 1 编制的，按连接方式不同分为带水表与不带水表安装。

(15) 器具组成安装项目已包括标准设计图集中的旁通管安装，旁通连接管所占长度不再另计管道工程量。

(16) 器具组成安装均依据现行相关标准图集编制，其中连接管、管件均按钢制管道、管件及附件考虑。如实际采用其他材质组成安装，则按相应项目分别计算。

器具附件组成如实际与定额不同时，可按法兰、阀门等附件安装相应项目分别计算或调整。

(17) 补偿器项目包括方形补偿器制作安装和焊接式、法兰式成品补偿器安装，成品补偿器包括球形、填料式、波纹式补偿器。补偿器安装项目中包括就位前进行预拉（压）工作。

(18) 法兰式软接头安装适用于法兰式橡胶及金属挠性接头安装。

(19) 塑料排水管消声器安装按成品考虑。

(20) 浮标液面计、水位标尺分别依据《采暖通风国家标准图集》N102 - 3 和《全国通用给排水标准图集》S318 编制，当设计与标准图集不符时，主要材料可作调整，其他不变。

(21) 本章所有安装项目均不包括固定支架的制作安装，发生时执行本册定额第十一章相应项目。

2. 工程量计算规则

（1）各种阀门、补偿器、软接头、普通水表、IC卡水表、水锤消除器、塑料排水管消声器安装，均按照不同连接方式、公称直径，以“个”为计量单位。

（2）减压器、疏水器、水表、倒流防止器、热量表组成安装，按照不同组成结构、连接方式、公称直径，以“组”为计量单位。减压器安装按高压侧的直径计算。

（3）卡紧式软管按照不同管径，以“根”为计量单位。

（4）法兰均区分不同公称直径，以“副”为计量单位。承插盘法兰短管按照不同连接方式、公称直径，以“副”为计量单位。

（5）浮标液面计、浮漂水位标尺区分不同的型号，以“组”为计量单位。

（六）卫生器具（031004）

1. 章说明

（1）本章卫生器具是参照国家建筑标准设计图集《排水设备及卫生器具安装》（2010年合订本）中有关标准图编制的，包括浴缸（盆）、净身盆、洗脸盆、洗涤盆、化验盆、大便器、小便器、烘手器、淋浴器、淋浴间、桑拿浴房、大小便器自动冲洗水箱、给排水附件、小便槽冲洗管制作安装，以及蒸汽-水加热器、冷热水混合器、饮水器和隔油器等器具安装项目。

（2）各类卫生器具安装项目除另有标注外，均适用于各种材质。

（3）各类卫生器具安装项目包括卫生器具本体、配套附件、成品支托架安装。各类卫生器具配套附件是指给水附件（水嘴、金属软管、阀门、冲洗管、喷头等）和排水附件（下水口、排水栓、存水弯、与地面或墙面排水口间的排水连接管等）。

（4）各类卫生器具所用附件已列出消耗量，当随设备或器具配套供应时，其消耗量不得重复计算。当各类卫生器具支托架现场制作时，执行本册定额第十一章相应项目。

（5）浴盆冷热水带喷头若采用埋入式安装，混合水管及管件消耗量应另行计算。按摩浴盆包括配套小型循环设备（过滤罐、水泵、按摩泵、气泵等）安装，其循环管路材料、配件等均按成套供货考虑。浴盆底部所需要填充的干砂材料消耗量另行计算。

（6）液压脚踏卫生器具安装执行本章相应定额，人工乘以系数1.3，液压脚踏装置材料消耗量另行计算。当水嘴、喷头等配件随液压阀及控制器成套供应时，应扣除定额中的相应材料，不得重复计取。卫生器具所用液压脚踏装置包括配套的控制器、液压脚踏开关及其液压连接软管等配套附件。

（7）大、小便器冲洗（弯）管均按成品考虑。大便器安装已包括了柔性连接头或胶皮碗。

（8）大、小便槽自动冲洗水箱安装中，已包括水箱和冲洗管的成品支托架、管卡安装，水箱支托架及管卡的制作及刷漆，应按相应定额项目另行计算。

（9）与卫生器具配套的电气安装，应执行SD 02-31—2016第四册《电气设备安装工程》相应项目。

（10）各类卫生器具的混凝土或砖基础砌筑、周边砌砖、瓷砖粘贴、蹲式大便器蹲台砌筑、台式洗脸盆的台面安装、浴厕配件安装，应执行建筑工程相应定额项目。

（11）本章所有项目安装不包括预留、堵孔洞，发生时执行本册定额第十一章相应项目。

2. 工程量计算规则

(1) 各种卫生器具均按设计图示数量计算，以“10组”或“10套”为计量单位。

(2) 大、小便槽自动冲洗水箱安装分容积按设计图示数量，以“10套”为计量单位。大、小便槽自动冲洗水箱制作不分规格，以“100kg”为计量单位。

(3) 小便槽冲洗管制作与安装按设计图示长度，以“10m”为计量单位，不扣除管件所占的长度。

(4) 湿蒸房依据使用人数，以“座”为计量单位。

(5) 隔油器区分安装方式和进水管径，以“套”为计量单位。

(七) 供暖器具 (031005)

1. 章说明

(1) 本章包括铸铁散热器安装、钢制散热器及其他成品散热器安装、光排管散热器制作安装、暖风机安装、地板辐射采暖、热媒集配装置安装。

(2) 散热器安装项目参考《国家建筑标准设计图集》10K509、10R504编制。除另有说明外，各型散热器均包括散热器成品支托架（钩、卡）安装和安装前的水压试验以及系统水压试验。

(3) 各型散热器不分明装、暗装，均按材质、类型执行同一定额子目。

(4) 各型散热器的成品支托架（钩、卡）安装，是按采用膨胀螺栓固定编制的，当工程要求与定额不同时，可按照本册定额第十一章有关项目进行调整。

(5) 铸铁散热器按柱型（柱翼型）编制，区分带足、不带足两种安装方式。成组铸铁散热器、光排管散热器如发生现场进行除锈刷漆时，执行本定额第十二册《刷油、防腐蚀、绝热工程》相应项目。

(6) 钢制板式散热器安装无论是否带对流片，均按安装形式和规格执行同一项目。钢制卫浴散热器执行钢制单板板式散热器安装项目。钢制扁管散热器分别执行单板、双板钢制板式散热器安装定额项目，其人工乘以系数1.2。

(7) 钢制翅片管散热器安装项目包括安装随散热器供应的成品对流罩，如工程不要求安装随散热器供应的成品对流罩耐，每组扣减0.03工日。

(8) 钢制板式散热器、金属复合散热器、艺术造型散热器的固定组件，按随散热器配套供应编制，如散热器未配套供应，应增加相应材料的消耗量。

(9) 光排管散热器安装不分A、B型，执行同一定额子目。光排管散热器制作项目已包括联管、支撑管所用人工与材料。

(10) 手动放气阀的安装执行本册定额第五章相应项目。当随散热器已配套安装就位时，不得重复计算。

(11) 暖风机安装项目不包括支架制作安装，其制作安装按照本册定额第十一章相应项目另行计算。

(12) 地板辐射采暖塑料管道敷设项目包括固定管道的塑料卡钉（管卡）安装、局部套管敷设及地面浇筑的配合用工。当工程要求固定管道的方式与定额不同时，固定管道的材料可按设计要求进行调整，其他不变。

(13) 地板辐射采暖的隔热板项目中的塑料薄膜，是指在接触土壤或室外空气的楼板与绝热层之间所铺设的塑料薄膜防潮层。如隔热板带有保护层（铝箔），应扣除塑料薄膜材料消耗量。

地板辐射采暖塑料管道在跨越建筑物的伸缩缝、沉降缝时所铺设的塑料板条，应按照边界保温带安装项目计算，塑料板条材料消耗量可按设计要求的厚度、宽度进行调整。

（14）成组热媒集配装置包括成品分集水器和配套供应的固定支架及写分支管连接的部件。固定支架如不随分集水器配套供应，需现场制作时，按照本册定额第十一章相应项目另行计算。

2. 工程量计算规则

（1）铸铁散热器安装分落地安装、挂式安装。铸铁散热器组对安装以“10 片”为计量单位；成组铸铁散热器安装按每组片数，以“组”为计量单位。

（2）钢制柱式散热器安装按每组片数，以“组”为计量单位；闭式散热器安装以“片”为计量单位；其他成品散热器安装以“组”为计量单位。

（3）艺术造型散热器按与墙面的正投影（高×长）计算面积，以“组”为计量单位。不规则形状以正投影轮廓的最大高度乘以最大长度计算面积。

（4）光排管散热器制作分 A、B 型，区分排管公称直径，按图示散热器长度计算排管长度，以“10m”为计量单位，其中联管、支撑管不计入排管工程量；光排管散热器安装不分 A、B 型，区分排管公称直径，按光排管散热器长度，以“组”为计量单位。

（5）暖风机安装按设备重量，以“台”为计量单位。

（6）地板辐射采暖管道区分管道外径，按设计图示中心线长度计算，以“10m”为计量单位。保护层（铝箔）、隔热板、钢丝网按设计图示尺寸计算实际铺设面积，以“$10m^2$”为计量单位。边界保温带按设计图示长度，以“10m”为计量单位。

（7）热媒集配装置安装区分带箱、不带箱，按分支管环路数，以“组”为计量单位。

（八）燃气器具及其他（031007）

1. 章说明

（1）本章包括燃气开水炉、燃气采暖炉、燃气沸水器、消毒器、燃气快速热水器、燃气表、燃气灶具、气嘴、调压器、调压箱、调压装置、燃气凝水缸、燃气管道调长器、引入口保护罩等安装。

（2）各种燃气炉（器）具安装项目，均包括本体及随炉（器）具配套附件的安装。

（3）壁挂式燃气采暖炉安装子目，考虑了随设备配备的托盘、挂装支架的安装。

（4）膜式燃气表安装项目适用于螺纹连接的民用或公用膜式燃气表，IC 卡膜式燃气表安装按膜式燃气表安装项目，其人工乘以系数 1.1。

膜式燃气表安装项目中列有 2 个表接头，当随燃气表配套表接头时，应扣除所列表接头。膜式燃气表安装项目中不包括表托架制作安装，发生时根据工程要求另行计算。

（5）燃气流量计适用于法兰连接的腰轮（罗茨）燃气流量计、涡轮燃气流量计。

（6）法兰式燃气流量计、流量计控制器、调压器、燃气管道调长器安装项目均包括与法兰连接一侧所用的螺栓、垫片。

（7）成品钢制凝水缸、铸铁凝水缸、塑料凝水缸安装，按中压和低压分别列项，是依据《燃气工程设计施工》05R502 进行编制的。凝水缸安装项目包括凝水缸本体、抽水管及其附件、管件安装以及与管道系统的连接。低压凝水缸还包括混凝土基座及铸铁护罩的安装。中压凝水缸不包括井室部分、凝水缸的防腐处理，发生时执行其他相应项目。

（8）燃气管道调长器安装项目适用于法兰式波纹补偿器和套筒式补偿器的安装。

(9) 燃气调压箱安装按壁挂式和落地式分别列项，其中落地式区分单路和双路。调压箱安装不包括支架制作安装和保护台、底座的砌筑，发生时执行其他相应项目。

(10) 燃气管道引入口保护罩安装按分体型保护罩和整体型保护罩分别列项。砖砌引入口保护台及引入管的保温、防腐应执行其他相关定额。

(11) 户内家用可燃气体检测报警器与电磁阀成套安装的，执行本册定额第五章“管道附件”中的螺纹电磁阀项目，人工乘以系数1.3。

2. 工程量计算规则

(1) 燃气开水炉、采暖炉、沸水器、消毒器、热水器以“台”为计量单位。

(2) 膜式燃气表按不同规格、型号，以“块”为计量单位；燃气流量计区分不同管径，以“台”为计量单位；流量计控制器区分不同管径，以“个”为计量单位。

(3) 燃气灶具区分民用灶具和公用灶具，以“台”为计量单位。

(4) 气嘴以“个”为计量单位。

(5) 调压器、调压箱（柜）区分不同进口管径，以“台”为计量单位。

(6) 燃气管道调长器区分不同管径，以“个”为计量单位。

(7) 燃气凝水缸区分压力、材质、管径，以“套”为计量单位。

(8) 引入口保护罩以“个”为计量单位。

（九）采暖、给排水设备（031006）

1. 章说明

(1) 本章适用于采暖、生活给排水系统中的变频给水设备、稳压给水设备、无负压给水设备、气压罐、太阳能集热装置、地源（水源、气源）热泵机组、除砂器、水处理器、水箱自洁器、水质净化器、紫外线杀菌设备、热水器、开水炉、消毒器、消毒锅、直饮水设备、水箱制作安装等项目。

(2) 本章设备安装定额中均包括设备本体以及与其配套的管道、附件、部件的安装和单机试运转或水压试验、通水调试等内容，均不包括与设备外接的第一片法兰或第一个连接口以外的安装工程量，发生时应另行计算。设备安装项目中包括与本体配套的压力表、温度计等附件的安装，如实际未随设备供应附件，其材料另行计算。

(3) 给水设备、地源热泵机组均按整体组成安装编制。

(4) 本章动力机械设备单机试运转所用的水、电耗用量应另行计算；静置设备水压试验、通水调试所用消耗量已列入相应项目中。

(5) 水箱安装适用于玻璃钢、不锈钢、钢板等各种材质，不分圆形、方形，均按箱体容积执行相应项目。水箱安装按成品水箱编制，如现场制作安装水箱，水箱主材不得重复计算。水箱消毒冲洗及注水试验用水按设计图示容积或施工方案计入。组装水箱的连接材料是按随水箱配套供应考虑的。

(6) 本章设备安装定额中均未包括减震装置、机械设备的拆装检查，基础灌浆，地脚螺栓的埋设，当发生时，执行SD 02-31—2016第一册《机械设备安装工程》相应项目。

(7) 本章设备安装定额中均未包括设备支架或底座制作安装，如采用型钢支架，执行本册定额第十一章设备支架相应子目，混凝土及砖底座执行建筑工程定额相应项目。

(8) 随设备配备的各种控制箱（柜）、电气接线及电气调试等，执行SD 02-31—2016第四册相应项目。

（9）太阳能集热器是按集中成批安装编制的，当发生 $4m^2$ 以下工程量时，人工、机械乘以系数 1.1。

2. 工程量计算规则

（1）各种设备安装项目除另有说明外，均按设计图示规格、型号、重量，以“台”为计量单位。

（2）给水设备按同一底座设备重量列项，以“套”为计量单位。

（3）太阳能集热装置区分平板、玻璃真空管形式，以“m^2”为计量单位。

（4）地源热泵机组按设备重量列项，以“组”为计量单位。

（5）水箱自洁器分外置式、内置式安装，电热水器分挂式、立式安装，均以“台”为计量单位。

（6）水箱安装项目按水箱设计容量，以“台”为计量单位；钢板水箱制作分圆形、矩形，按水箱设计容量，以箱体金属重量“100kg”为计量单位。

（十）医疗气体设备及附件（031008）

1. 章说明

（1）本章适用于常用医疗气体设施器具安装，包括制氧机、液氧罐、二级稳压箱、气体汇流排、集污罐、刷手池、医用真空罐、气水分离器、干燥机、储气罐、空气过滤器、集水器、医疗设备带及气体终端等。

（2）本章设备安装包括随本体配备的管道及附件安装。与本体配备的第一片法兰或第一个连接口的工程量发生时，应另行计算；设备安装项目中支架、地脚螺栓按随设备配备考虑，如需现场加工，另行计算。

（3）气体汇流排安装项目适用于氧气、二氧化碳、氮气、笑气、氩气、压缩空气等汇流排安装。

（4）本章设备单机无负荷试运转及水压试验所用的水、电耗用量应另行计算。

（5）刷手池安装项目按刷手池自带全部配件及密封材料编制，本定额中只包括刷手池安装、连接上下水管。

（6）干燥机安装项目适用于吸附式和冷冻式干燥机安装。

（7）空气过滤器安装项目适用于压缩空气预过滤器、精过滤器、超精过滤器等安装。

（8）本章安装项目均不包括试压、脱脂、阀门研磨及无损探伤检验、设备氮气置换等工作内容，如设计要求，应另行计算。

（9）设备地脚螺栓预埋、基础灌浆应执行 SD 02-31—2016 第一册相应项目。

2. 工程量计算规则

（1）各种医疗设备及附件均按设计图示数量计算。

（2）制氧机按氧产量、储氧罐按储液氧量，以“台”为计量单位。

（3）气体汇流排按左右两侧钢瓶数量，以“组”为计量单位。

（4）刷手池按水嘴数量，以“组”为计量单位。

（5）集污罐、医用真空罐、气水分离器、储气罐均按罐体直径，以“台”为计量单位。

（6）集水器、二级稳压箱、干燥机以“台”为计量单位。

（7）气体终端、空气过滤器以“个”为计量单位。

（8）医疗设备带以“m”为计量单位。

（十一）支架及其他（031002）

1. 章说明

（1）本章内容包括管道支架、设备支架和各种套管制作安装，管道水压试验，管道消毒、冲洗，成品表箱安装，剔堵槽、沟，机械钻孔，预留孔洞，堵洞等项目。

（2）管道支架制作安装项目，适用于室内外管道的管架制作与安装。如单件质量大于100kg时，应执行本章设备支架制作安装相应项目。

（3）管道支架采用木垫式、弹簧式管架时，均执行本章管道支架安装项目，支架中的弹簧减振器、滚珠、木垫等成品件重量应计入安装工程量，其材料数量按实计入。

（4）成品管卡安装项目，适用于与各类管道配套的立、支管成品管卡的安装。

（5）管道、设备支架的除锈、刷油，执行SD 02-31—2016第十二册相应项目。

（6）刚性防水套管和柔性防水套管安装项目中，包括配合预留孔洞及浇筑混凝土工作内容。一般套管制作安装项目，均未包括预留孔洞工作，发生时按本章所列预留孔洞项目另行计算。

（7）套管制作安装项目已包含堵洞工作内容。本章所列堵洞项目，适用于管道在穿墙、楼板不安装套管时的洞口封堵。

（8）套管内填料按油麻编制，如与设计不符，可按工程要求调整换算填料。

（9）保温管道穿墙、板采用套管时，按保温层外径规格执行套管相应项目。

（10）管道保护管是指在管道系统中，为避免外力（荷载）直接作用在介质管道外壁上，造成介质管道受损而影响正常使用，在介质管道外部设置的保护性管段。

（11）水压试验项目仅适用于因工程需要而发生且非正常情况的管道水压试验。管道安装定额中已经包括了规范要求的水压试验，不得重复计算。

（12）因工程需要再次发生管道冲洗时，执行本章消毒冲洗定额项目，同时扣减定额中漂白粉消耗量，其他消耗量乘以系数0.6。

（13）成品表箱安装适用于水表、热量表、燃气表箱的安装。

（14）机械钻孔项目是按混凝土墙体及混凝土楼板考虑的，厚度是综合取定。如实际墙体厚度超过300mm，楼板厚度超过220mm时，按相应项目乘以系数1.2。砖墙及砌体墙钻孔按机械钻孔项目乘以系数0.4。

2. 工程量计算规则

（1）管道、设备支架制作安装按设计图示单件重量，以“100kg”为计量单位。

（2）成品管卡、阻火圈安装、成品防火套管安装，按工作介质管道直径，区分不同规格以“个”为计量单位。

（3）管道保护管制作与安装，分为钢制和塑料两种材质，区分不同规格，按设计图示管道中心线长度以“10m”为计量单位。

（4）预留孔洞、堵洞项目，按工作介质管道直径，分规格以“10个”为计量单位。

（5）管道水压试验、消毒冲洗按设计图示管道长度，分规格以“100m”为计量单位。

（6）一般穿墙套管、柔性、刚性套管，按工作介质管道的公称直径，分规格以“个”为计量单位。

（7）成品表箱安装按箱体半周长以“个”为计量单位。

（8）机械钻孔项目，区分混凝土楼板钻孔及混凝土墙体钻孔，按钻孔直径以“10个”为计量单位。

（9）剔堵槽沟项目，区分砖结构及混凝土结构，按截面尺寸以“10m”为计量单位。

（十二）本章有关问题的说明

（1）本册定额不包括以下内容：

1）工业管道、生产生活共用的管道，锅炉房、泵房、站类管道以及建筑物内加压泵房、空调制冷机房、消防泵房的管道，管道焊缝热处理、无损探伤，医疗气体管道执行 SD 02 - 31—2016 第八册《工业管道工程》相应项目。

2）本册定额未包括的采暖、给排水设备安装执行 SD 02 - 31—2016 第一册和第三册《静置设备与工艺金属结构制作安装工程》等相应项目。

3）给排水、采暖设备、器具等电气检查、接线工作，执行 SD 02 - 31—2016 第四册相应项目。

4）刷油、防腐蚀、绝热工程执行 SD 02 - 31—2016 第十二册相应项目。

5）本册定额凡涉及管沟、工作坑及井类的土方开挖、回填、运输、垫层、基础、砌筑、地沟盖板预制安装、路面开挖及修复、管道混凝土支墩的项目，以及混凝土管道、水泥管道安装执行相关定额项目。

（2）下列费用可按系数分别计取：

1）脚手架搭拆费：按定额人工费的 5%计算，其费用中人工费占 35%。单独承担的室外埋地管道工程，不计取该费用。

2）建筑物超高增加费：在建筑物层数大于 6 层或建筑物高度大于 20m 以上的工业与民用建筑上进行安装时，按表 2 - 1 - 2 计算建筑物超高增加的费用，其费用中人工费占 65%。

3）操作高度增加费：本册定额操作物高度是按距楼面或地面 3.6m 考虑的，当操作物高度超过 3.6m 时，超过部分的工程量，其定额人工、机械乘以表 2 - 1 - 3 中系数。

4）在已封闭的管道间（井）、地沟、吊顶内安装的项目，人工、机械乘以系数 1.20。

5）采暖工程系统调整费：按采暖系统工程人工费的 10%计算，其费用中人工费占 35%。

6）空调水工程系统调整费：按空调水系统工程（含冷凝水管）人工费的 10%计算，其费用中人工费占 35%。

（3）本册定额与市政管网工程的界线划分：

1）给水、采暖管道以与市政管道碰头点为界。

2）室外排水管道以与市政管道碰头井为界。

3）燃气管道以与市政管道碰头点为界。

二、给排水工程定额计价编制案例

【例 2 - 6 - 1】　某办公室室内给排水工程（见图 2 - 6 - 1～图 2 - 6 - 3）施工图预算编制。

（一）施工图设计说明

（1）某办公室，层高 3.0m。给水采用小区室外管网直接供水，入户处预留钢套管。室内给水管采用 PP - R 管，承插热熔连接。安装完成后做水压试验和消毒冲洗。

（2）排水管道排至室外化粪池，出户处预留钢套管。排水系统采用 UPVC 硬聚氯乙烯塑料管，粘接安装。安装完成后做闭水和通球试验。

（3）蹲便器采用手压冲洗阀冲洗；小便槽冲洗管采用 PP - R 管；阀门采用塑料阀门承口热熔连接；拖布池及盥洗池为砖砌贴瓷砖，采用 DN15 普通塑料水龙头，热熔连接；排水栓为 DN40 塑料材质；地漏为 DN50 塑料材质；地面扫除口为 DN100 塑料材质。

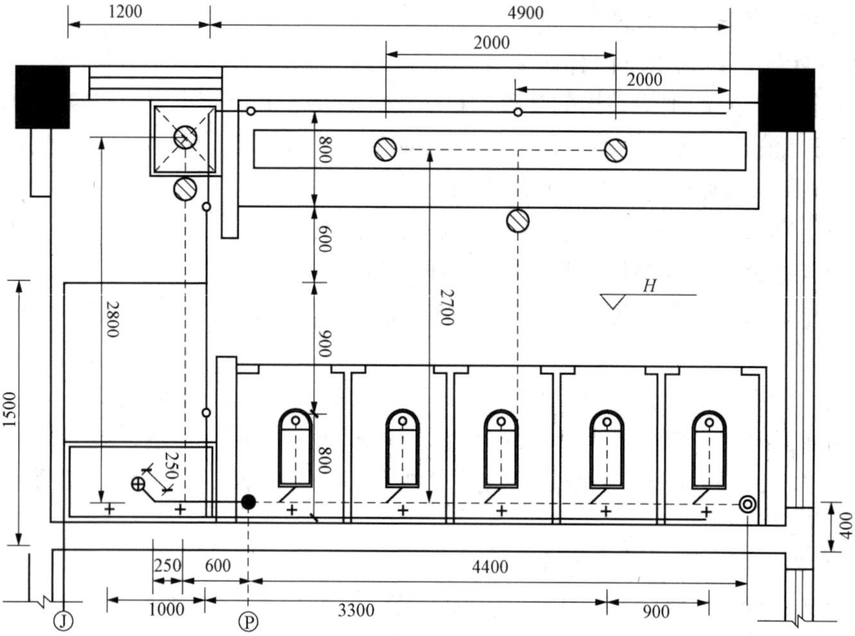

图 2-6-1 给排水平面图

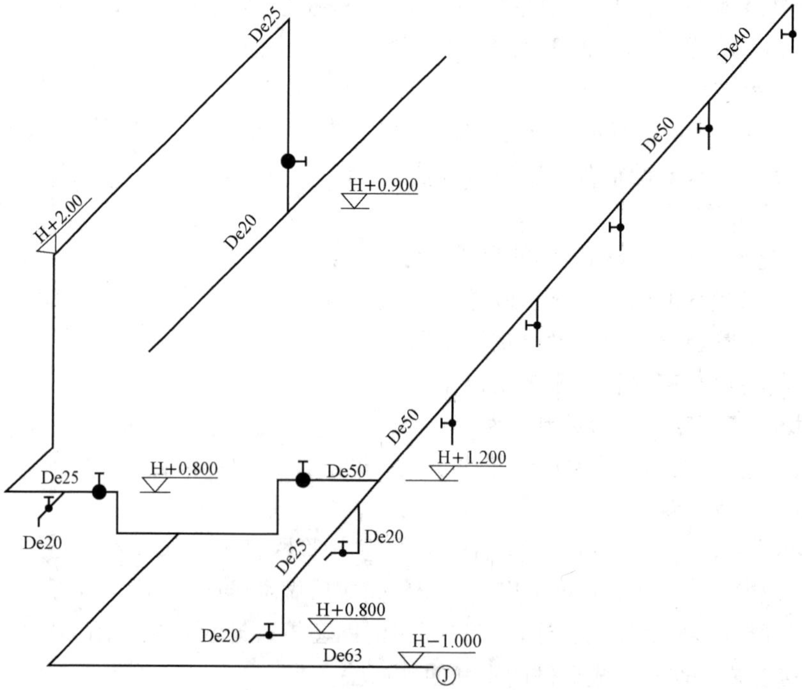

图 2-6-2 给水管道系统图

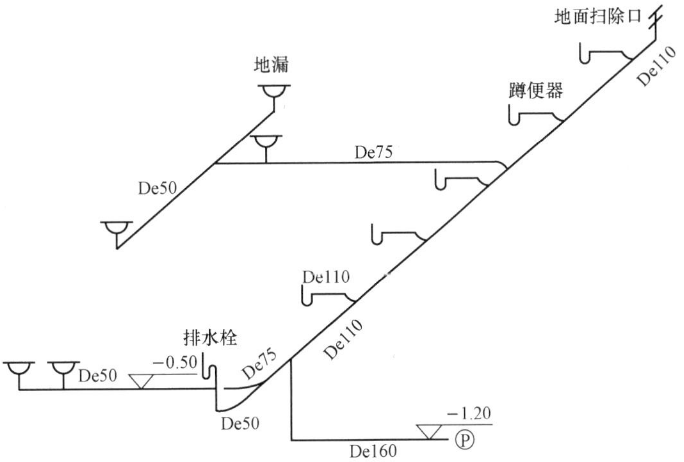

图 2-6-3　排水管道系统图

（4）塑料管公称直径与公称外径对照见表 2-6-1。

表 2-6-1　塑料管公称直径与公称外径对照　mm

公称直径（DN）	15	20	25	32	40	50	65	80	100	150
公称外径（De）	20	25	32	40	50	63	75	90	110	160

（5）主要材料价格见表 2-6-2。

表 2-6-2　主要材料（主材）价格

序号	名称	单位	单价	序号	名称	单位	单价
1	PP-R 管 De63	元/m	25.00	17	UPVC 管件 De75	元/个	15.00
2	PP-R 管 De50	元/m	22.00	18	UPVC 管件 De50	元/个	10.00
3	PP-R 管 De40	元/m	20.00	19	手压冲洗阀蹲便器	元/组	500.00
4	PP-R 管 De25	元/m	18.00	20	塑料水龙头 DN15	元/个	20.00
5	PP-R 管 De20	元/m	16.00	21	塑料阀门 DN40	元/个	80.00
6	UPVC 管 De160	元/m	40.00	22	塑料阀门 DN20	元/个	30.00
7	UPVC 管 De110	元/m	30.00	23	塑料地面扫除口 DN100	元/个	50.00
8	UPVC 管 De75	元/m	25.00	24	塑料地漏 DN50	元/个	15.00
9	UPVC 管 De50	元/m	15.00	25	塑料排水栓带弯 DN40	元/个	30.00
10	PP-R 管件 De63	元/个	12.00	26	塑料给水管卡 DN40	元/个	10.00
11	PP-R 管件 De50	元/个	10.00	27	塑料给水管卡 DN32	元/个	8.00
12	PP-R 管件 De40	元/个	8.00	28	塑料给水管卡 DN20	元/个	5.00
13	PP-R 管件 De25	元/个	6.00	29	塑料给水管卡 DN15	元/个	4.00
14	PP-R 管件 De20	元/个	4.00	30	焊接钢管 DN80	元/m	60.0
15	UPVC 管件 De160	元/个	20.00	31	无缝钢管 D219×6	元/m	100.00
16	UPVC 管件 De110	元/个	18.00				

（二）工程量计算

根据图纸，结合 SD 02 - 31—2016《山东省安装工程消耗量定额》有关工程量计算规则、附录等进行计算。计算顺序按定额章节顺序，给排水管道按管径由大到小计算，见表 2 - 6 - 3。

表 2 - 6 - 3 工程量计算书

工程名称：某办公室室内给排水工程

序号	项目名称	单位	计算公式	数量	明装水平管	明装立管	管件数量（个）
1	PP - R 管 De63	m	1.5+1.5+1.2	4.2			2.77
2	PP - R 管 De50	m	0.9+（1.2+1）+0.8+3.3	7.2	4.1	1.2	5.34
3	PP - R 管 De40	m	0.9	0.9	0.9		0.80
4	PP - R 管 De25	m	1+0.5+0.8+（0.8+1）+（4.9−2）+（2−0.8）+（2−0.9）	9.3	4.7	3.1	11.39
5	PP - R 管 De20	m	（1.2−0.8）×2	0.8	0.8		1.22
6	UPVC 管 De160	m	1.5+0.4+（1.2−0.5）	2.6			1.55
7	UPVC 管 De110	m	4.4+0.5	4.9			5.66
8	UPVC 管 De75	m	2.7+0.6	3.3			2.92
9	UPVC 管 De50	m	2+2.8+0.5×5+0.25+0.25+0.5	8.3			5.73
10	塑料阀门 DN40	个		1.0			
11	塑料阀门 DN20	个		2.0			
12	手压阀蹲便器	套		5.0			
13	水龙头 DN15	个		3.0			
14	排水栓 DN40	组		1.0			
15	塑料地漏 DN50	个		5.0			
16	塑料地面扫除口 DN100	个		1.0			
17	塑料小便槽冲洗管 De20	m	2+2	4.0			
18	给水管卡 DN40	个	（6.25×1.2+10×4.1）/10	5			
19	给水管卡 DN32	个	11.11×0.9/10	1			
20	给水管卡 DN20	个	（10×3.1+14.29×4.7）/10	10			
21	给水管卡 DN15	个	16.67×0.8/10	1			
22	给水管钢套管 DN50	个		1.0			
23	排水管钢套管 DN150	个		1.0			
24	给水管消毒冲洗 DN50 内	m	4.2+7.2+0.9+9.3+0.8	22			

注 1. 管件数量参考定额损耗计算，如 De63 管件为 4.2×6.59/10=2.77（个）。

2. 管卡数量参照本书附录 C 计算，De63 直埋无管卡。

（三）计算分部分项工程费

根据以上工程量，套用《山东省安装工程价目表》（2017 年）及主要材料的价格，列表计算此分部分项工程费，见表 2 - 6 - 4。

表 2-6-4　　　　**安装工程预（结）算书**

工程名称：某办公室室内给排水工程　　　　元

序号	定额编号	项目名称	单位	数量	增值税（一般计税）			合计		
					单价	人工费	主材费	合价	人工费	主材费
1	10-1-328	PP-R 管 De63	10m	0.42	182.2	179.22	254.00	76.52	75.27	106.68
		管件 De63	个	2.77			12.00			33.24
2	10-1-327	PP-R 管 De50	10m	0.72	166.53	163.98	223.52	119.90	118.07	160.93
		管件 De50	个	5.34			10.00			53.40
3	10-1-326	PP-R 管 De40	10m	0.09	143.24	140.9	203.20	12.89	12.68	18.29
		管件 De40	个	0.8			8.00			6.40
4	10-1-324	PP-R 管 De25	10m	0.93	117.76	116.08	182.88	109.52	107.95	170.08
		管件 De25	个	11.39			6.00			68.34
5	10-1-323	PP-R 管 De20	10m	0.08	106.06	104.55	162.56	8.48	8.36	13.00
		管件 De20	个	1.22			4.00			4.88
6	10-1-368	UPVC 管 De160	10m	0.26	286.93	271.61	380.00	74.60	70.62	98.80
		管件 De160	个	1.55			20.00			31.00
7	10-1-367	UPVC 管 De110	10m	0.49	198.98	192.61	285.00	97.50	94.38	139.65
		管件 De110	个	5.66			18.00			101.88
8	10-1-366	UPVC 管 De75	10m	0.33	176.98	172.83	245.00	58.40	57.03	80.85
		管件 De75	个	2.92			15.00			43.80
9	10-1-365	UPVC 管 De50	10m	0.83	131.37	129.06	151.80	109.04	107.12	125.99
		管件 De50	个	5.73			10.00			57.30
10	10-5-96	塑料阀门 DN40	个	1	11.56	11.33	80.80	11.56	11.33	80.80
11	10-5-93	塑料阀门 DN20	个	2	5.26	5.15	30.30	10.52	10.30	60.60
12	10-6-35	手压阀蹲便器	10 套	0.5	935.87	491.62	5050.00	467.94	245.81	2525.00
13	10-6-81	水龙头 DN15	10 个	0.3	47.38	26.78	202.00	14.21	8.03	60.60
14	10-6-85	排水栓 DN40	10 组	0.1	272.26	179.22	303.00	27.23	17.92	30.30
		UPVC 管 De50	m	0.4			15.00	0.00	0.00	6.00
15	10-6-90	塑料地漏 DN50	10 个	0.5	122.33	120.82	151.50	61.17	60.41	75.75
16	10-6-100	塑料地面扫除口 DN100	10 个	0.1	94.41	91.67	505	9.44	9.17	50.50
17	10-6-109	塑料小便槽冲洗管 De20	10m	0.4	698.85	609.76	163.2	279.54	243.90	65.28
18	10-11-13	给水管卡 DN40	个	5	1.72	1.34	10.50	8.60	6.70	52.50
19	10-11-12	给水管卡 DN32	个	1	1.62	1.24	8.40	1.62	1.24	8.40
20	10-11-11	给水管卡 DN20	个	10	1.51	1.13	5.25	15.10	11.30	52.50
21	10-11-11	给水管卡 DN15	个	1	1.51	1.13	4.20	1.51	1.13	4.20
22	10-11-27	给水管钢套管 DN50	个	1	21.01	14.21	19.08	21.01	14.21	19.08
23	10-11-32	排水管钢套管 DN150	个	1	87.33	58.61	31.80	87.33	58.61	31.80
24	10-11-141	给水管消毒冲洗 DN50 内	100m	0.22	58.85	53.56		12.95	11.78	0.00
25		小计						1696.58	1363.34	4437.83
26		分部分项工程费	1696.58＋4437.83＝6134.41					6134.41	1363.34	

（四）计算安装工程费用（造价）

根据第一篇学习单元二取费程序及民用安装工程相关费用费率，计算工程造价，见表2-6-5。

表2-6-5　　定额计价的计算程序

项目名称：某办公室室内给排水工程

序号	费用名称	计算方法	金额（元）
一	分部分项工程费	见表2-6-2合价	6134.41
	计费基础JD1	见表2-6-2合计人工费	1363.34
二	措施项目费	2.1+2.2	185.41
	2.1单价措施费		68.17
	脚手架搭拆费	1363.34×5%	68.17
	其中：人工费	68.17×35%	23.86
	2.2总价措施费	1+2+3+4	117.25
	1. 夜间施工费	1363.34×2.50%	34.08
	2. 二次搬运费	1363.34×2.10%	28.63
	3. 冬雨季施工增加费	1363.34×2.80%	38.17
	4. 已完工程及设备保护费	1363.34×1.20%	16.36
	计费基础JD2	23.86+34.08×50%+28.63×40%+38.17×40%+16.36×25%	71.71
三	其他项目费	3.1+3.3+…+3.8	
	3.1暂列金额	按相应规定计算	
	3.2专业工程暂估价		
	3.3特殊项目暂估价		
	3.4计日工		
	3.5采购保管费		
	3.6其他检验试验费		
	3.7总承包服务费		
	3.8其他		
四	企业管理费	（1363.34+71.71）×55%	789.28
五	利润	（1363.34+71.71）×32%	459.22
六	规费	4.1+4.2+4.3+4.4+4.5	550.97
	6.1安全文明施工费	（6134.41+185.41+789.28+459.22）×5.01%	385.98
	6.2社会保险费	（6134.41+185.41+789.28+459.22）×1.52%	115.04
	6.3住房公积金	（6134.41+185.41+789.28+459.22）×0.22%	16.65
	6.4工程排污费	（6134.41+185.41+789.28+459.22）×0.28%	21.19
	6.5建设项目工伤保险	（6134.41+185.41+789.28+459.22）×0.16%	12.11
七	设备费	Σ（设备单价×设备工程量）	

续表

序号	费用名称	计算方法	金额（元）
八	税金	（6134.41＋185.41＋789.28＋459.22＋550.97）×11%	893.12
九	工程费用合计	6134.41＋185.41＋789.28＋459.22＋550.97＋893.12	9012.41

三、采暖工程定额计价编制案例

【例 2-6-2】　某办公楼采暖工程（见图 2-6-4）施工图预算编制。

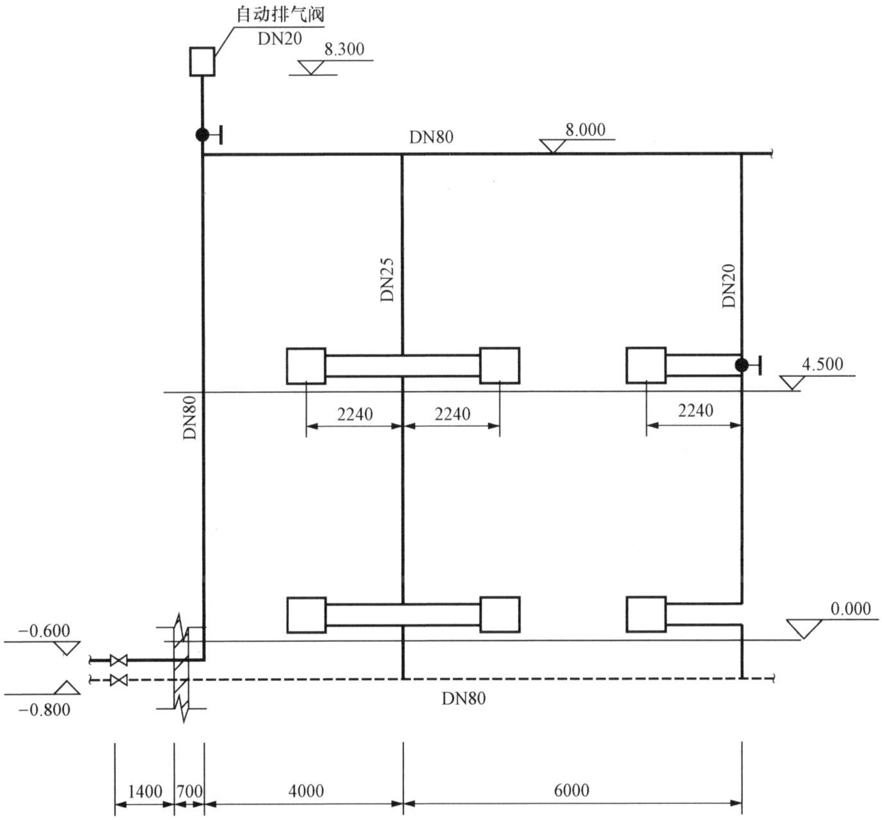

图 2-6-4　某办公楼采暖工程系统图

（一）施工图设计说明

（1）图 2-6-4 为办公楼的部分热水采暖系统图，图中尺寸标高以米计，其余均以毫米计。

（2）管道均采用焊接钢管，DN80 为手工电弧焊，DN≤25 的为螺纹连接。未标注支管管径的为 DN20。法兰连接采用平焊法兰。地下管道在地沟内支架上敷设。立管穿楼板处预留孔洞，设置钢套管。安装完毕做水压试验。

（3）散热器为成品板式钢制散热器（H500×1000），挂装。散热器连接立管顶部及根部均设一阀门，每组散热器设一手动放风阀（手动跑风），水平管道支架采用成品支架（镀锌角钢∠50×50×5），立、支管采用管卡固定。

（4）管道表面人工除轻锈后，均刷红丹防锈漆一遍。明装管道刷银粉两遍，地沟管道用岩棉管壳（厚度 δ=30mm）保温，外缠玻璃丝布一道，玻璃丝布外刷冷底子油一遍。

（5）主要材料价格见表2-6-6。

表2-6-6 主要材料（主材）价格

序号	名称	规格型号	单位	单价（元）	序号	名称	规格型号	单位	单价（元）
1	焊接钢管	DN125	m	30.00	12	法兰阀	DN80	个	250.00
2	焊接钢管	DN80	m	15.00	13	螺纹阀	DN25	个	30.00
3	焊接钢管	DN50	m	12.00	14	螺纹阀	DN20	个	25.00
4	焊接钢管	DN25	m	8.00	15	平焊法兰	DN80	片	25.00
5	焊接钢管	DN20	m	5.00	16	岩棉管壳	30mm	m^3	500.00
6	散热器	H500×1000	组	300.00	17	玻璃丝布		m^2	10.00
7	自动排气阀	DN20	个	40.00	18	镀锌角钢	∠50×5	kg	5.00
8	手动放风阀	ϕ10	个	1.50	19	管卡	DN80	个	10.00
9	管件	DN80	个	20.00	20	管卡	DN25	个	4.00
10	管件	DN25	个	5.00	21	管卡	DN20	个	3.00
11	管件	DN20	个	4.00					

（二）工程量计算

根据图纸，结合SD 02-31—2016《山东省安装工程消耗量定额》的第十册《给排水、采暖、燃气工程》和第十二册《刷油、防腐蚀、绝热工程》工程量计算规则进行计算。计算顺序按定额章节顺序，管道按管径由大到小的顺序计算，见表2-6-7。

表2-6-7 采暖工程工程量计算书

序号	项目名称	单位	计算公式	工程数量（地沟）
1	焊接钢管焊接DN80	m	(1.4×2)+(0.7×2)+0.6+8.0+(4.0+6.0)+(4.0+6.0)	32.8（14.8）
2	焊接钢管丝接DN25	m	8.0+0.8−0.5×2	7.8（0.8）
3	焊接钢管丝接DN20	m	(8.3−8.0)+8.0+0.8−0.5+(2.24−0.5)×12	29.48（0.8）
4	板式散热器H500×1000	组		6
5	法兰阀DN80	个		2
6	螺纹阀DN25	个		2
7	螺纹阀DN20	个		4
8	自动排气阀DN20	个		1
9	手动放风阀ϕ10	个		6
10	焊接法兰DN80	副		2
11	管道支架制作安装	kg	14.8×0.62+(4.0+6.0)×0.45	13.68
12	管卡DN80	个	1.67/10×8	1
13	管卡DN25	个	2.86/10×7.8	2
14	管卡DN20	个	29.48/10×3.33	10
15	一般钢套管DN80	个		2
16	一般钢套管DN25	个		2
17	一般钢套管DN20	个		2
18	楼板预留孔洞DN50以内	个		4
19	楼板预留孔洞DN80以内	个		2

续表

序号	项目名称	单位	计算公式	工程数量（地沟）
20	人工除轻锈	m^2	27.79×32.8/100+10.52×7.8/100+8.4×29.48/100	12.41
21	管道刷红丹防锈漆	m^2	27.79×32.8/100+10.52×7.8/100+8.4×29.48/100	12.41
22	管道刷银粉漆两遍	m^2	27.79×18/100+10.52×7/100+8.4×28.68/100	8.15
23	管道岩棉保温（δ=30mm）	m^2	1.16×14.8/100+0.63×0.8/100+0.56×0.8/100	0.18
24	玻璃丝布保护层	m^2	50.15×14.8/100+32.88×0.8/100+30.77×0.8/100	7.93
25	玻璃丝布保护层外冷底子油	m^2	50.15×14.8/100+32.88×0.8/100+30.77×0.8/100	7.93

注　1. 带下划线数字，如“0.8”为地面以下管道，标注的目的是便于计算保温、保护层数量。
2. 除锈、刷油、保温及保护层数量的计算参照本书附录 D。
3. 支架计算参照本书附录 E，管卡计算参照本书附录 C。

（三）计算分部分项工程费

根据计算的工程量，套用《山东省安装工程价目表》（2017 年）第八册和第十二册以及主要材料的价格，计算分部分项工程费，见表 2-6-8。

表 2-6-8　　采暖安装工程预（结）算书

工程名称：某办公楼采暖工程　　共 1 页　第 1 页　　元

序号	定额编号	项目名称	单位	数量	增值税（一般计税）			合计		
					单价	人工费	主材费	合价	人工费	主材费
1	10-2-40	焊管焊接 DN80	10m	3.28	332.45	266.15	150.90	1090.44	872.97	494.95
		管件 DN80	个	3.61			20.00			72.16
2	10-2-14	焊管丝接 DN25	10m	0.78	223.55	213.31	77.60	174.37	166.38	60.53
		管件 DN25	个	9.60			5.00			48.01
3	10-2-13	焊管丝接 DN20	10m	2.95	183.88	178.09	48.50	542.45	525.37	143.08
		管件 DN20	个	36.99			4.00			147.97
4	10-5-41	法兰阀 DN80	个	2.00	66.98	45.32	250.00	133.96	90.64	500.00
5	10-5-3	螺纹阀 DN25	个	2.00	29.35	11.33	30.30	58.70	22.66	60.60
6	10-5-2	螺纹阀 DN20	个	4.00	24.97	10.3	25.25	99.88	41.20	101.00
7	10-5-141	法兰焊接 DN80	副	2.00	67.94	42.23	50.00	135.88	84.46	100.00
8	10-5-29	自动排气阀 DN20	个	1.00	23.25	13.39	40.00	23.25	13.39	40.00
9	10-5-31	手动跑风 ϕ10	个	6.00	3.73	3.09	1.52	22.38	18.54	9.09
10	10-7-25	板式散热器 H500×1000	组	6.00	27.48	26.16	300.00	164.88	156.96	1800.00
11	10-11-1	管道支架制作（5kg 以内）	100kg	0.14	824.48	578.76	525.00	115.43	81.03	73.50
12	10-11-6	管道支架安装	100kg	0.14	564.85	311.68	0.00	79.08	43.64	0.00
13	10-11-15	管卡 DN80	个	1.00	2.2	1.75	10.50	2.20	1.75	10.50
14	10-11-12	管卡 DN25	个	2.00	1.62	1.24	4.20	3.24	2.48	8.40
15	10-11-11	管卡 DN20	个	10.00	1.51	1.13	3.15	15.10	11.30	31.50
16	10-11-29	一般钢套管 DN80	个	2.00	43.78	25.34	4.77	87.56	50.68	9.54
17	10-11-26	一般钢套管 DN25	个	2.00	13.31	9.99	2.54	26.62	19.98	5.09
18	10-11-25	一般钢套管 DN20	个	2.00	11.27	8.76	1.59	22.54	17.52	3.18
19	10-11-179	楼板预留孔洞 DN80 以内	10 个	0.20	69.49	56.65		13.90	11.33	0.00

续表

序号	定额编号	项目名称	单位	数量	增值税（一般计税）			合计		
					单价	人工费	主材费	合价	人工费	主材费
20	10-11-177	楼板预留孔洞 DN50 以内	10 个	0.40	53.45	44.29		21.38	17.72	0.00
21		第八册小计						2833.23	2249.99	3719.09
22	12-1-1	人工除轻锈	$10m^2$	1.24	34.26	31.21	0.00	42.48	38.70	0.00
23	12-2-1	管道刷红丹防锈漆一遍	$10m^2$	1.24	18.72	17.82	0.00	23.21	22.10	0.00
24	12-2-22	管道刷银粉漆第一遍	$10m^2$	0.82	22.85	21.53	0.00	18.74	17.65	0.00
25	12-2-23	管道刷银粉漆增一遍	$10m^2$	0.82	21.58	20.70		17.70	16.97	0.00
26	12-4-21	管道岩棉管壳保温	m^3	0.18	276.61	238.75	515.00	49.79	42.98	92.70
27	12-4-135	玻璃丝布保护层	$10m^2$	0.79	37.44	37.18	140.00	29.58	29.37	110.60
28	12-2-184	玻璃丝布外冷底子油	$10m^2$	0.79	113.31	78.90	0.00	89.51	62.33	0.00
29		第十一册小计						271.01	230.10	203.30
30		分部分项工程费		2833.23＋3719.09＋271.01＋203.30				7026.63	2480.09	

注　DN80 管件来自定额损耗，数量为 3.28×1.1＝3.61（个）；DN25 管件为 0.78×12.31＝9.6（个）；DN20 管件为 2.95×12.54＝36.99（个）。

（四）计算安装工程费用（造价）

根据第一篇单元二相关程序及民用安装工程各项费率，计取各类费用，见表 2-6-9。

表 2-6-9　　采暖工程定额计价的计算程序

项目名称：某办公楼采暖工程

序号	费用名称	计算方法	金额（元）
一	分部分项工程费	见表 2-6-8 中合价	7026.63
	计费基础 JD1	见表 2-6-8 中合计人工费	2480.09
二	措施项目费	2.1＋2.2	585.30
	2.1 单价措施费		372.01
	1. 脚手架搭拆费	2480.09×5％	124.00
	其中：人工费	124.00×35％	43.40
	2. 采暖工程系统调整费	2480.09×10％	248.01
	其中：人工费	248.01×35％	86.80
	2.2 总价措施费	1＋2＋3＋4	213.29
	1. 夜间施工费	2480.09×2.50％	62.00
	2. 二次搬运费	2480.09×2.10％	52.08
	3. 冬雨季施工增加费	2480.09×2.80％	69.44
	4. 已完工程及设备保护费	2480.09×1.20％	29.76
	计费基础 JD2	43.40＋86.80＋62.00×50％＋52.08×40％＋69.44×40％＋29.76×25％	217.26

续表

序号	费用名称	计算方法	金额（元）
三	其他项目费	3.1+3.3+…+3.8	
	3.1 暂列金额	按相应规定计算	
	3.2 专业工程暂估价		
	3.3 特殊项目暂估价		
	3.4 计日工		
	3.5 采购保管费		
	3.6 其他检验试验费		
	3.7 总承包服务费		
	3.8 其他		
四	企业管理费	（2480.09+217.26）×55%	1483.54
五	利润	（2480.09+217.26）×32%	863.15
六	规费	4.1+4.2+4.3+4.4+4.5	724.99
	6.1 安全文明施工费	（7026.63+585.30+1483.54+863.15）×5.01%	507.89
	6.2 社会保险费	（7026.63+585.30+1483.54+863.15）×1.52%	151.37
	6.3 住房公积金	（7026.63+585.30+1483.54+863.15）×0.22%	21.91
	6.4 工程排污费	（7026.63+585.30+1483.54+863.15）×0.28%	27.88
	6.5 建设项目工伤保险	（7026.63+585.30+1483.54+863.15）×0.16%	15.93
七	设备费	Σ（设备单价×设备工程量）	
八	税金	（7026.63+585.30+1483.54+863.15+724.99）×11%	1175.20
九	工程费用合计	7026.63+585.30+1483.54+863.15+724.99+1175.20	11 858.81

任务二　给排水、采暖工程工程量清单的编制

一、给排水、采暖工程工程量计算规范

与给排水、采暖工程量清单计价有关的规定是 GB 50500—2013《建设工程工程量清单计价规范》及 GB 50856—2013《通用安装工程工程量计算规范》附录 K 给排水、采暖、燃气工程，附录 M 刷油、防腐蚀、绝热工程，附录 N 措施项目。常用的项目包括以下内容。

（一）附录 K 给排水、采暖、燃气工程

1. 给排水、采暖、燃气管道

工程量清单项目设置、项目特征描述的内容、计量单位及工程量计算规则，应按表 2-6-10（见 GB 50856—2013 的表 K.1）的规定执行。

表 2-6-10 **给排水、采暖、燃气管道（编码：031001）**

项目编码	项目名称	项目特征	计量单位	工程量计算规则	工作内容
031001001	镀锌钢管	1. 安装部位 2. 介质 3. 规格、压力等级 4. 连接形式 5. 压力试验及吹、洗设计要求	m	按设计图示管道中心线，以长度计算	1. 管道安装 2. 管件制作、安装 3 压力试验 4. 吹扫、冲洗
031001002	钢管				
031001003	不锈钢管				
031001004	铜管				
031001005	铸铁管	1. 安装部位 2. 介质 3. 材质、规格 4. 连接形式 5. 接口材料 6. 压力试验及吹、洗设计要求 7. 警示带形式		按设计图示管道中心线，以长度计算	1. 管道安装 2. 管件安装 3. 压力试验 4. 吹扫、冲洗 5. 警示带铺设
031001006	塑料管	1. 安装部位 2. 介质 3. 材质、规格 4. 连接形式 5. 压力试验及吹、洗设计要求 6. 警示带形式			1. 管道安装 2. 管件安装 3. 塑料卡固定 4. 压力试验 5. 吹扫、冲洗 6. 警示带铺设
031001007	复合管				
031001008	直埋式预制保温管	1. 埋设深度 2. 介质 3. 管道材质、规格 4. 连接形式 5. 接口保温材料 6. 压力试验及吹、洗设计要求 7. 警示带形式			1. 管道安装 2. 管件安装 3. 接口保温 4. 压力试验 5. 吹扫、冲洗 6. 警示带铺设
031001009	承插缸瓦管	1. 埋设深度 2. 规格 3. 接口方式及材料 4. 压力试验及吹、洗设计要求 5. 警示带形式			1. 管道安装 2. 管件安装 3. 压力试验 4. 吹扫、冲洗 5. 警示带铺设
031001010	承插水泥管				

续表

项目编码	项目名称	项目特征	计量单位	工程量计算规则	工作内容
031001011	室外管道碰头	1. 介质 2. 碰头形式 3. 材质、规格 4. 连接形式 5. 防腐、绝热设计要求	处	按设计图示以处计算	1. 挖填工作坑或暖气沟拆除及修复 2. 碰头 3. 接口处防腐 4. 接口处绝热及保护层

注 1. 安装部位指管道安装在室内或室外。
2. 输送介质包括给水、排水、中水、雨水、热媒体、燃气、空调水等。
3. 方形补偿器制作安装应含在管道安装综合单价中。
4. 铸铁管安装适用于承插铸铁管、球墨铸铁管、柔性抗振铸铁管等。
5. 塑料管安装：适用于 UPVC、PVC、PP-C、PP-R、PE、PB 管等塑料管材；项目特征应描述是否设置阻火圈或止水环，按设计图纸或规范要求计入综合单价中。
6. 复合管安装适用于钢塑复合管、铝塑复合管、钢骨架复合管等复合型管道安装。
7. 直埋保温管包括直埋保温管件安装及接口保温。
8. 排水管道安装包括立管检查口、透气帽。
9. 室外管道碰头：适用于新建或扩建工程热源、水源、气源管道与原（旧）有管道碰头；室外管道碰头包括挖工作坑、土方回填或暖气沟局部拆除及修复；带介质管道碰头包括开关闸、临时放水管线铺设等；热源管道碰头每处包括供、回水两个接口；碰头形式包括带介质碰头、不带介质碰头。
10. 管道工程量计算不扣除阀门、管件（包括减压器、疏水器、水表、伸缩器等组成安装）及附属构筑物所占长度；方形补偿器以其所占长度列入管道安装工程量。
11. 压力试验按设计要求描述试验方法，如水压试验、气压试验、泄漏性试验、闭水试验、通球试验、真空试验等。
12. 吹、洗按设计要求描述吹扫、冲洗方法，如水冲洗、消毒冲洗、空气吹扫等。

2. 支架及其他

工程量清单项目设置、项目特征描述的内容、计量单位及工程量计算规则，应按表 2-6-11（见 GB 50856—2013 的表 K.2）的规定执行。

表 2-6-11　　支架及其他（编码：031002）

项目编码	项目名称	项目特征	计量单位	工程量计算规则	工作内容
031002001	管道支吊架	1. 材质 2. 管架形式 3. 支吊架衬垫材质 4. 减振器形式及做法	1. kg 2. 套	1. 以公斤计量，按设计图示质量计算 2. 以套计量，按设计图示数量计算	1. 制作 2 安装
031002002	设备支吊架	1. 材质 2. 形式			
031002003	套管	1. 类型 2. 材质 3. 规格 4. 填料材质 5. 除锈、刷油材质及做法	个	按设计图示数量计算	1. 制作 2. 安装 3. 除锈、刷油

续表

项目编码	项目名称	项目特征	计量单位	工程量计算规则	工作内容
031002004	减振装置制作、安装	1. 型号、规格 2. 材质 3. 安装形式	台	按设计图示，以需要减振的设备数量计算	1. 制作 2. 安装

注 1. 单件支架质量在100kg以上的管道支吊架执行设备支吊架制作安装。
2. 成品支吊架安装执行相应管道支吊架或设备支吊架项目，不再计取制作费，支吊架本身价值含在综合单价中。
3. 套管制作安装，适用于穿基础、墙、楼板等部位的防水套管、填料套管、无填料套管及防火套管等，应分别列项。
4. 减振装置制作安装，项目特征应描述减振器型号、规格及数量。

3. 管道附件

工程量清单项目设置、项目特征描述的内容、计量单位及工程量计算规则，应按表2-6-12（见GB 50856—2013的表K.3）的规定执行。

表2-6-12　　管道附件（编码：031003）

项目编码	项目名称	项目特征	计量单位	工程量计算规则	工作内容
031003001	螺纹阀门	1. 类型 2. 材质 3. 规格、压力等级 4. 连接形式 5. 焊接方法	个	按设计图示数量计算	安装
031003002	螺纹法兰阀门				
031003003	焊接法兰阀门				
031003004	带短管甲乙阀门	1. 材质 2. 规格、压力等级 3. 连接形式 4. 接口方式及材质			
031003005	减压器	1. 材质 2. 规格、压力等级 3. 连接形式 4. 附件名称、规格、数量	组		1. 组成 2. 安装
031003006	疏水器				
031003007	除污器（过滤器）				
031003008	补偿器	1. 类型 2. 材质 3. 规格、压力等级 4. 连接形式	个		安装
031003009	软接头	1. 材质 2. 规格 3. 连接形式			
031003010	法兰	1. 材质 2. 规格、压力等级 3. 连接形式	副（片）		

续表

项目编码	项目名称	项目特征	计量单位	工程量计算规则	工作内容
031003011	水表	1. 安装部位（室内外） 2. 型号、规格 3. 连接形式 4. 附件名称、规格、数量	组	按设计图示数量计算	1. 组成 2. 安装
031003012	倒流防止器	1. 材质 2. 型号、规格 3. 连接形式	套		安装
031003013	热量表	1. 类型 2. 型号、规格 3. 连接形式	块		
031003014	塑料排水管消声器	1. 规格 2. 连接形式	个		
031003015	浮标液面计		组		
031003016	浮漂水位标尺	1. 用途 2. 规格	套		

注　1. 法兰阀门安装包括法兰安装，不得另计法兰安装。阀门安装如仅为一侧法兰连接时，应在项目特征中描述。
2. 塑料阀门连接形式需注明热熔连接、粘接、热风焊接等方式。
3. 减压器规格按高压侧管道规格描述。
4. 减压器、疏水器、除污器（过滤器）项目包括组成与安装，项目特征应描述所配阀门、压力表、温度计等附件的规格和数量。
5. 水表安装项目，项目特征应描述所配阀门等附件的规格和数量。
6. 所有阀门、仪表安装中均不包括电气接线及测试，发生时按本规范附录 D 电气设备安装工程相关项目编码列项。

4. 卫生器具

工程量清单项目设置、项目特征描述的内容、计量单位及工程量计算规则，应按表 2-6-13（见 GB 50856—2013 的表 K.4）的规定执行。

表 2-6-13　　卫生器具（编码：031004）

项目编码	项目名称	项目特征	计量单位	工程量计算规则	工作内容
031004001	浴缸	1. 材质 2. 规格、类型 3. 组装形式 4. 附件名称、数量	组	按设计图示数量计算	1. 器具安装 2. 附件安装
031004002	净身盆				
031004003	洗脸盆				
031004004	洗涤盆				
031004005	化验盆				
031004006	大便器				
031004007	小便器				
031004008	其他成品卫生器具				

续表

项目编码	项目名称	项目特征	计量单位	工程量计算规则	工作内容
031004009	烘手器	1. 材质 2. 型号、规格	个	按设计图示数量计算	安装
031004010	淋浴器	1. 材质、规格 2. 组装形式 3. 附件名称、数量	套		1. 器具安装 2. 附件安装
031004011	淋浴间				
031004012	桑拿浴房				
031004013	大、小便槽自动冲洗水箱	1. 材质、类型 2. 规格 3. 水箱配件 4. 支架形式及做法 5. 器具及支架除锈、刷油设计要求			1. 水箱制作 2. 水箱安装 3. 支架制作安装 4. 除锈、刷油
031004014	给、排水附件	1. 材质 2. 型号、规格 3. 安装方式	个（组）		安装
031004015	小便槽冲洗管	1. 材质 2. 规格	m	按设计图示长度计算	1. 制作 2. 安装
031004016	蒸汽-水加热器	1. 类型 2. 型号、规格 3. 安装方式	套	按设计图示数量计算	1. 制作 2. 安装
031004017	冷热水混合器				
031004018	饮水器				
031004019	隔油器	1. 类型 2. 型号、规格 3. 安装部位			

注　1. 成品卫生器具项目中的附件，主要指给水附件，包括水嘴、阀门、喷头等，排水配件包括存水弯、排水栓、下水口等以及配备的连接管。

2. 浴缸支座和浴缸周边的砌砖、瓷砖粘贴，应按 GB 50854—2013《房屋建筑与装饰工程工程量计算规范》相关项目编码列项；功能性浴缸不含电动机接线和调试，应按 GB 50856—2013 附录 D 电气设备安装工程相关项目编码列项。

3. 洗脸盆适用于洗脸盆、洗发盆、洗手盆安装。

4. 器具安装中若采用混凝土或砖基础，应按 GB 50854—2013 相关项目编码列项。

5. 供暖器具

工程量清单项目设置、项目特征描述的内容、计量单位及工程量计算规则，应按表 2-6-14（见 GB 50856—2013 的表 K.5）的规定执行。

表 2-6-14　**供暖器具（编码：031005）**

项目编码	项目名称	项目特征	计量单位	工程量计算规则	工作内容
031005001	铸铁散热器	1. 型号、规格 2. 安装方式 3. 托架形式 4. 器具、托架除锈、刷油设计要求	片（组）	按设计图示数量计算	1. 组对、安装 2. 水压试验 3. 托架制作安装 4. 除锈、刷油
031005002	钢制散热器	1. 结构形式 2. 型号、规格 3. 安装方式 4. 托架刷油设计要求	组（片）		1. 安装 2. 托架安装 3. 托架刷油
031005003	其他成品散热器	1. 材质、类型 2. 型号、规格 3. 托架刷油设计要求		按设计图示数量计算	1. 安装 2. 托架安装 3. 托架刷油
031005004	光排管散热器	1. 材质、类型 2. 型号、规格 3. 托架形式及做法 4. 器具、托架除锈、刷油设计要求	m	按设计图示排管长度计算	1. 制作、安装 2. 水压试验 3. 除锈、刷油
031005005	暖风机	1. 质量 2. 型号、规格 3. 安装方式	台	按设计图示数量计算	安装
031005006	地板辐射采暖	1. 保温层及钢丝网设计要求 2. 管道材质 3. 型号、规格 4. 管道固定方式 5. 压力试验及吹扫设计要求	1. m^2 2. m	1. 以 m^2 计量按设计图示采暖房间净面积计算 2. 以 m 计量，按设计图示管道长度计算	1. 保温层及钢丝网铺设 2 管道排布、绑扎、固定 3. 与分水器连接 4. 水压试验、冲洗 5. 配合地面浇注
031005007	热媒集配装置	1. 材质 2. 规格 3. 附件名称、规格、数量	台	按设计图示数量计算	1. 制作 2. 安装 3. 附件安装
031005008	集气罐	1. 材质 2. 规格	个		1. 制作 2. 安装

注　1. 铸铁散热器，包括拉条制作安装。
2. 钢制散热器结构形式包括钢制闭式、板式、壁板式、扁管式及柱式散热器等，应分别列项计算。
3. 光排管散热器，包括联管制作安装。
4. 地板辐射采暖，管道固定方式包括固定卡、绑扎等方式，包括与分集水器连接和配合地面浇注用工。

6. 采暖、给排水设备

工程量清单项目设置、项目特征描述的内容、计量单位及工程量计算规则，应按表 2-6-15（见 GB 50856—2013 的表 K.6）的规定执行。

表 2-6-15　　　采暖、给排水设备（编码：031006）

<table>
<tr><th>项目编码</th><th>项目名称</th><th>项目特征</th><th>计量单位</th><th>工程量计算规则</th><th>工作内容</th></tr>
<tr><td>031006001</td><td>变频调速给水设备</td><td rowspan="3">1. 压力容器名称、型号、规格
2. 水泵主要技术参数
3. 附件名称、规格、数量</td><td rowspan="3">套</td><td rowspan="15">按设计图示数量计算</td><td rowspan="3">1. 设备安装
2. 附件安装
3. 调试</td></tr>
<tr><td>031006004</td><td>稳压给水设备</td></tr>
<tr><td>031006005</td><td>无负压给水设备</td></tr>
<tr><td>031006006</td><td>气压罐</td><td>1. 型号、规格
2. 安装方式</td><td>台</td><td>1. 安装
2. 调试</td></tr>
<tr><td>031006007</td><td>太阳能集热装置</td><td>1. 型号、规格
2. 安装方式
3. 附件名称、规格、数量</td><td>套</td><td>1. 本体安装
2. 附件安装</td></tr>
<tr><td>031006008</td><td>地源（水源、气源）热泵机组</td><td>1. 型号、规格
2. 安装方式</td><td>组</td><td rowspan="6">安装</td></tr>
<tr><td>031006009</td><td>除砂器</td><td>1. 型号、规格
2. 安装方式</td><td rowspan="7">台</td></tr>
<tr><td>031006010</td><td>电子水处理器</td><td rowspan="3">1. 类型
2. 型号、规格</td></tr>
<tr><td>031006011</td><td>超声波灭藻设备</td></tr>
<tr><td>031006012</td><td>水质净化器</td></tr>
<tr><td>031006013</td><td>紫外线杀菌设备</td><td>1. 名称
2. 规格</td></tr>
<tr><td>031006014</td><td>电热水器、开水炉</td><td>1. 能源种类
2. 型号、容积
3. 安装方式</td><td>1. 本体安装
2. 附件安装</td></tr>
<tr><td>031006015</td><td>电消毒器消毒锅</td><td>1. 类型
2. 型号、规格</td><td>安装</td></tr>
<tr><td>031006016</td><td>直饮水设备</td><td>1. 名称
2. 规格</td><td>套</td><td>安装</td></tr>
<tr><td>031006017</td><td>水箱</td><td>1. 材质、类型
2. 型号、规格</td><td>台</td><td>1. 制作
2. 安装</td></tr>
</table>

注　1. 变频调速给水设备、稳压给水设备、无负压给水设备安装，说明如下：压力容器包括气压罐、稳压罐、无负压罐；水泵包括主泵及备用泵，应注明数量；附件包括给水装置中配备的阀门、仪表、软接头，应注明数量，含设备、附件之间管路连接；泵组底座安装，不包括基础砌（浇）筑，应按 GB 50854—2013 相关项目编码列项；变频控制柜安装及电气接线、调试应按 GB 50856—2013 附录 D 电气设备安装工程相关项目编码列项。

2. 地源热泵机组，接管以及接管上的阀门、软接头、减振装置和基础另行计算，应按相关项目编码列项。

7. 采暖、空调水工程系统调试

工程量清单项目设置、项目特征描述的内容、计量单位及工程量计算规则，应按表 2-6-16（见 GB 50856—2013 的表 K.9）的规定执行。

表 2-6-16　采暖、空调水工程系统调试（编码：031009）

项目编码	项目名称	项目特征	计量单位	工程量计算规则	工作内容
031009001	采暖工程	系统形式	系统	按采暖工程系统计算	系统调试
031009002	空调水工程			按空调水工程系统计算	

注　1. 采暖工程系统由采暖管道、管件、阀门、法兰、供暖器具组成。
　　2. 空调水工程系统由空调水管道、管件、阀门、法兰、冷水机组组成。

8. 其他相关问题

（1）管道界限的划分。

1）给水管道室内外界限划分：应以建筑物外墙皮 1.5m 为界，入口处设阀门者以阀门为界。与市政给水管道的界限应以水表井为界；无水表井的，应以与市政给水管道碰头点为界。

2）排水管道室内外界限划分：应以出户第一个排水检查井为界。室外排水管道与市政排水管道的界限应以与市政管道碰头井为界。

3）采暖热源管道室内外界限划分：应以建筑物外墙皮 1.5m 为界，入口处设阀门者应以阀门为界；与工业管道的界限应以锅炉房或泵站外墙皮 1.5m 为界。

（2）凡涉及管沟及井类的土石方开挖、垫层、基础、砌筑、抹灰、井盖板预制安装、回填、运输，路面开挖及修复、管道支墩等，应按 GB 50854—2013、GB 50857—2013《市政工程工程量计算规范》相关项目编码列项。

（3）凡涉及管道热处理、无损探伤的工作内容，均应按 GB 50856—2013 附录 H 工业管道工程相关项目编码列项。

（4）凡涉及管道、设备及支架除锈、刷油、保温的工作内容除注明者外，均应按本规范附录 M 刷油、防腐蚀、绝热工程相关项目编码列项。

（5）凿槽（沟）、打洞项目，应按 GB 50856—2013 附录 D 电气设备安装工程相关项目编码列项。

（二）附录 M 刷油、防腐蚀、绝热工程

1. 刷油工程

工程量清单项目设置、项目特征描述的内容、计量单位、工程量计算规则应按表 2-6-17（见 GB 50856—2013 的表 M.1）的规定执行。

表 2-6-17　刷油工程（编码：031201）

项目编码	项目名称	项目特征	计量单位	工程量计算规则	工作内容
031201001	管道刷油	1. 除锈级别 2. 油漆品种 3. 涂刷遍数、漆膜厚度 4. 标志色方式、品种	1. m^2 2. m	1. 以平方米计量，按设计图示表面积尺寸，以面积计算 2 以米计量，按设计图示尺寸，以长度计算	1. 除锈 2. 调配、涂刷
031201002	设备与矩形管道刷油				

续表

项目编码	项目名称	项目特征	计量单位	工程量计算规则	工作内容
031201003	金属结构刷油	1. 除锈级别 2. 油漆品种 3. 结构类型 4. 涂刷遍数、漆膜厚度	1. m^2 2. kg	1. 以平方米计量，按设计图示表面积尺寸，以面积计算 2. 以千克计量，按金属结构的理论质量计算	1. 除锈 2. 调配、涂刷
031201004	铸铁管、暖气片刷油	1. 除锈级别 2. 油漆品种 3. 涂刷遍数、漆膜厚度		1. 以平方米计量，按设计图示表面积尺寸，以面积计算 2 以米计量，按设计图示尺寸，以长度计算	
031201005	灰面刷油	1. 油漆品种 2. 涂刷遍数、漆膜厚度 3. 涂刷部位	m^2	按设计图示表面积计算	调配、涂刷
031201006	布面刷油	1. 布面品种 2. 油漆品种 3. 涂刷遍数、漆膜厚度 4. 涂刷部位			
031201007	气柜刷油	1. 除锈级别 2. 油漆品种 3. 涂刷遍数、漆膜厚度 4. 涂刷部位			1. 除锈 2. 调配、涂刷
031201008	玛蹄脂面刷油	1. 除锈级别 2. 油漆品种 3. 涂刷遍数、漆膜厚度			调配、涂刷
031201009	喷漆	1. 除锈级别 2. 油漆品种 3. 喷涂遍数、漆膜厚度 4. 喷涂部位			1. 除锈 2. 调配、喷涂

注 1. 管道刷油以米计算，按图示中心线以延长米计算，不扣除附属构筑物、管件及阀门等所占长度。

2. 涂刷部位：指涂刷表面的部位，如设备、管道等。

3. 结构类型：指涂刷金属结构的类型，如一般钢结构、管廊钢结构、H型钢钢结构等。

4. 设备筒体、管道表面积：$S=\pi\times D\times M$，其中 D 为直径，M 为设备筒体高或管道延长米。

5. 设备筒体、管道表面积包括管件、阀门、法兰、人孔、管口凹凸部分。

6. 带封头的设备面积：$S=\pi\times M\times D+D/2\times\pi\times K\times N$，其中 K 取1.05，N 为封头个数。

2. 防腐蚀涂料工程

工程量清单项目设置、项目特征描述的内容、计量单位、工程量计算规则应按表2-6-18（见GB 50856—2013的表M.2）的规定执行。

表 2-6-18　　防腐蚀涂料工程（编码：031202）

项目编码	项目名称	项目特征	计量单位	工程量计算规则	工作内容
031202001	设备防腐蚀	1. 除锈级别 2. 涂刷（喷）品种 3. 分层内容 4. 涂刷（喷）遍数、漆膜厚度	m^2	按设计图示表面积计算	1. 除锈 2. 调配、涂刷（喷）
031202002	管道防腐蚀		1. m^2 2. m	1. 以平方米计量，按设计图示表面积尺寸，以面积计算 2. 以米计量，按设计图示尺寸，以长度计算	
031202003	一般钢结构防腐蚀		kg	按一般钢结构的理论质量计算	
031202004	管廊钢结构防腐蚀			按管廊钢结构的理论质量计算	
031202005	防火涂料	1. 除锈级别 2. 涂刷（喷）品种 3. 涂刷（喷）遍数、漆膜厚度 4. 耐火极限（≤h） 5. 耐火厚度（mm）	m^2	按设计图示表面积计算	
031202006	H 型钢制钢结构防腐蚀	1. 除锈级别 2. 涂刷（喷）品种 3. 分层内容 4. 涂刷（喷）遍数、漆膜厚度			
031202007	金属油罐内壁防静电				
031202008	埋地管道防腐蚀	1. 除锈级别 2. 刷缠品种 3. 分层内容 4. 刷缠遍数	1. m^2 2. m	1. 以平方米计量，按设计图示表面积尺寸，以面积计算 2. 以米计量，按设计图示尺寸，以长度计算	1. 除锈 2. 刷油 3. 防腐蚀 4. 缠保护层
031202009	环氧煤沥青防腐蚀				1. 除锈 2. 涂刷、缠玻璃布
031202010	涂料聚合	1. 聚合类型 2. 聚合部位	m^2	按设计图示表面积计算	聚合一次

注　1. 分层内容：指应注明每一层的内容，如底漆、中间漆、面漆及玻璃丝布等。

2. 如设计要求热固化需注明。

3. 设备筒体、管道表面积：$S=\pi\times D\times M$，其中 D 为直径，M 为设备筒体高或管道延长米。

4. 阀门表面积：$S=\pi\times D\times 2.5D\times K\times N$，其中 K 取 1.05，N 为阀门个数。

5. 弯头表面积：$S=\pi\times D\times 1.5D\times 2\pi\times N/B$，其中 N 为弯头个数，90°弯头 B 取 4，45°弯头 B 取 8。

6. 法兰表面积：$S=\pi\times D\times 1.5D\times K\times N$，其中 K 取 1.05，N 为法兰个数。

7. 设备、管道法兰翻边面积：$S=\pi\times(D+A)\times A$，其中 A 为法兰翻边宽。

8. 带封头的设备面积：$S=M\times\pi\times D+D^2/2\times\pi\times K\times N$，其中 K 取 1.5，N 为封头个数。

9. 计算设备、管道内壁防腐蚀工程量时，当壁厚大于 10mm 时，按其内径计算；当壁厚小于 10mm 时，按其外径计算。

3. 绝热工程

工程量清单项目设置、项目特征描述的内容、计量单位、工程量计算规则应按表 2-6-19（见 GB 50856—2013 的表 M.8）的规定执行。

表 2-6-19　　绝热工程（编码：031208）

<table>
<tr><th>项目编码</th><th>项目名称</th><th>项目特征</th><th>计量单位</th><th>工程量计算规则</th><th>工作内容</th></tr>
<tr><td>031208001</td><td>设备绝热</td><td>1. 绝热材料品种
2. 绝热厚度
3. 设备形式
4. 软木品种</td><td rowspan="2">m³</td><td rowspan="2">按图示表面积加绝热层厚度及调整系数计算</td><td rowspan="3">1. 安装
2. 软木制品安装</td></tr>
<tr><td>031208002</td><td>管道绝热</td><td>1. 绝热材料品种
2. 绝热厚度
3. 管道外径
4. 软木品种</td></tr>
<tr><td>031208003</td><td>通风管道绝热</td><td>1. 绝热材料品种
2. 绝热厚度
3. 软木品种</td><td>1. m³
2. m²</td><td>1. 以立方米计量，按图示表面积加绝热层厚度及调整系数计算
2. 以平方米计量，按图示表面积及调整系数计算</td></tr>
<tr><td>031208004</td><td>阀门绝热</td><td>1. 绝热材料
2. 绝热厚度
3. 阀门规格</td><td rowspan="2">m³</td><td rowspan="2">按图示表面积加绝热层厚度及调整系数计算</td><td rowspan="2">安装</td></tr>
<tr><td>031208005</td><td>法兰绝热</td><td>1. 绝热材料
2. 绝热厚度
3. 法兰规格</td></tr>
<tr><td>031208006</td><td>喷涂、涂抹</td><td>1. 材料
2. 厚度
3. 对象</td><td>m²</td><td>按图示表面积计算</td><td>喷涂、涂抹安装</td></tr>
<tr><td>031208007</td><td>防潮层、保护层</td><td>1. 材料
2. 厚度
3. 层数
4. 对象
5. 结构形式</td><td>1. m²
2. kg</td><td>1. 以平方米计量，按图示表面积加绝热层厚度及调整系数计算
2. 以千克计量，按图示金属结构质量计算</td><td>安装</td></tr>
</table>

续表

项目编码	项目名称	项目特征	计量单位	工程量计算规则	工作内容
031208008	保温盒、保温托盘	名称	1. m^2 2. kg	1. 以平方米计量，按图示表面积计算 2. 以公斤计量，按图示金属结构质量计算	制作安装

注　1. 设备形式指立式、卧式或球形。

2. 层数指一布二油、两布三油等。

3. 对象指设备、管道、通风管道、阀门、法兰、钢结构。

4. 结构形式指一般钢结构、H型钢制结构、管廊钢结构。

5. 如设计要求保温、保冷分层施工需注明。

6. 设备筒体、管道绝热工程量：$V=\pi\times(D+1.033\delta)\times1.033\delta\times M$，其中 D 为直径，1.033 为调整系数，δ 为绝热厚度，M 为设备筒体高或管道延长米。

7. 设备筒体、管道防潮和保护层工程量：$S=\pi\times(D+2.1\delta+0.0082)\times M$，其中 2.1 为调整系数，0.0082 为捆扎线直径或钢带厚。

8. 单管伴热管、双管伴热管（管径相同，夹角小于 90°时）工程量：$D'=D_1+D_2+(10\sim20\text{mm})$，其中 D' 为伴热管道综合值，D_1 为主管道直径，D_2 为伴热管道直径，（10～20mm）为主管道与伴热管道之间的间隙。

9. 双管伴热（管径相同，夹角大于 90°时）工程量：$D'=D_1+1.5D_2+(10\sim20\text{mm})$。

10. 双管伴热（管径不同，夹角小于 90°时）工程量：$D'=D_1+D_2+(10\sim20\text{mm})$。

将注 8、9、10 的 D' 带入注 6、7 公式即是伴热管道的绝热层、防潮层和保护层工程量。

11. 设备封头绝热工程量：$V=[(D+1.033\delta)/2]^2\pi\times1.033\delta\times1.5\times N$，其中 N 为设备封头个数。

12. 设备封头防潮和保护层工程量：$S=[(D+2.1\delta)/2]2\times\pi\times1.5\times N$，其中 N 为设备封头个数。

13. 阀门绝热工程量：$V=\pi\times(D+1.033\delta)\times2.5D\times1.033\delta\times1.05\times N$，其中 N 为阀门个数。

14. 阀门防潮和保护层工程量：$S=\pi\times(D+2.1\delta)\times2.5D\times1.05\times N$，其中 N 为阀门个数。

15. 法兰绝热工程量：$V=\pi\times(D+1.033\delta)\times1.5D\times1.033\delta\times1.05\times N$，其中 1.05 为调整系数，$N$ 为法兰个数。

16. 法兰防潮和保护层工程量：$S=\pi\times(D+2.1\delta)\times1.5D\times1.05\times N$，其中 N 为法兰个数。

17. 弯头绝热工程量：$V=\pi\times(D+1.033\delta)\times1.5D\times2\pi\times1.033\delta\times N/B$，其中 N 为弯头个数，90°弯头 B 取 4；45°弯头 B 取 8。

18. 弯头防潮和保护层工程量：$S=\pi\times(D+2.1\delta)\times1.5D\times2\pi\times N/B$，其中 N 为弯头个数，90°弯头 B 取 4，45°弯头 B 取 8。

19. 拱顶罐封头绝热工程量：$V=2\pi r\times(h+1.033\delta)\times1.033\delta$。

20. 拱顶罐封头防潮和保护层工程量：$S=2\pi r\times(h+2.1\delta)$。

21. 计算规则中调整系数按注中的系数执行。

22. 绝热工程前需除锈、刷油，应按表 2-6-17 刷油工程相关项目编码列项。

4. 其他相关问题

（1）刷油、防腐蚀、绝热工程适用于新建、扩建项目中的设备、管道、金属结构等的刷油、防腐蚀、绝热工程。

（2）一般钢结构（包括托架、梯子、栏杆、平台等）、管廊钢结构以 kg 为计量单位；大于 400mm 型钢及 H 型钢结构以 m^2 为计量单位，按展开面积计算。

（3）由钢管组成的金属结构的刷油按管道刷油相关项目编码，由钢板组成的金属结构的刷油按 H 型钢刷油相关项目编码。

（三）附录N措施项目

1. 专业措施项目

专业措施项目工程量清单项目设置、项目特征描述的内容、计量单位及工程量计算规则，应按表2-6-20（见GB 50856—2013的表N.1）的规定执行。

表2-6-20 专业措施项目（编码：031301）

项目编码	项目名称	工作内容及包含范围
031301001	吊装加固	1. 行车梁加固 2. 桥式起重机加固及负荷试验 3. 整体吊装临时加固件，加固设施拆除、清理
031301002	金属抱杆安装、拆除、移位	1. 安装、拆除 2. 位移 3. 吊耳制作安装 4. 拖拉坑挖埋
031301003	平台铺设、拆除	1. 场地平整 2. 基础及支墩砌筑 3. 支架型钢搭设 4. 铺设 5. 拆除、清理
031301004	顶升、提升装置	安装、拆除
031301005	大型设备专用机具	
031301006	焊接工艺评定	焊接、试验及结果评价
031301007	胎（模）具制作安装、拆除	制作安装、拆除
031301008	防护棚制作安装、拆除	防护棚制作安装、拆除
031301009	特殊地区施工增加	1. 高原、高寒施工防护 2. 地震防护
031301010	安装与生产同时进行施工增加	1. 火灾防护 2. 噪声防护
031301011	在有害身体健康环境中施工增加	1. 有害化合物防护 2. 粉尘防护 3. 有害气体防护 4. 高浓度氧气防护
031301012	工程系统检测、检验	1. 起重机、锅炉、高压容器等特种设备安装质量监督检验、检测 2. 由国家或地方检测部门进行的各类检测
031301013	设备、管道施工的安全、防冻和焊接保护	保证工程施工正常进行的防冻和焊接保护
031301014	焦炉烘炉、热态工程	1. 烘炉安装、拆除、外运 2. 热态作业劳保消耗
031301015	管道安拆后的充气保护	充气管道安装、拆除

续表

项目编码	项目名称	工作内容及包含范围
031301016	隧道内施工的通风、供水、供气、供电、照明及通信设施	通风、供水、供气、供电、照明及通信设施安装、拆除
031301017	脚手架搭拆	1. 场内、场外材料搬运 2. 搭、拆脚手架 3. 拆除脚手架后材料的堆放
031301018	其他措施	为保证工程施工正常进行所发生的费用

注　1. 由国家或地方检测部门进行的各类检测，指安装工程不包括的属经营服务性项目，如通电测试，防雷装置检测，安全、消防工程检测，室内空气质量检测等。

2. 脚手架按各附录分别列项。

3. 其他措施项目必须根据实际措施项目名称确定项目名称，明确描述工作内容及包含范围。

2. 安全文明施工及其他措施项目

安全文明施工及其他措施项目工程量清单项目设置、计量单位、工作内容及包含范围，应按表 2-6-21（见 GB 50856—2013 的表 N.2）的规定执行。

表 2-6-21　　安全文明施工及其他措施项目（031302）

项目编码	项目名称	工作内容及包含范围
031302001	安全文明施工	1. 环境保护：现场施工机械设备降低噪声、防扰民措施；水泥和其他易飞扬细颗粒建筑材料密闭存放或采取覆盖措施等；工程防扬尘洒水；土石方、建渣外运车辆保护措施等；现场污染源的控制、生活垃圾清理外运、场地排水排污措施；其他环境保护措施 2. 文明施工："五牌一图"；现场围挡的墙面美化（包括内外粉刷、刷白、标语等）、压顶装饰；现场厕所便槽刷白、贴面砖，水泥砂浆地面或地砖，建筑物内临时便溺设施；其他施工现场临时设施的装饰装修、美化措施；现场生活卫生设施；符合卫生要求的饮水设备、淋浴、消毒等设施生活用洁净燃料；防煤气中毒、防蚊虫叮咬等措施；施工现场作场地的硬化；现场绿化、治安综合治理；现场配备医药保健器材、物品费用和急救人员培训；用于现场工人的防暑降温、电风扇、空调等设备及用电；其他文明施工措施 3. 安全施工：安全资料、特殊作业专项方案的编制，安全施工标志的购置及安全宣传；"三宝"（安全帽、安全带、安全网）、"四口"（楼梯口、电梯井口、通道口、预留洞口）、"五临边"（阳台围边、楼板围边、屋面围边、槽坑围边、卸料平台两侧）、水平防护架、垂直防护架、外架封闭等防护措施；施工安全用电，包括配电箱三级配电、两级保护装置要求、外电防护措施；起重机、塔吊等起重设备（含井架、门架）及外用电梯的安全防护措施（含警示标志）及卸料平台的临边防护、层间安全门、防护棚等设施；建筑工地起重机械的检验检测；施工机具防护棚及其围栏的安全保护设施；施工安全防护通道；工人的安全防护用品、用具购置；消防设施与消防器材的配置；电气保护、安全照明设施；其他安全防护措施 4. 临时设施：施工现场采用彩色、定型钢板，砖、混凝土砌块等围挡的安砌、维修、拆除；施工现场临时建筑物、构筑物的搭设、维修、拆除，如临时宿舍、办公室、食堂、厨房、厕所、诊疗所、临时文化福利用房、临时仓库、加工场、搅拌台、临时简易水塔、水池等；施工现场临时设施的搭设、维修、拆除，如临时供水管道、临时供电管线、小型临时设施等；施工现场规定范围内临时简易道路铺设，临时排水沟、排水设施安砌、维修、拆除；其他临时设施的搭设、维修、拆除

续表

项目编码	项目名称	工作内容及包含范围
031302002	夜间施工增加	1. 夜间固定照明灯具和临时可移动照明灯具的设置、拆除 2. 夜间施工时，施工现场交通标志、安全标牌、警示灯等的设置、移动、拆除 3. 夜间照明设备及照明用电、施工人员夜班补助、夜间施工劳动效率降低等
031302003	非夜间施工增加	为保证工程施工正常进行，在地下（暗）室、设备及大口径管道内等特殊施工部位施工时所采用的照明设备的安拆、维护及照明用电、通风等；在地下（暗）室等施工引起的人工工效降低以及由于人工工效降低引起的机械降效
031302004	二次搬运	由于施工场地条件限制而发生的材料、成品、半成品等一次运输不能到达堆放地点，必须进行二次或多次搬运
031302005	冬雨季施工增加	1. 冬雨（风）季施工时增加的临时设施（防寒保温、防雨、防风设施）的搭设、拆除 2. 冬雨（风）季施工时，对砌体、混凝土等采用的特殊加温、保温和养护措施 3. 冬雨（风）季施工时，施工现场的防滑处理、对影响施工的雨雪的清除 4. 冬雨（风）季施工时增加的临时设施、施工人员的劳动保护用品、冬雨（风）季施工劳动效率降低等
031302006	已完工程及设备保护	对已完工程及设备采取的覆盖、包裹、封闭、隔离等必要的保护措施
031302007	高层施工增加	1. 高层施工引起的人工工效降低以及由于人工工效降低引起的机械降效 2. 通信联络设备的使用

注 1. 本表所列项目应根据工程实际情况计算措施项目费用，需分摊的应合理计算摊销费用。
2. 施工排水是指为保证工程在正常条件下施工而采取的排水措施所发生的费用。
3. 施工降水是指为保证工程在正常条件下施工而采取的降低地下水位的措施所发生的费用。
4. 高层施工增加：单层建筑物檐口高度超过 20m，多层建筑物超过 6 层时，按各附录分别列项；突出主体建筑物顶的电梯机房、楼梯出口间、水箱间、瞭望塔、排烟机房等不计入檐口高度。计算层数时，地下室不计入层数。

3. 相关问题及说明

（1）工业炉烘炉、设备负荷试运转、联合试运转、生产准备试运转及安装工程设备场外运输，应根据招标人提供的设备及安装主要材料堆放点，按本节附录其他措施编码列项。

（2）大型机械设备进出场及安拆，应按 GB 50854—2013《房屋建筑与装饰工程工程量计算规范》相关项目编码列项。

二、给排水工程工程量清单编制案例

【例 2-6-3】 某办公室给排水工程（见图 2-6-1～图 2-6-3）工程量清单的编制。

工程量清单应参照第一篇学习单元三工程量清单编制的相关内容及施工图纸和设计施工说明书编制。其编制使用的表格包括 GB 50500—2013《建设工程工程量清单计价规范》的封-1、扉-1、表-01、表-08、表-11、表-12（含表-12-1～表-12-5）、表-13、表-20、表-21。本例只列出其中主要的几个表格，见表 2-6-22 和表 2-6-23。

1. 分部分项工程和单价措施项目清单表（GB 50500—2013 附录 F 表-08）

各项目工程量的计算可参考［例 2-6-1］的表 2-6-3。

表 2-6-22　　分部分项工程和单价措施项目清单表

工程名称：某办公室给排水工程　　第1页　共1页

序号	项目编码	项目名称	项目特征描述	计量单位	工程量
1	031001006001	塑料管	室内给水工程，PPR管De63，热熔连接，水压试验和消毒冲洗	m	4.2
2	031001006002	塑料管	室内给水工程，PPR管De50，热熔连接，水压试验和消毒冲洗	m	7.2
3	031001006003	塑料管	室内给水工程，PPR管De40，热熔连接，水压试验和消毒冲洗	m	0.9
4	031001006004	塑料管	室内给水工程，PPR管De25，热熔连接，水压试验和消毒冲洗	m	9.3
5	031001006005	塑料管	室内给水工程，PPR管De20，热熔连接，水压试验和消毒冲洗	m	0.8
6	031001006006	塑料管	室内排水工程，UPVC管De160，粘结连接，闭水和通球试验	m	2.6
7	031001006007	塑料管	室内排水工程，UPVC管De110，粘结连接，闭水和通球试验	m	4.9
8	031001006008	塑料管	室内排水工程，UPVC管De75，粘结连接，闭水和通球试验	m	3.3
9	031001006009	塑料管	室内排水工程，UPVC管De50，粘结连接，闭水和通球试验	m	8.3
10	031002003001	套管	钢套管，室内给水工程，介质规格De63（套管规格DN80）	个	1
11	031002003002	套管	钢套管，室内排水工程，介质规格De160（套管规格D219）	个	1
12	031003005001	塑料阀门	DN40，承口热熔连接	个	1
13	031003005002	塑料阀门	DN20，承口热熔连接	个	2
14	031004006001	大便器	陶瓷，手压阀蹲便器，成组安装	组	5
15	031004014001	给排水附件	塑料水龙头，DN15，热熔连接	个	3
16	031004014002	给排水附件	塑料排水栓，DN40	个	1
17	031004014003	给排水附件	塑料地漏，DN50	个	5
18	031004014004	给排水附件	塑料地面扫除口，DN100	个	1
19	031004015001	小便槽冲洗管	PPR管，De20	m	4
		合计			

2. 材料暂估单价表（GB 50500—2013附录G表-12-2）

材料暂估单价表可参见例2-6-1表2-6-4相关数据。

表 2-6-23　　材料（工程设备）暂估单价及调整表

工程名称：某办公室给排水工程　　标段：　　第1页　共1页

序号	材料（工程设备）名称、规格、型号	计量单位	数量		暂估（元）		确认（元）		差额±（元）		备注
			暂估	确认	单价	合价	单价	合价	单价	合价	
1	PP-R管De63	m			25						
2	PP-R管De50	m			22						
3	PP-R管De40	m			20						
4	PP-R管De25	m			18						
5	PP-R管De20	m			16						
6	UPVC管De160	m			40						
7	UPVC管De110	m			30						
8	UPVC管De75	m			25						

续表

序号	材料（工程设备）名称、规格、型号	计量单位	数量		暂估（元）		确认（元）		差额±（元）		备注
			暂估	确认	单价	合价	单价	合价	单价	合价	
9	UPVC 管 De50	m			15						
10	PP-R 管件 De63	个			12						
11	PP-R 管件 De50	个			10						
12	PP-R 管件 De40	个			8						
13	PP-R 管件 De25	个			6						
14	PP-R 管件 De20	个			4						
15	UPVC 管件 De160	个			20						
16	UPVC 管件 De110	个			18						
17	UPVC 管件 De75	个			15						
18	UPVC 管件 De50	个			10						
19	手压冲洗阀蹲便器	组			500						
20	塑料水龙头 DN15	个			20						
21	塑料阀门 DN40	个			80						
22	塑料阀门 DN20	个			30						
23	塑料地面扫除口 DN100	个			50						
24	塑料地漏 DN50	个			15						
25	塑料排水栓带弯 DN40	组			30						
26	塑料给水管卡 DN40	个			10						
27	塑料给水管卡 DN32	个			8						
28	塑料给水管卡 DN20	个			5						
29	塑料给水管卡 DN15	个			4						
30	焊接钢管 DN80	m			60						
31	无缝钢管 D219×6	m			100						
合计											

注 此表由招标人填写“暂估单价”，并在备注栏说明暂估价的材料、工程设备拟用在哪些清单项目上，投标人应将上述材料、工程设备暂估单价计入工程量清单综合单价报价中。

3. 其他

总价措施项目清单、其他措施项目清单及规费、税金项目清单未作特别约定，按规定表格填写。

三、采暖工程工程量清单编制案例

【例 2-6-4】 图 2-6-4 所示某办公楼采暖工程工程量清单的编制。

工程量清单应参照第一篇学习单元三工程量清单编制的相关内容及施工图纸和设计施工说明书编制。其编制使用的表格包括 GB 50500—2013《建设工程工程量清单计价规范》的封-1、扉-1、表-01、表-08、表-11、表-12（含表-12-1～表-12-5）、表-13、表-20、表-21。本例只列出其中主要的几个表格，见表 2-6-24 和表 2-6-25。

1. 分部分项工程和单价措施项目清单表（GB 50500—2013 附录 F 表 - 08）

各项目工程量计算可参见［例 2 - 6 - 2］表 2 - 6 - 9 计算。

表 2 - 6 - 24　　分部分项工程和单价措施项目清单表

工程名称：某办公楼采暖工程

序号	项目编码	项目名称	项目特征描述	计量单位	工程量
1	031001002001	钢管	室内采暖工程，焊接钢管 DN80，焊接，水压试验	m	32.8
2	031001002002	钢管	室内采暖工程，焊接钢管 DN25，螺纹连接，水压试验	m	7.8
3	031001002003	钢管	室内采暖工程，焊接钢管 DN20，螺纹连接，水压试验	m	29.48
4	031002001001	管道支架	角钢∠50×50×5，一般活动支架	kg	13.68
5	031002003001	套管	套管，焊接钢管，DN80，除锈刷油	个	2
6	031002003002	套管	套管，焊接钢管，DN25，除锈刷油	个	2
7	031002003003	套管	套管，焊接钢管，DN20，除锈刷油	个	2
8	031003003001	焊接法兰阀门	钢制法兰阀 DN80，法兰连接	个	2
9	031003001001	螺纹阀门	钢制螺纹阀，DN25，螺纹连接	个	2
10	031003001002	螺纹阀门	钢制螺纹阀，DN20，螺纹连接	个	4
11	031003001003	自动排气阀	钢制自动排气阀，DN20，螺纹连接	个	1
12	031003011001	法兰	钢制法兰，DN80，焊接	副	2
13	031005002001	钢制散热器	钢制板式散热器，H500×1000，成品，挂装	组	6
14	031009001001	采暖工程系统调试	上供下回，采暖工程	系统	1
15	031201001001	管道刷油	除轻锈，刷红丹防锈漆一遍	m^2	12.41
16	031201001002	管道刷油	银粉漆两遍	m^2	8.16
17	031201006001	布面刷油	玻璃丝布，冷底子油一遍	m^2	7.93
18	031208002001	管道保温	岩棉管壳，δ=30mm，管径 DN80、DN25、DN20	m^3	0.18
19	031208007001	保护层	玻璃丝布，一层，管道	m^2	7.93
		合计			

2. 材料暂估单价表（GB 50500—2013 附录 G 表 - 12 - 2）

材料暂估单价表可参见［例 2 - 6 - 2］表 2 - 6 - 6 中的相关数据。

表 2 - 6 - 25　　材料（工程设备）暂估单价及调整表

工程名称：某办公楼采暖工程　　标段：　　第　页　共　页

序号	材料（工程设备）名称、规格、型号	计量单位	数量		暂估（元）		确认（元）		差额±（元）		备注
			暂估	确认	单价	合价	单价	合价	单价	合价	
1	焊接钢管 DN125	m			30						
2	焊接钢管 DN80	m			15						
3	焊接钢管 DN50	m			12						
4	焊接钢管 DN32	m			10						
5	焊接钢管 DN25	m			8						
6	焊接钢管 DN20	m			5						

续表

序号	材料（工程设备）名称、规格、型号	计量单位	数量		暂估（元）		确认（元）		差额±（元）		备注
			暂估	确认	单价	合价	单价	合价	单价	合价	
7	钢制板式散热器 H500×1000	组			300						
8	自动排气阀 DN20	个			40						
9	手动放风阀 ϕ10	个			1.5						
10	管件 DN80	个			20						
11	管件 DN25	个			5						
12	管件 DN20	个			4						
13	法兰阀 DN80	个			250						
14	螺纹阀 DN25	个			30						
15	螺纹阀 DN20	个			25						
16	平焊法兰 DN80	片			25						
17	岩棉管壳，厚 30mm	m^3			500						
18	玻璃丝布	m^2			10						
19	角钢∠50×5	kg			5						
20	管卡 DN80	个			10						
21	管卡 DN25	个			4						
22	管卡 DN20	个			3						
23	醇酸防锈漆	kg			10						
24	银粉漆	kg			12						
合计											

注 此表由招标人填写“暂估单价”，并在备注栏说明暂估价的材料、工程设备拟用在哪些清单项目上，投标人应将上述材料、工程设备暂估单价计入工程量清单综合单价报价中。

3. 其他

措施项目清单、其他措施项目清单及规费、税金项目清单未作特别约定，按规定计取。

任务三 给排水、采暖工程工程量清单计价的编制

一、给排水工程工程量清单计价编制案例

根据招标人或委托代理人编制的工程量清单及招标文件要求，投标人编制工程量清单计价文件。投标报价使用的表格包括 GB 50500—2013《建设工程工程量清单计价规范》的封-3、扉-3、表-01、表-02、表-03、表-04、表-08、表-09、表-11、表-12（含表-12-1～表-12-5）、表-13、招标文件提供的表-20 和表-21。

【例 2-6-5】 图 2-6-1～图 2-6-3 所示某办公室给排水工程工程量清单计价的编制。本例只列出其中主要的几个表格，见表 2-6-26～见 2-6-50。

1. 总说明（GB 50500—2013 附录 D 表 - 01）

表 2 - 6 - 26　　**总　说　明**

工程名称：某办公室室内给排水工程　　第 1 页　共 1 页

1. 工程概况：某办公室建设面积为 $1000m^2$、单层砖混结构，给排水工程安装计划工期 15 日历天，施工现场已做好“三通一平”，本办公室位置在某单位院内，已具备开工条件等。

2. 工程招标和专业工程发包范围：图纸范围内给排水工程全部内容。

3. 工程量清单计价编制依据：工程量清单、GB 50500—2013《建设工程工程量清单计价规范》、GB 50856—2013《通用安装工程工程量计算规范》、施工图纸和设计施工说明书、工程所在地建设主管部门的相关规定等。

4. 工程质量、材料、施工等的特殊要求：质量达到合格标准；所有材料乙供；施工中做到安全文明施工。

5. 本工程管理费费率按 55%、利润率按 32%计取；规费费率及税金税率为不可竞争费，执行当地规定。人工单价按 103 元/工日执行（鲁建标字〔2017〕1 号文规定）。有关主材价格按暂估价计入。

2. 单位工程投标报价汇总表（GB 50500—2013 附录 E 表 - 04）

表 2 - 6 - 27　　**单位工程投标报价汇总表**

工程名称：某办公室给排水工程　　标段：　　第 1 页　共 1 页

序号	汇总内容	金额（元）	其中：暂估价（元）
一	分部分项工程费	7301.57	4426.65
二	措施项目费	184.91	
1	单价措施项目费		
2	总价措施项目费	184.91	
2.1	夜间施工费	33.99	
2.2	二次搬运费	28.55	
2.3	冬雨季施工增加费	38.07	
2.4	已完工程及设备保护费	16.32	
2.5	脚手架搭拆费	67.98	
三	其他项目费		
1	暂列金额		
2	专业工程暂估价		
3	计日工		
4	总承包服务费		
四	规费	538.28	
1	安全文明施工费	375.07	
1.1	环境保护费	21.71	
1.2	文明施工费	44.17	
1.3	临时设施费	131.76	
1.4	安全施工费	177.43	
2	工程排污费	20.96	
3	社会保障费	113.79	
4	住房公积金	16.47	
5	建设项目工伤保险	11.98	
五	税金	882.72	
投标报价合计=一+二+三+四+五		8907.49	4426.65

3. 分部分项工程和单价措施项目清单计价表（GB 50500—2013 附录 F 表 - 08）

表 2-6-28 **分部分项工程和单价措施项目清单计价表**

工程名称：某办公室给排水工程　　　　第 1 页　共 1 页

序号	项目编码	项目名称	项目特征描述	计量单位	工程量	金额（元）			
						综合单价	合价	其中：人工费	其中：暂估价
1	031001006001	塑料管	室内给水工程，PPR 管 De63，热熔连接，水压试验和消毒冲洗	m	4.2	67.12	281.90	75.27	139.89
2	031001006002	塑料管	室内给水工程，PPR 管 De50，热熔连接，水压试验和消毒冲洗	m	7.2	70.94	510.76	128.31	266.86
3	031001006003	塑料管	室内给水工程，PPR 管 De40，热熔连接，水压试验和消毒冲洗	m	0.9	67.34	60.61	14.39	33.07
4	031001006004	塑料管	室内给水工程，PPR 管 De25，热熔连接，水压试验和消毒冲洗	m	9.3	55.39	515.10	122.93	279.77
5	031001006005	塑料管	室内给水工程，PPR 管 De20，热熔连接，水压试验和消毒冲洗	m	0.8	51.30	41.04	9.87	22.07
6	031001006006	塑料管	室内排水工程，UPVC 管 De160，粘结连接，闭水和通球试验	m	2.6	102.22	265.78	70.62	129.74
7	031001006007	塑料管	室内排水工程，UPVC 管 De110，粘结连接，闭水和通球试验	m	4.9	85.96	421.22	94.38	241.61
8	031001006008	塑料管	室内排水工程，UPVC 管 De75，粘结连接，闭水和通球试验	m	3.3	70.51	232.68	57.03	124.66
9	031001006009	塑料管	室内排水工程，UPVC 管 De50，粘结连接，闭水和通球试验	m	8.3	46.45	385.50	107.12	183.26
10	031002003001	套管	钢套管，室内给水工程，介质规格 De63（套管规格 DN80）	个	1	52.45	52.45	14.21	19.08
11	031002003002	套管	钢套管，室内排水工程，介质规格 De160（套管规格 D219）	个	1	170.12	170.12	58.61	31.80
12	031003005001	塑料阀门	DN40，承口热熔连接	个	1	102.22	102.22	11.33	80.80
13	031003005002	塑料阀门	DN20，承口热熔连接	个	2	40.04	80.08	10.30	60.60
14	031004006001	大便器	陶瓷，手压阀蹲便器，成组安装	组	5	641.36	3206.79	245.81	2525.00
15	031004014001	给排水附件	塑料水龙头，DN15，热熔连接	个	3	27.27	81.80	8.03	60.60
16	031004014002	给排水附件	塑料排水栓，DN40	个	1	79.12	79.12	17.92	36.30
17	031004014003	给排水附件	塑料地漏，DN50	个	5	37.89	189.47	60.41	75.75
18	031004014004	给排水附件	塑料地面扫除口，DN100	个	1	67.92	67.92	9.17	50.50
19	031004015001	小便槽冲洗管	PPR 管，De20	m	4	139.25	557.02	243.90	65.28
		合计					7301.57	1359.63	4426.65

4. 工程量清单综合单价分析表（GB 50500—2013 附录 F 表 - 09）

表 2-6-29　　**工程量清单综合单价分析表（一）**

工程名称：某办公室给排水工程　　标段：　　第 1 页　共 19 页

项目编码		031001006001		项目名称		塑料管				计量单位		m	
清单综合单价组成明细													
定额编号	定额名称	定额单位	数量	单价（元）					合价（元）				
				人工费	材料费	机械费	管理费	利润	人工费	材料费	机械费	管理费	利润
10-1-328	PPR 管热熔连接 De63	10m	0.42	179.22	2.77	0.21	98.57	57.35	75.27	1.16	0.09	41.40	24.09
10-11-141	管道消毒冲洗 DN50	100m	0.04	53.56	5.29		29.46	17.14	2.14	0.21	0.00	1.18	0.69
人工单价		小计							75.27	1.16	0.09	41.40	24.09
103 元/工日		未计价材料费							139.89				
清单项目综合单价									67.12				
材料费明细	主要材料名称、规格、型号					单位	数量		单价（元）	合价（元）	暂估单价（元）	暂估合价（元）	
	PPR 管 De63					m	4.27				25	106.68	
	PPR 管件 De63					个	2.77				12	33.21	
	其他材料费												
	材料费小计											139.89	

注　1. 主要材料数量根据清单乘以定额损耗计算：PPR 管 De63 为 0.42×10.16=4.27；PPR 管件为 0.42×5.69=2.77。

2. 单价中管理费为 179.22×55%=98.57（元），利润为 179.22×32%=57.35（元）。

3. 综合单价为（75.27+1.16+0.09+41.40+24.09+106.68）/4.2=59.21（元）。

表 2-6-30　　工程量清单综合单价分析表（二）

工程名称：某办公室给排水工程　　　　标段：　　　　第 2 页　共 19 页

项目编码		031001006002		项目名称		塑料管				计量单位		m	
清单综合单价组成明细													
定额编号	定额名称	定额单位	数量	单价（元）					合价（元）				
				人工费	材料费	机械费	管理费	利润	人工费	材料费	机械费	管理费	利润
10-1-327	PPR 管热熔连接 De50	10m	0.72	163.98	2.34	0.21	90.19	52.47	118.07	1.16	0.15	64.94	37.78
10-11-13	管卡 DN40	个	5	1.34	0.38		0.74	0.43	6.70	1.90	0.00	3.69	2.14
10-11-140	管道消毒冲洗 DN40	100m	0.07	50.57	3.31		27.81	16.18	3.54	0.23	0.00	1.95	1.13
人工单价		小计							128.31	3.82	0.15	70.57	41.06
103 元/工日		未计价材料费							266.86				
清单项目综合单价									70.94				
材料费明细	主要材料名称、规格、型号					单位	数量		单价（元）	合价（元）	暂估单价（元）	暂估合价（元）	
	PPR 管 De50					m	7.32				22	160.93	
	PPR 管件 De50					个	5.34				10	53.42	
	管卡 DN40					个	5.25				10	52.50	
	其他材料费												
	材料费小计											266.86	

注　参考定额，管卡数量根据附录 C 相关内容计算。

表 2-6-31　　**工程量清单综合单价分析表（三）**

工程名称：某办公室给排水工程　　标段：　　第 3 页　共 19 页

项目编码		031001006003		项目名称			塑料管			计量单位		m	
清单综合单价组成明细													
定额编号	定额名称	定额单位	数量	单价（元）					合价（元）				
				人工费	材料费	机械费	管理费	利润	人工费	材料费	机械费	管理费	利润
10-1-326	PPR 管热熔连接 De40	10m	0.09	140.9	2.2	0.14	77.50	45.09	12.68	0.20	0.01	6.97	4.06
10-11-12	管卡 DN32	个	1	1.24	0.38		0.68	0.40	1.24	0.38	0.00	0.68	0.40
10-11-139	管道消毒冲洗 DN32	100m	0.01	47.38	2.51		26.06	15.16	0.47	0.03	0.00	0.26	0.15
人工单价		小计							14.39	0.60	0.01	7.92	4.61
103 元/工日		未计价材料费							33.07				
清单项目综合单价									67.34				
材料费明细	主要材料名称、规格、型号					单位	数量		单价（元）	合价（元）	暂估单价（元）	暂估合价（元）	
	PPR 管 De40					m	0.91				20	18.29	
	PPR 管件 De40					个	0.80				3	6.39	
	管卡 DN32					个	1.05				8	8.40	
	其他材料费												
	材料费小计											33.07	

注　参考定额，管卡数量根据附录 C 相关内容计算。

表 2-6-32　**工程量清单综合单价分析表（四）**

工程名称：某办公室给排水工程　　标段：　　第 4 页　共 19 页

<table>
<tr><td colspan="2">项目编码</td><td colspan="2">031001006004</td><td colspan="2">项目名称</td><td colspan="5">塑料管</td><td>计量单位</td><td colspan="2">m</td></tr>
<tr><td colspan="14">清单综合单价组成明细</td></tr>
<tr><td rowspan="2">定额编号</td><td rowspan="2">定额名称</td><td rowspan="2">定额单位</td><td rowspan="2">数量</td><td colspan="5">单价（元）</td><td colspan="5">合价（元）</td></tr>
<tr><td>人工费</td><td>材料费</td><td>机械费</td><td>管理费</td><td>利润</td><td>人工费</td><td>材料费</td><td>机械费</td><td>管理费</td><td>利润</td></tr>
<tr><td>10-1-324</td><td>PPR 管热熔连接 De25</td><td>10m</td><td>0.93</td><td>116.08</td><td>1.56</td><td>0.12</td><td>63.84</td><td>37.15</td><td>107.95</td><td>1.45</td><td>0.11</td><td>59.37</td><td>34.55</td></tr>
<tr><td>10-11-11</td><td>管卡 DN20</td><td>个</td><td>10</td><td>1.13</td><td>0.38</td><td></td><td>0.62</td><td>0.36</td><td>11.30</td><td>3.80</td><td>0.00</td><td>6.22</td><td>3.62</td></tr>
<tr><td>10-11-137</td><td>管道消毒冲洗 DN20</td><td>100m</td><td>0.09</td><td>40.89</td><td>0.9</td><td></td><td>22.49</td><td>13.08</td><td>3.68</td><td>0.08</td><td>0.00</td><td>2.02</td><td>1.18</td></tr>
<tr><td colspan="2">人工单价</td><td colspan="7">小计</td><td>122.93</td><td>5.33</td><td>0.11</td><td>67.61</td><td>39.34</td></tr>
<tr><td colspan="2">103 元/工日</td><td colspan="7">未计价材料费</td><td colspan="5">279.77</td></tr>
<tr><td colspan="9">清单项目综合单价</td><td colspan="5">55.39</td></tr>
<tr><td rowspan="6">材料费明细</td><td colspan="5">主要材料名称、规格、型号</td><td>单位</td><td colspan="2">数量</td><td>单价（元）</td><td>合价（元）</td><td>暂估单价（元）</td><td colspan="2">暂估合价（元）</td></tr>
<tr><td colspan="5">PPR 管 De25</td><td>m</td><td colspan="2">9.45</td><td></td><td></td><td>18</td><td colspan="2">170.08</td></tr>
<tr><td colspan="5">PPR 管件 De25</td><td>个</td><td colspan="2">9.53</td><td></td><td></td><td>6</td><td colspan="2">57.20</td></tr>
<tr><td colspan="5">管卡 DN20</td><td>个</td><td colspan="2">10.50</td><td></td><td></td><td>5</td><td colspan="2">52.50</td></tr>
<tr><td colspan="8">其他材料费</td><td></td><td></td><td></td><td colspan="2"></td></tr>
<tr><td colspan="8">材料费小计</td><td></td><td></td><td></td><td colspan="2">279.77</td></tr>
</table>

注　参考定额，管卡数量根据附录 C 相关内容计算。

表 2-6-33

工程量清单综合单价分析表（五）

工程名称：某办公室给排水工程　　　　标段：　　　　第 5 页　共 19 页

项目编码		031001006005		项目名称		塑料管					计量单位	m	
清单综合单价组成明细													
定额编号	定额名称	定额单位	数量	单价（元）					合价（元）				
				人工费	材料费	机械费	管理费	利润	人工费	材料费	机械费	管理费	利润
10-1-323	PPR 管热熔连接 De20	10m	0.08	104.55	1.39	0.12	57.50	33.46	8.36	0.11	0.01	4.60	2.68
10-11-11	管卡 DN15	个	1	1.13	0.38		0.62	0.36	1.13	0.38	0.00	0.62	0.36
10-11-136	管道消毒冲洗 DN15	100m	0.01	37.9	0.5		20.85	12.13	0.38	0.01	0.00	0.21	0.12
人工单价		小计							9.87	0.50	0.01	5.43	3.16
103 元/工日		未计价材料费							22.07				
清单项目综合单价									51.30				
材料费明细	主要材料名称、规格、型号					单位	数量		单价（元）	合价（元）	暂估单价（元）	暂估合价（元）	
	PPR 管 De20					m	0.81				16	13.00	
	PPR 管件 De20					个	1.22				4	4.86	
	管卡 DN15					个	1.05				4	4.20	
	其他材料费												
	材料费小计											22.07	

注　参考定额，管卡数量根据附录 C 相关内容计算。

表 2-6-34

工程量清单综合单价分析表（六）

工程名称：某办公室给排水工程　　　　标段：　　　　第 6 页　共 19 页

项目编码		031001006006		项目名称		塑料管					计量单位	m	
清单综合单价组成明细													
定额编号	定额名称	定额单位	数量	单价（元）					合价（元）				
				人工费	材料费	机械费	管理费	利润	人工费	材料费	机械费	管理费	利润
10-1-368	UPVC 管粘结连接 De160	10m	0.26	271.61	6.77	8.55	149.39	86.92	70.62	1.76	2.22	38.84	22.60
人工单价		小计							70.62	1.76	2.22	38.84	22.60
103 元/工日		未计价材料费							129.74				
清单项目综合单价									102.22				
材料费明细	主要材料名称、规格、型号						单位	数量	单价（元）	合价（元）	暂估单价（元）	暂估合价（元）	
	UPVC 管 De160						m	2.47			40	98.80	
	UPVC 管件 De160						个	1.55			20	30.94	
	其他材料费												
	材料费小计											129.74	

表 2-6-35

工程量清单综合单价分析表（七）

工程名称：某办公室给排水工程　　　　标段：　　　　第 7 页　共 19 页

项目编码		031001006007		项目名称		塑料管					计量单位	m	
清单综合单价组成明细													
定额编号	定额名称	定额单位	数量	单价（元）					合价（元）				
				人工费	材料费	机械费	管理费	利润	人工费	材料费	机械费	管理费	利润
10-1-367	UPVC 管粘结连接 De110	10m	0.49	192.61	6.3	0.07	105.94	61.64	94.38	3.09	0.03	51.91	30.20
人工单价		小计							94.38	3.09	0.03	51.91	30.20
103 元/工日		未计价材料费							241.61				
清单项目综合单价									85.96				
材料费明细	主要材料名称、规格、型号						单位	数量	单价（元）	合价（元）	暂估单价（元）	暂估合价（元）	
	UPVC 管 De110						m	4.66			30	139.65	
	UPVC 管件 De110						个	5.66			18	101.96	
	其他材料费												
	材料费小计											241.61	

表 2-6-36　　**工程量清单综合单价分析表（八）**

工程名称：某办公室给排水工程　　标段：　　第 8 页　共 19 页

项目编码		031001006008		项目名称		塑料管					计量单位	m	
清单综合单价组成明细													
定额编号	定额名称	定额单位	数量	单价（元）					合价（元）				
				人工费	材料费	机械费	管理费	利润	人工费	材料费	机械费	管理费	利润
10-1-366	UPVC 管粘结连接 De75	10m	0.33	172.83	4.11	0.04	95.06	55.31	57.03	1.36	0.01	31.37	18.25
人工单价		小计							57.03	1.36	0.01	31.37	18.25
103 元/工日		未计价材料费							124.66				
清单项目综合单价									70.51				
材料费明细	主要材料名称、规格、型号					单位	数量		单价（元）	合价（元）	暂估单价（元）	暂估合价（元）	
	UPVC 管 De75					m	3.23				25	80.85	
	UPVC 管件 De75					个	2.92				15	43.81	
	其他材料费												
	材料费小计											124.66	

表 2-6-37　　**工程量清单综合单价分析表（九）**

工程名称：某办公室给排水工程　　标段：　　第 9 页　共 19 页

项目编码		031001006009		项目名称		塑料管					计量单位	m	
清单综合单价组成明细													
定额编号	定额名称	定额单位	数量	单价（元）					合价（元）				
				人工费	材料费	机械费	管理费	利润	人工费	材料费	机械费	管理费	利润
10-1-365	UPVC 管粘结连接 De50	10m	0.83	129.06	2.27	0.04	70.98	41.30	107.12	1.88	0.C3	58.92	34.28
人工单价		小计							107.12	1.88	0.03	58.92	34.28
103 元/工日		未计价材料费							183.26				
清单项目综合单价									46.45				
材料费明细	主要材料名称、规格、型号					单位	数量		单价（元）	合价（元）	暂估单价（元）	暂估合价（元）	
	UPVC 管 De50					m	8.40				15	125.99	
	UPVC 管件 De50					个	5.73				10	57.27	
	其他材料费												
	材料费小计											183.26	

表 2-6-38

工程量清单综合单价分析表（十）

工程名称：某办公室给排水工程　　标段：　　第 10 页　共 19 页

项目编码		031002003001		项目名称	套管					计量单位		个	
清单综合单价组成明细													
定额编号	定额名称	定额单位	数量	单价（元）					合价（元）				
				人工费	材料费	机械费	管理费	利润	人工费	材料费	机械费	管理费	利润
10-11-27	钢套管 De63（DN80）	个	1	14.21	6.01	0.79	7.82	4.55	14.21	6.01	0.79	7.82	4.55
人工单价		小计							14.21	6.01	0.79	7.82	4.55
103 元/工日		未计价材料费							19.08				
清单项目综合单价									52.45				
材料费明细	主要材料名称、规格、型号					单位	数量		单价（元）	合价（元）	暂估单价（元）	暂估合价（元）	
	焊接钢管 DN80					m	0.32				60	19.08	
	其他材料费												
	材料费小计											19.08	

表 2-6-39

工程量清单综合单价分析表（十一）

工程名称：某办公室给排水工程　　标段：　　第 11 页　共 19 页

项目编码		031002003002		项目名称	套管					计量单位		个	
清单综合单价组成明细													
定额编号	定额名称	定额单位	数量	单价（元）					合价（元）				
				人工费	材料费	机械费	管理费	利润	人工费	材料费	机械费	管理费	利润
10-11-32	钢套管 De160（D219）	个	1	58.61	27.4	1.32	32.24	18.76	58.61	27.40	1.32	32.24	18.76
人工单价		小计							58.61	27.40	1.32	32.24	18.76
103 元/工日		未计价材料费							31.80				
清单项目综合单价									170.12				
材料费明细	主要材料名称、规格、型号					单位	数量		单价（元）	合价（元）	暂估单价（元）	暂估合价（元）	
	无缝钢管 D219×6					m	0.32				100	31.80	
	其他材料费												
	材料费小计											31.80	

表 2-6-40

工程量清单综合单价分析表（十二）

工程名称：某办公室给排水工程　　　　标段：　　　　第 12 页　共 19 页

项目编码		031003005001		项目名称		塑料阀门			计量单位		个		
清单综合单价组成明细													
定额编号	定额名称	定额单位	数量	单价（元）					合价（元）				
				人工费	材料费	机械费	管理费	利润	人工费	材料费	机械费	管理费	利润
10-5-96	塑料阀门 DN40	个	1	11.33	0.23		6.23	3.63	11.33	0.23	0.00	6.23	3.63
人工单价		小计							11.33	0.23	0.00	6.23	3.63
103 元/工日		未计价材料费							80.30				
清单项目综合单价									102.22				
材料费明细	主要材料名称、规格、型号					单位	数量		单价（元）	合价（元）	暂估单价（元）	暂估合价（元）	
	塑料阀门 DN40					个	1.01				80	80.80	
	其他材料费												
	材料费小计											80.80	

表 2-6-41

工程量清单综合单价分析表（十三）

工程名称：某办公室给排水工程　　　　标段：　　　　第 13 页　共 19 页

项目编码		031003005002		项目名称		塑料阀门			计量单位		个		
清单综合单价组成明细													
定额编号	定额名称	定额单位	数量	单价（元）					合价（元）				
				人工费	材料费	机械费	管理费	利润	人工费	材料费	机械费	管理费	利润
10-5-93	塑料阀门 DN20	个	2	5.15	0.11		2.83	1.65	10.30	0.22	0.00	5.67	3.30
人工单价		小计							10.30	0.22	0.00	5.67	3.30
103 元/工日		未计价材料费							60.60				
清单项目综合单价									40.04				
材料费明细	主要材料名称、规格、型号					单位	数量		单价（元）	合价（元）	暂估单价（元）	暂估合价（元）	
	塑料阀门 DN20					个	2.02				30	60.60	
	其他材料费												
	材料费小计											60.60	

表 2-6-42 **工程量清单综合单价分析表（十四）**

工程名称：某办公室给排水工程 标段： 第 14 页 共 19 页

项目编码		031004006001		项目名称	大便器						计量单位	组	
清单综合单价组成明细													
定额编号	定额名称	定额单位	数量	单价（元）					合价（元）				
				人工费	材料费	机械费	管理费	利润	人工费	材料费	机械费	管理费	利润
10-6-35	手压阀蹲便器	10 组	0.5	491.62	444.25		270.39	157.32	245.81	222.13	0.00	135.20	78.66
人工单价		小计							245.81	222.13	0.00	135.20	78.66
103 元/工日		未计价材料费							2525.00				
清单项目综合单价									641.36				
材料费明细	主要材料名称、规格、型号				单位	数量			单价（元）	合价（元）	暂估单价（元）	暂估合价（元）	
	手压阀蹲便器				组	5.05					500	2525.00	
	其他材料费												
	材料费小计											2525.00	

表 2-6-43 **工程量清单综合单价分析表（十五）**

工程名称：某办公室给排水工程 标段： 第 15 页 共 19 页

项目编码		031004014001		项目名称	给排水附件						计量单位	个	
清单综合单价组成明细													
定额编号	定额名称	定额单位	数量	单价（元）					合价（元）				
				人工费	材料费	机械费	管理费	利润	人工费	材料费	机械费	管理费	利润
10-6-81	塑料水龙头 DN15	10 个	0.3	26.78	20.6		14.73	8.57	8.03	6.18	0.00	4.42	2.57
人工单价		小计							8.03	6.18	0.00	4.42	2.57
103 元/工日		未计价材料费							60.60				
清单项目综合单价									27.27				
材料费明细	主要材料名称、规格、型号				单位	数量			单价（元）	合价（元）	暂估单价（元）	暂估合价（元）	
	塑料水龙头 DN15				个	3.03					20	60.60	
	其他材料费												
	材料费小计											60.60	

表 2-6-44

工程量清单综合单价分析表（十六）

工程名称：某办公室给排水工程　　　　标段：　　　　第 16 页　共 19 页

项目编码		031004014002		项目名称		给排水附件					计量单位	个	
清单综合单价组成明细													
定额编号	定额名称	定额单位	数量	单价（元）					合价（元）				
				人工费	材料费	机械费	管理费	利润	人工费	材料费	机械费	管理费	利润
10-6-35	塑料排水栓 DN40	10 组	0.1	179.22	93.04		98.57	57.35	17.92	9.30	0.00	9.86	5.74
人工单价		小计							17.92	9.30	0.00	9.86	5.74
103 元/工日		未计价材料费							36.30				
清单项目综合单价									79.12				
材料费明细	主要材料名称、规格、型号						单位	数量	单价（元）	合价（元）	暂估单价（元）	暂估合价（元）	
	塑料排水栓带存水弯 DN40						组	1.01			30	30.30	
	塑料排水管 DN50						m	0.40			15	6.00	
	其他材料费												
	材料费小计											36.30	

表 2-6-45

工程量清单综合单价分析表（十七）

工程名称：某办公室给排水工程　　　　标段：　　　　第 17 页　共 19 页

项目编码		031004014003		项目名称		给排水附件					计量单位	个	
清单综合单价组成明细													
定额编号	定额名称	定额单位	数量	单价（元）					合价（元）				
				人工费	材料费	机械费	管理费	利润	人工费	材料费	机械费	管理费	利润
10-6-90	塑料地漏 DN50	10 个	0.5	120.82	1.51		66.45	38.66	60.41	0.76	0.00	33.23	19.33
人工单价		小计							60.41	0.76	0.00	33.23	19.33
103 元/工日		未计价材料费							75.75				
清单项目综合单价									37.89				
材料费明细	主要材料名称、规格、型号						单位	数量	单价（元）	合价（元）	暂估单价（元）	暂估合价（元）	
	塑料地漏 DN50						个	5.05			15	75.75	
	其他材料费												
	材料费小计											75.75	

表 2-6-46

工程量清单综合单价分析表（十八）

工程名称：某办公室给排水工程　　标段：　　第 18 页　共 19 页

项目编码		031004014003		项目名称		给排水附件					计量单位	个	
清单综合单价组成明细													
定额编号	定额名称	定额单位	数量	单价（元）					合价（元）				
				人工费	材料费	机械费	管理费	利润	人工费	材料费	机械费	管理费	利润
10-6-100	塑料地面扫除口 DN100	10 个	0.1	91.67	2.74		50.42	29.33	9.17	0.27	0.00	5.04	2.93
人工单价		小计							9.17	0.27	0.00	5.04	2.93
103 元/工日		未计价材料费							50.50				
清单项目综合单价									67.92				
材料费明细	主要材料名称、规格、型号					单位	数量		单价（元）	合价（元）	暂估单价（元）	暂估合价（元）	
	塑料地面扫除口 DN100					个	1.01				50	50.50	
	其他材料费												
	材料费小计											50.50	

表 2-6-47

工程量清单综合单价分析表（十九）

工程名称：某办公室给排水工程　　标段：　　第 19 页　共 19 页

项目编码		031004015001		项目名称		小便槽冲洗管					计量单位	m	
清单综合单价组成明细													
定额编号	定额名称	定额单位	数量	单价（元）					合价（元）				
				人工费	材料费	机械费	管理费	利润	人工费	材料费	机械费	管理费	利润
10-6-109	塑料小便槽冲洗管制作安装 De20	10m	0.4	609.76	85.62	3.47	335.37	195.12	243.90	34.25	1.39	134.15	78.05
人工单价		小计							243.90	34.25	1.39	134.15	78.05
103 元/工日		未计价材料费							65.28				
清单项目综合单价									139.25				
材料费明细	主要材料名称、规格、型号					单位	数量		单价（元）	合价（元）	暂估单价（元）	暂估合价（元）	
	塑料小便槽冲洗管 De20					m	4.08				16	65.28	
	其他材料费												
	材料费小计											65.28	

5. 总价措施项目清单与计价表（GB 50500—2013 附录 F 表 - 11）

表 2 - 6 - 48　**总价措施项目清单与计价表**

工程名称：某办公室给排水工程　标段：　第 1 页　共 1 页

序号	项目编号	项目名称	计算基础（元）	费率（%）	金额（元）	调整费率（%）	调整后金额（元）	备注
1	031302002	液间施工费	1359.63	2.50	33.99			
2	031302004	二次搬运费	1359.63	2.10	28.55			
3	031302005	冬雨季施工增加费	1359.63	2.80	38.07			
4	031302006	已完工程及设备保护费	1359.63	1.20	16.32			
5	031301017	脚手架搭拆费	1359.63	5.00	67.98			
合计					184.91			

编制人（造价人员）：××　复核人（造价工程师）：××

注　计算基础为分部分项工程和单价措施项目清单计价表中的合计人工费。

6. 其他项目清单计价汇总表（GB 50500—2013 附录 G 表 - 12）

表 2 - 6 - 49　**其他项目清单计价汇总表**

工程名称：某办公室给排水工程　标段：　第 1 页　共 1 页

序号	项目名称	金额（元）	结算金额（元）	备注
1	暂列金额			
2	暂估价	4426.65		
2.1	材料暂估价	4426.65		
2.2	专业工程暂估价			
3	计日工			
4	总承包服务费			
合计				

注　材料（工程设备）暂估单价计入清单项目综合单价，此处不汇总。

7. 规费、税金项目清单计价表（GB 50500—2013 附录 H 表 - 13）

表 2 - 6 - 50　**规费、税金项目清单计价表**

工程名称：某办公室给排水工程　标段：　第 1 页　共 1 页

序号	项目名称	计算基础	计算基数（元）	计算费率（%）	金额（元）
1	规费	1.1＋1.2＋1.3＋1.4＋1.5	375.07＋20.96＋113.79＋16.47＋11.98		538.28
1.1	安全文明施工费	1.1.1＋1.1.2＋1.1.3＋1.1.4	21.71＋44.17＋131.76＋177.43		375.07

续表

序号	项目名称	计算基础	计算基数（元）	计算费率（%）	金额（元）
1.1.1	环境保护费	分部分项和单价措施费＋总价措施费＋其他项目费	7301.57＋184.91	0.29	21.71
1.1.2	文明施工费		7301.57＋184.91	0.59	44.17
1.1.3	临时设施费		7301.57＋184.91	1.76	131.76
1.1.4	安全施工费		7301.57＋184.91	2.37	177.43
1.2	工程排污费		7301.57＋184.91	0.28	20.96
1.3	社会保险费		7301.57＋184.91	1.52	113.79
1.4	住房公积金		7301.57＋184.91	0.22	16.47
1.5	建设项目工伤保险		7301.57＋184.91	0.16	11.98
2	税金	分部分项和单价措施费＋总价措施费＋其他项目费＋规费	7301.57＋184.91＋538.28	11	882.72
合计					1421.00

编制人（造价人员）：×× 复核人（造价工程师）：××

二、采暖工程工程量清单计价编制案例

根据招标人或委托代理人编制的工程量清单及招标文件要求，投标人编制工程量清单计价文件。投标报价使用的表格包括13计价规范的：封-3、扉-3、表-01、表-02、表-03、表-04、表-08、表-09、表-11、表-12（含表-12-1～表-12-5）、表-13、招标文件提供的表-20、表-21。

【例2-6-6】 图2-6-4所示某办公楼采暖工程工程量清单计价的编制。本例只列出其中主要的几个表格，见表2-6-51～表2-6-75。

1. 总说明：(GB 50500—2013附录D表-01)

表2-6-51 **总 说 明**

工程名称：某办公楼采暖工程 第1页 共1页

1. 工程概况：某办公楼建设面积为1500m²、二层砖混结构，采暖工程安装计划工期45日历天，施工现场已做好“三通一平”等，已具备开工条件。

2. 工程招标和专业工程发包范围：图纸范围内采暖工程全部内容。

3. 工程量清单计价编制依据：工程量清单、GB 50500—2013《建设工程工程量清单计价规范》、GB 50856—2013《通用安装工程工程量计算规范》、施工图纸和设计施工说明书、工程所在地建设主管部门的相关规定等。

4. 工程质量、材料、施工等的特殊要求：质量达到合格标准；所有材料乙供；施工中做到安全文明施工。

5. 本工程管理费费率按55%、利润率按32%计取；规费费率及税金税率为不可竞争费，执行当地规定。人工单价按103元/工日执行（鲁建标字〔2017〕1号文规定）。有关主材价格按暂估价计入。

2. 单位工程投标报价汇总表（GB 50500—2013 附录 E 表 - 04）

表 2 - 6 - 52　　单位工程投标报价汇总表

工程名称：某办公楼采暖工程　　标段：　　第 1 页　共 1 页

序号	汇总内容	金额（元）	其中：暂估价（元）
一	分部分项工程费	9163.41	3929.24
二	措施项目费	328.32	
1	单价措施项目费		
2	总价措施项目费	328.32	
2.1	夜间施工费	60.35	
2.2	二次搬运费	50.70	
2.3	冬雨季施工增加费	67.59	
2.4	已完工程及设备保护费	28.97	
2.5	脚手架搭拆费	120.70	
三	其他项目费		
1	暂列金额		
2	专业工程暂估价		
3	计日工		
4	总承包服务费		
四	规费	682.46	
1	安全文明施工费	475.54	
1.1	环境保护费	27.53	
1.2	文明施工费	56.00	
1.3	临时设施费	167.05	
1.4	安全施工费	224.95	
2	工程排污费	26.58	
3	社会保障费	144.27	
4	住房公积金	20.88	
5	建设项目工伤保险	15.19	
五	税金	1119.16	
投标报价合计=一+二+三+四+五		11 293.35	3929.24

3. 分部分项工程和单价措施项目清单计价表（GB 50500—2013 附录 F 表 - 08）

表 2-6-53 **分部分项工程和单价措施项目清单计价表**

工程名称：某办公楼采暖工程 第 1 页 共 1 页

序号	项目编码	项目名称	项目特征描述	计量单位	工程量	金额（元）			
						综合单价	合价	其中：人工费	其中：暂估价
1	031001002001	钢管	室内采暖工程，焊接钢管 DN80，焊接，水压试验	m	32.8	74.87	2455.67	886.05	578.27
2	031001002002	钢管	室内采暖工程，焊接钢管 DN25，螺纹连接，水压试验	m	7.8	58.96	459.85	177.72	116.94
3	031001002003	钢管	室内采暖工程，焊接钢管 DN20，螺纹连接，水压试验	m	29.48	44.75	1319.35	536.48	297.35
4	031002001001	管道支架	角钢∠50×50×5，一般活动支架	kg	13.68	18.53	253.49	81.03	73.50
5	031002003001	套管	套管，焊接钢管，DN80，除锈刷油	个	2	75.37	150.73	50.68	19.08
6	031002003002	套管	套管，焊接钢管，DN25，除锈刷油	个	2	25.82	51.63	19.98	7.63
7	031002003003	套管	套管，焊接钢管，DN20，除锈刷油	个	2	22.07	44.14	17.52	6.36
8	031003003001	焊接法兰阀门	钢制法兰阀，DN80，法兰连接	个	2	356.41	712.82	90.64	500.00
9	031003001001	螺纹阀门	钢制螺纹阀，DN25，螺纹连接	个	2	69.51	139.01	22.66	60.60
10	031003001002	螺纹阀门	钢制螺纹阀，DN20，螺纹连接	个	4	59.18	236.72	41.20	101.00
11	031003001003	自动排气阀	钢制自动排气阀，DN20，螺纹连接	个	1	74.33	74.33	10.30	40.40
12	031003011001	法兰	钢制法兰，DN80，焊接	副	2	154.68	309.36	84.46	100.00
13	031005002001	钢制散热器	钢制板式散热器，H500×1000，成品，挂装	组	6	350.24	2101.44	156.96	1800.00
14	031009001001	采暖工程系统调试	上供下回，采暖工程	系统	1	283.82	283.82	76.15	0.00
15	031201001001	管道刷油	除轻锈，刷红丹防锈漆一遍	m^2	12.41	7.61	94.46	38.70	18.23
16	031201001002	管道刷油	银粉漆二遍	m^2	8.16	4.96	40.49	17.65	6.59
17	031201006001	布面刷油	玻璃丝布，冷底子油一遍	m^2	7.93	18.20	144.29	62.33	0.00
18	031208002001	管道保温	岩棉管壳，δ=30mm，管径 DN80、DN25、DN20	m^3	0.18	696.95	125.45	14.20	92.70
19	031208007001	保护层	玻璃丝布，一层，管道	m^2	7.93	20.98	166.36	29.37	110.60
		合计					9163.41	2414.09	3929.24

4. 工程量清单综合单价分析表（GB 50500—2013 附录 F 表 - 09）

表 2 - 6 - 54　　**工程量清单综合单价分析表（一）**

工程名称：某办公楼采暖工程　　标段：　　第 1 页　共 19 页

项目编码		031001002001		项目名称		钢管					计量单位	m	
清单综合单价组成明细													
定额编号	定额名称	定额单位	数量	单价（元）					合价（元）				
				人工费	材料费	机械费	管理费	利润	人工费	材料费	机械费	管理费	利润
10 - 2 - 40	焊接钢管焊接 DN80	10m	3.28	266.15	22.44	43.86	146.38	85.17	872.97	73.60	143.86	480.13	279.35
10 - 11 - 15	管卡 DN80	个	1	1.75	0.45		0.96	0.56	1.75	0.45	0.00	0.96	0.56
10 - 11 - 179	预留洞口 DN80	10 个	0.2	56.65	12.01	0.83	31.16	18.13	11.33	2.40	0.17	6.23	3.63
人工单价		小计							886.05	76.46	144.03	487.33	283.54
103 元/工日		未计价材料费							578.27				
清单项目综合单价									74.87				
材料费明细	主要材料名称、规格、型号					单位	数量		单价（元）	合价（元）	暂估单价（元）	暂估合价（元）	
	焊接钢管 DN80					m	33.00				15	494.95	
	焊接钢管管件 DN80					个	3.64				20	72.82	
	管卡 DN80					个	1.05				10	10.50	
	其他材料费												
	材料费小计											578.27	

注　1. 主要材料数量根据清单数量乘以定额损耗计算：焊接钢管 DN80 为 3.28×10.06=33.00；焊接钢管管件 DN80 为 3.25×1.11=3.64；管卡 DN80 为 1×1.05=1.05。

2. 单价中管理费为 266.15×15.55%=146.38（元），利润为 266.15×32%=85.17（元）。

3. 综合单价为（886.05+76.46+144.03+487.33+283.54+578.27）/32.8=74.87（元）。

表 2-6-55 工程量清单综合单价分析表（二）

工程名称：某办公楼采暖工程　　标段：　　第 2 页　共 19 页

项目编码		031001002002		项目名称		钢管				计量单位		m	
清单综合单价组成明细													
定额编号	定额名称	定额单位	数量	单价（元）					合价（元）				
				人工费	材料费	机械费	管理费	利润	人工费	材料费	机械费	管理费	利润
10-2-14	焊接钢管丝接 DN25	10m	0.78	213.31	5.19	5.05	117.32	68.26	166.38	4.05	3.94	91.51	53.24
10-11-12	管卡 DN25	个	2	1.24	0.38		0.68	0.40	2.48	0.76	0.00	1.36	0.79
10-11-177	预留洞口 DN25	10 个	0.2	44.29	8.6	0.56	24.36	14.17	8.86	1.72	0.11	4.87	2.83
人工单价		小计							177.72	6.53	4.05	97.75	56.87
103 元/工日		未计价材料费							116.94				
清单项目综合单价									58.96				
材料费明细	主要材料名称、规格、型号					单位	数量		单价（元）	合价（元）	暂估单价（元）	暂估合价（元）	
	焊接钢管 DN25					m	7.57				8	60.53	
	焊接钢管管件 DN25					个	9.60				5	48.01	
	管卡 DN25					个	2.10				4	8.40	
	其他材料费												
	材料费小计											116.94	

表 2-6-56　　**工程量清单综合单价分析表（三）**

工程名称：某办公楼采暖工程　　标段：　　第 3 页　共 19 页

项目编码		031001002003		项目名称	钢管						计量单位		m
清单综合单价组成明细													
定额编号	定额名称	定额单位	数量	单价（元）					合价（元）				
				人工费	材料费	机械费	管理费	利润	人工费	材料费	机械费	管理费	利润
10-2-13	焊接钢管丝接 DN20	10m	2.95	178.09	3.77	2.02	97.95	56.99	525.37	11.12	5.96	288.95	168.12
10-11-1[illegible]	管卡 DN20	个	2	1.13	0.38		0.62	0.36	2.26	0.76	0.00	1.24	0.72
10-11-177	预留洞口 DN20	10 个	0.2	44.29	8.6	0.56	24.36	14.17	8.86	1.72	0.11	4.87	2.83
人工单价		小计							536.48	13.60	6.07	295.07	171.67
103 元/工日		未计价材料费							297.35				
清单项目综合单价									44.75				
材料费明细	主要材料名称、规格、型号				单位	数量			单价（元）	合价（元）	暂估单价（元）	暂估合价（元）	
	焊接钢管 DN20				m	28.62					5	143.08	
	焊接钢管管件 DN20				个	36.99					4	147.97	
	管卡 DN20				个	2.10					3	6.30	
	其他材料费												
	材料费小计											297.35	

表 2-6-57

工程量清单综合单价分析表（四）

工程名称：某办公楼采暖工程　　　　标段：　　　　第 4 页　共 19 页

项目编码		031002001001		项目名称		管道支架				计量单位		kg	
清单综合单价组成明细													
定额编号	定额名称	定额单位	数量	单价（元）					合价（元）				
				人工费	材料费	机械费	管理费	利润	人工费	材料费	机械费	管理费	利润
10-11-1	管道支架制作	100kg	0.14	578.76	59.54	186.18	318.32	185.20	81.03	8.34	26.07	44.56	25.93
10-11-6	管道支架安装	100kg	0.14	311.68	134.81	118.36	171.42	99.74	43.64	18.87	16.57	24.00	13.96
人工单价		小计							81.03	8.34	26.07	44.56	25.93
103 元/工日		未计价材料费							73.50				
清单项目综合单价									18.53				
材料费明细	主要材料名称、规格、型号					单位	数量		单价（元）	合价（元）	暂估单价（元）	暂估合价（元）	
	角钢∠50×50×5					kg	14.70				5	73.50	
	其他材料费												
	材料费小计											73.50	

表 2-6-58

工程量清单综合单价分析表（五）

工程名称：某办公楼采暖工程　　　　标段：　　　　第 5 页　共 19 页

项目编码		031002003001		项目名称		套管				计量单位		个	
清单综合单价组成明细													
定额编号	定额名称	定额单位	数量	单价（元）					合价（元）				
				人工费	材料费	机械费	管理费	利润	人工费	材料费	机械费	管理费	利润
10-11-29	一般钢套管 DN80	个	2	25.34	17.42	1.02	13.94	8.11	50.68	34.84	2.04	27.87	16.22
人工单价		小计							50.68	34.84	2.04	27.87	16.22
103 元/工日		未计价材料费							19.08				
清单项目综合单价									75.37				
材料费明细	主要材料名称、规格、型号					单位	数量		单价（元）	合价（元）	暂估单价（元）	暂估合价（元）	
	焊接钢管 DN125					m	0.64				30	19.08	
	其他材料费												
	材料费小计											19.08	

表 2-6-59　　**工程量清单综合单价分析表（六）**

工程名称：某办公楼采暖工程　　标段：　　第 6 页　共 19 页

项目编码		031002003002		项目名称	套管					计量单位		个	
清单综合单价组成明细													
定额编号	定额名称	定额单位	数量	单价（元）					合价（元）				
				人工费	材料费	机械费	管理费	利润	人工费	材料费	机械费	管理费	利润
10-11-26	一般钢套管 DN25	个	2	9.99	2.58	0.74	5.49	3.20	19.98	5.16	1.48	10.99	6.39
人工单价		小计							19.98	5.16	1.48	10.99	6.39
103 元/工日		未计价材料费							7.63				
清单项目综合单价									25.82				
材料费明细	主要材料名称、规格、型号						单位	数量	单价（元）	合价（元）	暂估单价（元）	暂估合价（元）	
	焊接钢管 DN50						m	0.64			12	7.63	
	其他材料费												
	材料费小计											7.63	

表 2-6-60　　**工程量清单综合单价分析表（七）**

工程名称：某办公楼采暖工程　　标段：　　第 7 页　共 19 页

项目编码		031002003003		项目名称	套管					计量单位		个	
清单综合单价组成明细													
定额编号	定额名称	定额单位	数量	单价（元）					合价（元）				
				人工费	材料费	机械费	管理费	利润	人工费	材料费	机械费	管理费	利润
10-11-25	一般钢套管 DN20	个	2	8.76	1.86	0.65	4.82	2.80	17.52	3.72	1.30	9.64	5.61
人工单价		小计							17.52	3.72	1.30	9.64	5.61
103 元/工日		未计价材料费							6.36				
清单项目综合单价									22.07				
材料费明细	主要材料名称、规格、型号						单位	数量	单价（元）	合价（元）	暂估单价（元）	暂估合价（元）	
	焊接钢管 DN30						m	0.64			10	6.36	
	其他材料费												
	材料费小计											6.36	

表 2-6-61

工程量清单综合单价分析表（八）

工程名称：某办公楼采暖工程　　　　标段：　　　　第 8 页　共 19 页

项目编码	031002003001		项目名称	焊接法兰阀门					计量单位		个		
清单综合单价组成明细													
定额编号	定额名称	定额单位	数量	单价（元）					合价（元）				
				人工费	材料费	机械费	管理费	利润	人工费	材料费	机械费	管理费	利润
10-5-41	焊接法兰阀门 DN80	个	2	45.32	19.55	2.11	24.93	14.50	90.64	39.10	4.22	49.85	29.00
人工单价		小计							90.64	39.10	4.22	49.85	29.00
103 元/工日		未计价材料费							500.00				
清单项目综合单价									356.41				
材料费明细	主要材料名称、规格、型号					单位	数量		单价（元）	合价（元）	暂估单价（元）	暂估合价（元）	
	焊接法兰阀门 DN80					个	2.00				250	500.00	
	其他材料费												
	材料费小计											500.00	

表 2-6-62

工程量清单综合单价分析表（九）

工程名称：某办公楼采暖工程　　　　标段：　　　　第 9 页　共 19 页

项目编码	031003001001		项目名称	螺纹阀门					计量单位		个		
清单综合单价组成明细													
定额编号	定额名称	定额单位	数量	单价（元）					合价（元）				
				人工费	材料费	机械费	管理费	利润	人工费	材料费	机械费	管理费	利润
10-5-3	螺纹阀门 DN25	个	2	11.33	16.88	1.14	6.23	3.63	22.66	33.76	2.28	12.46	7.25
人工单价		小计							22.66	33.76	2.28	12.46	7.25
103 元/工日		未计价材料费							60.60				
清单项目综合单价									69.51				
材料费明细	主要材料名称、规格、型号					单位	数量		单价（元）	合价（元）	暂估单价（元）	暂估合价（元）	
	螺纹阀门 DN25					个	2.02				30	60.60	
	其他材料费												
	材料费小计											60.60	

表 2-6-63

工程量清单综合单价分析表（十）

工程名称：某办公楼采暖工程　　标段：　　第 10 页　共 19 页

项目编码	031003001002			项目名称		螺纹阀门				计量单位		个	
清单综合单价组成明细													
定额编号	定额名称	定额单位	数量	单价（元）					合价（元）				
				人工费	材料费	机械费	管理费	利润	人工费	材料费	机械费	管理费	利润
10-5-2	螺纹阀门 DN20	个	4	10.3	13.8	0.87	5.67	3.30	41.20	55.20	3.48	22.66	13.18
人工单价		小计							41.20	55.20	3.48	22.66	13.18
103 元/工日		未计价材料费							101.00				
清单项目综合单价									59.18				
材料费明细	主要材料名称、规格、型号					单位	数量		单价（元）	合价（元）	暂估单价（元）	暂估合价（元）	
	螺纹阀门 DN20					个	4.04				25	101.00	
	其他材料费												
	材料费小计											101.00	

表 2-6-64

工程量清单综合单价分析表（十一）

工程名称：某办公楼采暖工程　　标段：　　第 11 页　共 19 页

项目编码	031003001003			项目名称		螺纹阀门				计量单位		个	
清单综合单价组成明细													
定额编号	定额名称	定额单位	数量	单价（元）					合价（元）				
				人工费	材料费	机械费	管理费	利润	人工费	材料费	机械费	管理费	利润
10-5-2	自动排气阀 DN20	个	1	10.3	13.8	0.87	5.67	3.30	10.30	13.80	0.87	5.67	3.30
人工单价		小计							10.30	13.80	0.87	5.67	3.30
103 元/工日		未计价材料费							40.40				
清单项目综合单价									74.33				
材料费明细	主要材料名称、规格、型号					单位	数量		单价（元）	合价（元）	暂估单价（元）	暂估合价（元）	
	自动排气阀 DN20					个	1.01				40	40.40	
	其他材料费												
	材料费小计											40.40	

表 2-6-65

工程量清单综合单价分析表（十二）

工程名称：某办公楼采暖工程　　标段：　　第 12 页　共 19 页

项目编码	031003011001		项目名称		法兰						计量单位	副	
清单综合单价组成明细													
定额编号	定额名称	定额单位	数量	单价（元）					合价（元）				
				人工费	材料费	机械费	管理费	利润	人工费	材料费	机械费	管理费	利润
10-5-141	碳钢平焊法兰 DN80	副	2	42.23	17.84	7.87	23.23	13.51	84.46	35.68	15.74	46.45	27.03
人工单价		小计							84.46	35.68	15.74	46.45	27.03
103 元/工日		未计价材料费							100.00				
清单项目综合单价									154.68				
材料费明细	主要材料名称、规格、型号					单位	数量		单价（元）	合价（元）	暂估单价（元）	暂估合价（元）	
	碳钢平焊法兰 DN80					片	4.00				25	100.00	
	其他材料费												
	材料费小计											100.00	

表 2-6-66

工程量清单综合单价分析表（十三）

工程名称：某办公楼采暖工程　　标段：　　第 13 页　共 19 页

项目编码	031005002001		项目名称		钢制散热器						计量单位	组	
清单综合单价组成明细													
定额编号	定额名称	定额单位	数量	单价（元）					合价（元）				
				人工费	材料费	机械费	管理费	利润	人工费	材料费	机械费	管理费	利润
10-7-25	钢制板式散热器	组	6	26.16	1.13	0.19	14.39	8.37	156.96	6.78	1.14	86.33	50.23
人工单价		小计							156.96	6.78	1.14	86.33	50.23
103 元/工日		未计价材料费							1800.00				
清单项目综合单价									350.24				
材料费明细	主要材料名称、规格、型号					单位	数量		单价（元）	合价（元）	暂估单价（元）	暂估合价（元）	
	钢制板式散热器					组	6.00				300	1800.00	
	其他材料费												
	材料费小计											1800.00	

表 2-6-67

工程量清单综合单价分析表（十四）

工程名称：某办公楼采暖工程　　　　标段：　　　　第 14 页　共 19 页

项目编码		031009001001		项目名称		采暖工程系统调试					计量单位	系统	
清单综合单价组成明细													
定额编号	定额名称	定额单位	数量	单价（元）					合价（元）				
				人工费	材料费	机械费	管理费	利润	人工费	材料费	机械费	管理费	利润
	采暖工程系统调试	系统	1	74.91	139.11	0	41.20	23.97	74.91	139.11	0.00	41.20	23.97
人工单价		小计							74.91	139.11	0.00	41.20	23.97
103 元/工日		未计价材料费							0.00				
清单项目综合单价									279.18				
材料费明细	主要材料名称、规格、型号					单位	数量		单价（元）	合价（元）	暂估单价（元）	暂估合价（元）	
	其他材料费												
	材料费小计											0.00	

注　按采暖系统工程人工费（第 1～14 页各表中小计人工费之和）的 10%计算，其中人工费占 35%，材料费按占 65%计算。

表 2-6-68

工程量清单综合单价分析表（十五）

工程名称：某办公楼采暖工程　　　　标段：　　　　第 15 页　共 19 页

项目编码		031201001001		项目名称		管道刷油					计量单位	m^2	
清单综合单价组成明细													
定额编号	定额名称	定额单位	数量	单价（元）					合价（元）				
				人工费	材料费	机械费	管理费	利润	人工费	材料费	机械费	管理费	利润
12-1-1	管道除轻锈	$10m^2$	1.24	31.21	3.05		17.17	9.99	38.70	3.78	0.00	21.29	12.38
12-2-1	管道刷防锈漆	$10m^2$	1.24	17.82	0.9		9.80	5.70	22.10	1.12	0.00	12.15	7.07
人工单价		小计							38.70	3.78	0.00	21.29	12.38
103 元/工日		未计价材料费							18.23				
清单项目综合单价									7.61				
材料费明细	主要材料名称、规格、型号					单位	数量		单价（元）	合价（元）	暂估单价（元）	暂估合价（元）	
	醇酸防锈漆					kg	1.82				10	18.23	
	其他材料费												
	材料费小计											18.23	

表 2-6-69

工程量清单综合单价分析表（十六）

工程名称：某办公楼采暖工程　　　　标段：　　　　第 16 页　共 19 页

项目编码		031201001002		项目名称		管道刷油					计量单位		m^2
清单综合单价组成明细													
定额编号	定额名称	定额单位	数量	单价（元）					合价（元）				
				人工费	材料费	机械费	管理费	利润	人工费	材料费	机械费	管理费	利润
12-2-22	管道刷银粉漆第一遍	$10m^2$	0.82	21.53	1.32		11.84	6.89	17.65	1.08	0.00	9.71	5.65
12-2-23	管道刷银粉漆增一遍	$10m^2$	0.82	20.7	0.88		11.39	6.62	16.97	0.72	0.00	9.34	5.43
人工单价		小计							17.65	1.08	0.00	9.71	5.65
103 元/工日		未计价材料费							6.59				
清单项目综合单价									4.96				
材料费明细	主要材料名称、规格、型号					单位	数量		单价（元）	合价（元）	暂估单价（元）	暂估合价（元）	
	银粉漆					kg	0.55				12	6.59	
	银粉漆					kg	0.52				12	6.20	
	其他材料费												
	材料费小计											6.59	

表 2-6-70

工程量清单综合单价分析表（十七）

工程名称：某办公楼采暖工程　　　　标段：　　　　第 17 页　共 19 页

项目编码		031201006001		项目名称		布面刷油					计量单位		m^2
清单综合单价组成明细													
定额编号	定额名称	定额单位	数量	单价（元）					合价（元）				
				人工费	材料费	机械费	管理费	利润	人工费	材料费	机械费	管理费	利润
12-2-184	玻璃丝布刷冷底子油	$10m^2$	0.79	78.9	34.41		43.40	25.25	62.33	27.18	0.00	34.28	19.95
人工单价		小计							62.33	27.18	0.00	34.28	19.95
103 元/工日		未计价材料费							0.00				
清单项目综合单价									18.20				
材料费明细	主要材料名称、规格、型号					单位	数量		单价（元）	合价（元）	暂估单价（元）	暂估合价（元）	
	其他材料费												
	材料费小计											0.00	

表 2-6-71

工程量清单综合单价分析表（十八）

工程名称：某办公楼采暖工程　　标段：　　第 18 页　共 19 页

项目编码		031208002001		项目名称	管道保温						计量单位	m²	
清单综合单价组成明细													
定额编号	定额名称	定额单位	数量	单价（元）					合价（元）				
				人工费	材料费	机械费	管理费	利润	人工费	材料费	机械费	管理费	利润
12-4-21	管道岩棉管壳保温	m^3	0.18	78.9	34.41		43.40	25.25	14.20	6.19	0.00	7.81	4.54
人工单价		小计							14.20	6.19	0.00	7.81	4.54
103 元/工日		未计价材料费							92.70				
清单项目综合单价									696.95				
材料费明细	主要材料名称、规格、型号					单位	数量		单价（元）	合价（元）	暂估单价（元）	暂估合价（元）	
	岩棉管壳					m^3	0.19				500	92.70	
	其他材料费												
	材料费小计											92.70	

表 2-6-72

工程量清单综合单价分析表（十九）

工程名称：某办公楼采暖工程　　标段：　　第 19 页　共 19 页

项目编码		031208007001		项目名称	保护层						计量单位	m²	
清单综合单价组成明细													
定额编号	定额名称	定额单位	数量	单价（元）					合价（元）				
				人工费	材料费	机械费	管理费	利润	人工费	材料费	机械费	管理费	利润
12-4-135	管道玻璃丝布保护层	$10m^2$	0.79	37.18	0.26		20.45	11.90	29.37	0.21	0.00	16.51	9.40
人工单价		小计							29.37	0.21	0.00	16.51	9.40
103 元/工日		未计价材料费							110.60				
清单项目综合单价									20.98				
材料费明细	主要材料名称、规格、型号					单位	数量		单价（元）	合价（元）	暂估单价（元）	暂估合价（元）	
	玻璃丝布					m^2	11.06				10	110.60	
	其他材料费												
	材料费小计											110.60	

5. 总价措施项目清单与计价表（GB 50500—2013 附录 F 表 - 11）

表 2 - 6 - 73　　总价措施项目清单与计价表

工程名称：某办公楼采暖工程　　标段：　　第 1 页　共 1 页

序号	项目编码	项目名称	计算基础（元）	费率（%）	金额（元）	调整费率（%）	调整后金额（元）	备注
1	031302002	夜间施工费	2414.09	2.50	60.35			
2	031302004	二次搬运费	2414.09	2.10	50.70			
3	031302005	冬雨季施工增加费	2414.09	2.80	67.59			
4	031302006	已完工程及设备保护费	2414.09	1.20	28.97			
5	031301017	脚手架搭拆费	2414.09	5.00	120.70			
合计					328.32			

编制人（造价人员）：××　　复核人（造价工程师）：××

6. 其他项目清单计价汇总表（GB 50500—2013 附录 G 表 - 12）

表 2 - 6 - 74　　其他项目清单计价汇总表

工程名称：某办公楼采暖工程　　标段：　　第 1 页　共 1 页

序号	项目名称	金额（元）	结算金额（元）	备注
1	暂列金额			
2	暂估价	3929.24		
2.1	材料暂估价	3929.24		
2.2	专业工程暂估价			
3	计日工			
4	总承包服务费			
合计				

注　材料（工程设备）暂估单价计入清单项目综合单价，此处不汇总。

7. 规费、税金项目清单计价表（GB 50500—2013 附录 H 表 - 13）

表 2 - 6 - 75　　规费、税金项目清单计价表

工程名称：某办公楼采暖工程　　标段：　　第 1 页　共 1 页

序号	项目名称	计算基础	计算基数（元）	计算费率（%）	金额（元）
1	规费	1.1+1.2+1.3+1.4+1.5	475.54+26.58+144.27+20.88+15.19		682.46
1.1	安全文明施工费	1.1.1+1.1.2+1.1.3+1.1.4	27.53+56.00+167.05+224.95		475.54

续表

序号	项目名称	计算基础	计算基数（元）	计算费率（%）	金额（元）
1.1.1	环境保护费	分部分项和单价措施费＋总价措施费＋其他项目费	9163.41＋328.32	0.29	27.53
1.1.2	文明施工费		9163.41＋328.32	0.59	56.00
1.1.3	临时设施费		9163.41＋328.32	1.76	167.05
1.1.4	安全施工费		9163.41＋328.32	2.37	224.95
1.2	工程排污费		9163.41＋328.32	0.28	26.58
1.3	社会保险费		9163.41＋328.32	1.52	144.27
1.4	住房公积金		9163.41＋328.32	0.22	20.88
1.5	建设项目工伤保险		9163.41＋328.32	0.16	15.19
2	税金	分部分项和单价措施费＋总价措施费＋其他项目费＋规费	9163.41＋328.32＋682.46	11	1119.16
合计					1801.62

编制人（造价人员）：××　　　　复核人（造价工程师）：××

附录 A GB 50500—2013 《建设工程工程量清单计价规范》常用表格

(1) 招标工程量清单封面(GB 50500—2013 附录 B 封 - 1)见表 A - 1。

表 A - 1 **招标工程量清单封面**

______________________工程

招 标 工 程 量 清 单

招 标 人:______________________

(单位盖章)

造价咨询人:______________________

(单位盖章)

年 月 日

(2) 招标工程量清单扉页(GB 50500—2013 附录 C 扉-1)见表 A-2。

表 A-2 **招标工程量清单扉页**

______________ ______________工程

招 标 工 程 量 清 单

工程造价

招标人：______________ 咨询人：______________

(单位盖章) (单位资质专用章)

法定代表人 法定代表人

或其授权人：______________ 或其授权人：______________

(签字或盖章) (签字或盖章)

编制人：______________ 复核人：______________

(造价人员签字盖专用章) (造价工程师签字盖专用章)

编制时间： 年 月 日 复核时间： 年 月 日

（3）投标总价封面（GB 50500—2013附录B封-3）见表A-3。

表A-3　**投标总价封面**

________________________工程

投　标　总　价

投　标　人：________________________

（单位盖章）

年　月　日

（4）投标总价扉页（GB 50500—2013附录C扉-3）见表A-4。

表A-4　**投标总价扉页**

投　标　总　价

招　　标　　人：________________________

工　程　名　称：________________________

投标总价（小写）：________________________

（大写）：________________________

投　　标　　人：________________________

（单位盖章）

法定代表人

或其授权人：________________________

（签字或盖章）

编　　制　　人：________________________

（造价人员签字盖专用章）

编　制　时　间：　　　年　　月　　日

（5）总说明（GB 50500—2013 附录 D 表 - 01）表 A - 5。

表 A - 5　　**总 说 明**

工程名称：　　第 1 页　共 1 页

（6）建设项目投标报价汇总表（GB 50500—2013附录E表-02）见表A-6。

表A-6　　建设项目投标报价汇总表

工程名称：　　　　　　　　　　　　　　　　　　　　　　　　　第1页　共1页

序号	单项工程名称	金额（元）	其中：（元）		
			暂估价	安全文明施工费	规费
1					
合计					

注　本表适用于建设项目招标控制价或投标报价的汇总。

（7）单项工程投标报价汇总表（GB 50500—2013 附录 E 表 - 03）见表 A - 7。

表 A - 7　　单项工程投标报价汇总表

工程名称：　　　　第 1 页　共 1 页

序号	单位工程名称	金额（元）	其中：(元)		
			暂估价	安全文明施工费	规费
合计					

注　本表适用于单项工程招标控制价或投标报价的汇总。暂估价包括分部分项工程中的暂估价和专业工程工程暂估价。

（8）单位工程投标报价汇总表（GB 50500—2013 附录E表-04）见表A-8。

表A-8　单位工程投标报价汇总表

工程名称：　　　　标段：　　　　第　页 共　页

序号	汇总内容	金额（元）	其中：暂估价（元）
一	分部分项工程费		
二	措施项目费		
1	单价措施项目费		
2	总价措施项目费		
2.1	夜间施工费		
2.2	二次搬运费		
2.3	冬雨季施工增加费		
2.4	已完工程及设备保护费		
2.5	脚手架搭拆费		
三	其他项目费		—
1	暂列金额		
2	专业工程暂估价		
3	计日工		
4	总承包服务费		
四	规费		—
1	安全文明施工费		—
1.1	环境保护费		—
1.2	文明施工费		—
1.3	临时设施费		—
1.4	安全施工费		—
2	工程排污费		—
3	社会保障费		—
4	住房公积金		—
5	危险作业意外伤害保险		
五	税金		
投标报价合计=一+二+三+四+五			

注　本表适用于单位工程招标控制价或投标报价的汇总，如无单位工程划分，单项工程也使用本表汇总。

（9）分部分项工程和单价措施项目清单计价表（GB 50500—2013 附录F表-08）见表A-9。

表A-9　　分部分项工程和单价措施项目清单计价表

工程名称：　　　　　　　　　　标段：　　　　　　　　　　第　页　共　页

序号	项目编码	项目名称	项目特征描述	计量单位	工程量	金额（元）		
						综合单价	合价	其中暂估价
本页小计								
合计								

注　为计取规费等的使用，可在表中增设其中："定额人工费"。

（10）综合单价分析表（GB 50500—2013 附录 F 表 - 09）见表 A - 10。

表 A - 10　　综合单价分析表

工程名称：　　　　标段：　　　　第　页　共　页

<table>
<tr><td colspan="3">项目编码</td><td colspan="2"></td><td colspan="2">项目名称</td><td colspan="1"></td><td colspan="2">计量单位</td><td colspan="2"></td></tr>
<tr><td colspan="12">清单综合单价组成明细</td></tr>
<tr><td rowspan="2">定额编号</td><td rowspan="2">定额名称</td><td rowspan="2">定额单位</td><td rowspan="2">数量</td><td colspan="4">单价</td><td colspan="4">合价</td></tr>
<tr><td>人工费</td><td>材料费</td><td>机械费</td><td>管理费和利润</td><td>人工费</td><td>材料费</td><td>机械费</td><td>管理费和利润</td></tr>
<tr><td></td><td></td><td></td><td></td><td></td><td></td><td></td><td></td><td></td><td></td><td></td><td></td></tr>
<tr><td></td><td></td><td></td><td></td><td></td><td></td><td></td><td></td><td></td><td></td><td></td><td></td></tr>
<tr><td></td><td></td><td></td><td></td><td></td><td></td><td></td><td></td><td></td><td></td><td></td><td></td></tr>
<tr><td></td><td></td><td></td><td></td><td></td><td></td><td></td><td></td><td></td><td></td><td></td><td></td></tr>
<tr><td colspan="2">人工单价</td><td colspan="6">小计</td><td></td><td></td><td></td><td></td></tr>
<tr><td colspan="2">元/工日</td><td colspan="6">未计价材料费</td><td colspan="4"></td></tr>
<tr><td colspan="8">清单项目综合单价</td><td colspan="4"></td></tr>
<tr><td rowspan="8">材料费明细</td><td colspan="5">主要材料名称、规格、型号</td><td>单位</td><td>数量</td><td>单价（元）</td><td>合价（元）</td><td>暂估单价（元）</td><td>暂估合价（元）</td></tr>
<tr><td colspan="5"></td><td></td><td></td><td></td><td></td><td></td><td></td></tr>
<tr><td colspan="5"></td><td></td><td></td><td></td><td></td><td></td><td></td></tr>
<tr><td colspan="5"></td><td></td><td></td><td></td><td></td><td></td><td></td></tr>
<tr><td colspan="5"></td><td></td><td></td><td></td><td></td><td></td><td></td></tr>
<tr><td colspan="5"></td><td></td><td></td><td></td><td></td><td></td><td></td></tr>
<tr><td colspan="7">其他材料费</td><td></td><td></td><td></td><td></td></tr>
<tr><td colspan="7">材料费小计</td><td></td><td></td><td></td><td></td></tr>
</table>

注　1. 如不使用省级或行业建设主管部门发布的计价依据，可不填定额项目、编号等。

2. 招标文件提供了暂估单价的材料，按暂估的单价填入表内“暂估单价”栏及“暂估合价”栏。

（11）总价措施项目清单计价表（GB 50500—2013 附录F表-11）见表A-11。

表A-11 **总价措施项目清单计价表**

工程名称： 标段： 第 页 共 页

序号	项目编码	项目名称	计算基础	费率（%）	金额（元）	调整费率（%）	调整后金额（元）	备注
合计								

编制人（造价人员）： 复核人（造价工程师）：

注 1.“计算基础”中安全文明施工费可为“定额基价”、“定额人工费”或“定额人工费+定额机械费”，其他项目可为“定额人工费”或“定额人工费+定额机械费”。

2. 按施工方案计算的措施费，若无“计算基础”和“费率”的数值，也可只填“金额”数值，但应在备注栏说明施工方案出处或计算方法。

（12）其他项目清单计价汇总表（GB 50500—2013 附录 G 表 - 12）见表 A - 12。

表 A - 12　　　　其他项目清单计价汇总表

工程名称：　　　　　　　标段：　　　　　　　第　页　共　页

序号	项目名称	金额（元）	结算金额（元）	备注
1	暂列金额			明细详见附录 13 - 1
2	暂估价			
2.1	材料暂估价			明细详见附录 13 - 2
2.2	专业工程暂估价			明细详见附录 13 - 3
3	计日工			明细详见附录 13 - 4
4	总承包服务费			明细详见附录 13 - 5
合计		0		—

注　材料（工程设备）暂估单价进入清单项目综合单价，此处不汇总。

（13）暂列金额明细表（GB 50500—2013 附录 G 表 - 12 - 1）见表 A - 13。

表 A - 13 **暂列金额明细表**

工程名称： 标段： 第 页 共 页

序号	项目名称	计量单位	暂定金额（元）	备注
1				
合计				—

注 此表由招标人填写，如不能详列，也可只列暂列金额总额，投标人应将上述暂列金额计入投标总价中。

（14）材料（工程设备）暂估单价及调整表（GB 50500—2013附录G表-12-2）见表A-14。

表A-14　　材料（工程设备）暂估单价及调整表

工程名称：　　　　标段：　　　　第　页　共　页

序号	材料（工程设备）名称、规格、型号	计量单位	数量		暂估（元）		确认（元）		差额±（元）		备注
			暂估	确认	单价	合价	单价	合价	单价	合价	
合计											

注　此表由招标人填写"暂估单价"，并在备注栏说明暂估价的材料、工程设备拟用在哪些清单项目上，投标人应将上述材料、工程设备暂估单价计入工程量清单综合单价报价中。

（15）专业工程暂估价及结算价表（GB 50500—2013 附录 G 表 - 12 - 3）见表 A - 15。

表 A - 15　　专业工程暂估价及结算价表

工程名称：　　　　标段：　　　　第 页 共 页

序号	工程名称	工程内容	暂估金额（元）	结算金额（元）	差额±（元）	备注
合计			0			—

注　此表“暂估金额”由招标人填写，投标人应将“暂估金额”计入投标总价中。结算时按合同约定结算金额填写。

（16）计日工表（GB 50500—2013 附录 G 表 - 12 - 4）见表 A - 16。

表 A - 16　　**计 日 工 表**

工程名称：　　　　标段：　　　　第　页　共　页

编号	项目名称	单位	暂定数量	实际数量	综合单价（元）	合价	
						暂定	实际
1	人工						
1.1							
人工小计							
2	材料						
2.1							
材料小计							
3	施工机械						
3.1							
施工机械小计							
4. 企业管理费和利润							
总计							

注　此表项目名称、暂定数量由招标人填写，编制招标控制价时，单价由招标人按有关计价规定确定；投标时，单价由投标人自主报价，按暂定数量计算合价计入投标总价中。结算时，按发承包双方确认的实际数量计算合价。

（17）总承包服务费计价表（GB 50500—2013 附录G表-12-5）见表A-17。

表 A-17　　总承包服务费计价表

工程名称：　　　　　　　　标段：　　　　　　　　第　页　共　页

序号	项目名称	项目价值（元）	服务内容	计算基础	费率（%）	金额（元）
1	发包人供应材料					
2	发包人采购设备					
3	发包人专业工程					
合计						

注　此表项目名称、服务内容由招标人填写，编制招标控制价时，费率及金额由招标人按有关计价规定确定；投标时，费率及金额由投标人自主报价，计入投标总价中。

（18）规费、税金项目清单计价表（GB 50500—2013 附录 H 表 - 13）见表 A - 18。

表 A - 18　　规费、税金项目清单计价表

工程名称：　　标段：　　第　页　共　页

序号	项目名称	计算基础	计算基数（元）	计算费率（%）	金额（元）
1	规费				
1.1	养老保险费				
1.2	医疗保险费				
1.3	失业保险费				
1.4	工伤保险费				
1.5	生育保险费				
1.6	住房公积金				
1.7	工程排污费				
2	税金				
合计					

编制人（造价人员）：　　复核人（造价工程师）：

（19）发包人提供材料和工程设备一览表（GB 50500—2013附录L表-20）见表A-19。

表A-19　　发包人提供材料和工程设备一览表

工程名称：　　　　标段：　　　　第　页　共　页

序号	材料（工程设备）名称、规格、型号	单位	数量	单价（元）	交货方式	送达地点	备注

注　此表由招标人填写，供投标人在投标报价、确定总承包服务费时参考。

（20）承包人提供主要材料和工程设备一览表（GB 50500—2013 附录 L 表 - 21）见表 A - 20。

表 A - 20　　承包人提供主要材料和工程设备一览表

（适用造价信息差额调整法）

工程名称：　　　　标段：　　　　第　页　共　页

序号	名称、规格、型号	单位	数量	风险系数%	基准单价（元）	投标单价（元）	发承包人确认单价（元）	备注

注　1. 此表由招标人填写除“投标单价”栏以外的内容，投标人在投标时自主确定投标单价。

2. 基准单价应优先采用工程造价管理机构发布的单价，未发布的，通过市场调查确定其基准单价。

附录B 无缝钢管绝热、刷油工程量计算表

表B-1 无缝钢管绝热、刷油工程量计算表

（体积 m^3）、（面积 m^2）/100m

序号	管道外径（mm）	绝热层厚度（mm）							
		0		20		25		30	
		体积	面积	体积	面积	体积	面积	体积	面积
1	32		10.10	0.34	25.82	0.46	29.12	0.61	32.42
2	57		17.90	0.51	33.66	0.67	36.96	0.86	40.25
3	89		27.95	0.71	43.71	0.93	47.01	1.17	50.30
4	108		33.91	0.84	49.67	1.08	52.97	1.35	56.27
5	133		41.78	1.00	57.52	1.29	60.82	1.59	64.12
6	159		50.00	1.17	65.69	1.50	68.99	1.85	72.28

附录C　给排水、采暖、空调水、排水、燃气管道室内成品管卡用量参考表

表C-1　给排水、采暖、空调水、排水、燃气管道室内成品管卡用量参考表

个/10m

序号	公称直径（mm以内）	给水、采暖、空调水管道									排水管道	
		钢管		铜管		不锈钢管		塑料管与复合管			塑料管	
		保温	不保温	垂直管	水平管	垂直管	水平管	立管	水平管		立管	横管
									冷水管	热水管		
1	15	5.00	4.00	5.56	8.33	6.67	10.00	11.11	16.67	33.33	—	—
2	20	4.00	3.33	4.17	5.56	5.00	6.67	10.00	14.29	28.57	—	—
3	25	4.00	2.86	4.17	5.56	5.00	6.67	9.09	12.5	25.00	—	—
4	32	4.00	2.50	3.33	4.17	4.00	5.00	7.69	11.11	20.00	—	—
5	40	3.33	2.22	3.33	4.17	4.00	5.00	6.25	10.00	16.67	8.33	25.00
6	50	3.33	2.00	3.33	4.17	3.33	4.00	5.56	9.09	14.29	8.33	20.00
7	65	2.50	1.67	2.86	3.33	3.33	4.00	5.00	8.33	12.50	6.67	13.33
8	80	2.50	1.67	2.86	3.33	2.86	3.33	4.55	7.41	—	5.88	11.11
9	100	2.22	1.54	2.86	3.33	2.86	3.33	4.17	6.45	—	5.00	9.09
10	125	1.67	1.43	2.86	3.33	2.86	3.33	—	—	—	5.00	7.69
11	150	1.43	1.25	2.50	2.86	2.50	2.86	—	—	—	5.00	6.25

序号	公称直径（mm以内）	燃气管道							
		钢管		铜管		不锈钢管		铝塑复合管	
		垂直管	水平管	垂直管	水平管	垂直管	水平管	垂直管	水平管
1	15	4.00	4.00	5.56	8.33	5.00	5.56	6.67	8.33
2	20	3.33	3.33	4.17	5.56	5.00	5.00	4.00	5.56
3	25	2.86	2.86	4.17	5.56	4.00	4.00	4.00	5.56
4	32	2.50	2.50	3.33	4.17	4.00	4.00	3.33	5.00
5	40	2.22	2.22	3.33	4.17	3.33	3.33	3.33	4.17
6	50	2.00	2.00	3.33	4.17	3.33	3.33	2.86	4.17
7	65	1.67	1.67	—	—	3.33	3.33	—	—
8	80	1.54	1.54	—	—	3.33	3.33	—	—
9	100	1.43	1.43	—	—	2.86	2.86	—	—
10	125	1.25	1.25	—	—	—	—	—	—
11	150	1.00	1.00	—	—	—	—	—	—

附录D 焊接钢管绝热、刷油工程量计算表

表 D-1 **焊接钢管绝热、刷油工程量计算表**

（体积 m^3）、（面积 m^2）/100m

序号	公称直径 DN（mm）	管道外径（mm）	绝热层厚度（mm）							
			0		20		25		30	
			体积	面积	体积	面积	体积	面积	体积	面积
1	15	21.25		6.68	0.27	22.45	0.38	25.75	0.51	29.05
2	20	26.75		8.40	0.31	24.18	0.43	27.48	0.56	30.77
3	25	33.50		10.52	0.35	26.28	0.48	29.58	0.63	32.88
4	32	42.25		13.27	0.41	29.05	0.56	32.34	0.71	35.64
5	40	48.00		15.07	0.44	30.83	0.60	34.13	0.76	37.43
6	50	60.00		18.85	0.53	34.60	0.69	37.90	0.89	41.20
7	65	75.50		23.72	0.62	39.47	0.83	42.77	1.04	46.06
8	80	88.50		27.79	0.71	43.55	0.93	46.85	1.16	50.15
9	100	114.00		35.80	0.88	51.56	1.14	54.86	1.42	58.15
10	125	140.00		43.96	1.04	59.72	1.35	63.02	1.66	66.32
11	150	165.00		51.84	1.21	67.57	1.55	70.87	1.91	74.17

附录 E　给排水、采暖、空调水、燃气、雨水管道室内钢管、铸铁管道支架用量参考表

表 E-1　给排水、采暖、空调水、燃气、雨水管道室内钢管、铸铁管道支架用量参考表

kg/m

序号	公称直径（mm 以内）	钢管			铸铁管	
		给水、采暖、空调水		燃气	给水、排水	雨水
		保温	不保温			
1	15	0.58	0.34	0.34	—	—
2	20	0.47	0.30	0.30	—	—
3	25	0.50	0.27	0.27	—	—
4	32	0.53	0.24	0.24	—	—
5	40	0.47	0.22	0.22	—	—
6	50	0.60	0.41	0.41	0.47	—
7	65	0.59	0.42	0.42	—	—
8	80	0.62	0.45	0.45	0.65	0.32
9	100	0.75	0.54	0.5	0.81	0.62
10	125	0.75	0.58	0.54	—	—
11	150	1.06	0.64	0.59	1.29	0.86
12	200	1.66	1.33	1.22	1.41	0.97
13	250	1.76	1.42	1.30	1.60	1.09
14	300	1.81	1.48	1.35	2.03	1.20
15	350	2.96	2.22	2.03	3.12	—
16	400	3.07	2.36	2.16	3.15	—

附录F 塑料管、复合管、铜管公称直径与公称外径对照表

表F-1 塑料管、复合管、铜管公称直径与公称外径对照表 mm

公称直径DN	公称外径dn	
	塑料管、复合管	铜管
15	20	18
20	25	22
25	32	28
32	40	35
40	50	42
50	63	54
65	75	76
80	90	89
100	110	108
125	125	
150	160	
200	200	